"十四五"高等教育课程改革新形态教材

全国大学生数学建模竞赛培训教材

U0162916

数学建模

主　编　王小才　姜红燕

副主编　刘绪庆　徐兴波　冯前胜　林洪伟

参　编　安凤仙　厉筱峰　邱　崇　曹晓菲

　　　　邓春华　刘金桂　王红专　严文利

　　　　张　莉　方　琳

特配电子资源

微信扫码
● 拓展案例
● 视频学习
● 互动交流

南京大学出版社

图书在版编目(CIP)数据

数学建模 / 王小才，姜红燕主编. —南京 ：南京
大学出版社，2023.1
ISBN 978 - 7 - 305 - 25947 - 0

Ⅰ. ①数… Ⅱ. ①王… ②姜… Ⅲ. ①数学模型—高
等学校—教材 Ⅳ. ①O141.4

中国版本图书馆 CIP 数据核字(2022)第 131283 号

出版发行 南京大学出版社
社　　址 南京市汉口路 22 号　　　　邮　　编 210093
出 版 人 金鑫荣

书　 名 数学建模
主　 编 王小才　姜红燕
责任编辑 刘　飞　　　　　　　编辑热线　025 - 83592146

照　 排 南京开卷文化传媒有限公司
印　 刷 南京人民印刷厂有限责任公司
开　 本 787 mm×1092 mm　　1/16　印张 18.75　字数 453 千
版　 次 2023 年 1 月第 1 版　　2023 年 1 月第 1 次印刷
ISBN 978 - 7 - 305 - 25947 - 0
定　 价 49.80 元

网　　址:http://www.njupco.com
官方微博:http://weibo.com/njupco
微信服务号:njuyuexue
销售咨询热线:(025)83594756

前　言

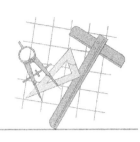

　　数学建模课程的开设有助于培养学生的创新能力,提高学生应用数学知识、计算机技术解决实际问题的能力。它涉及对问题积极思考的习惯,理论联系实际和善于发现问题、提出问题、分析问题的能力,清楚表达自己思想、熟练使用计算机的技能和集体合作的团队精神等,所有这些对提高学生的科学素养很有帮助,并且符合素质教育的要求。

　　为了使学生真正做到知识、能力与素质的结合,更好地开展数学建模教学,我们结合了多年的教学研究与实践,编写了这本数学建模教材。

　　全书共分为9章,内容包含数学建模概论、插值与拟合、最优化模型、微分方程模型、差分方程模型、数学建模中的统计分析方法、图论、计算机仿真、智能算法。第6章的内容由姜红燕老师编写,其余章节由王小才老师编写。另外刘绪庆、徐兴波、冯前胜、安凤仙、厉筱峰、曹晓菲、邱崇、邓春华、王红专、刘金桂、严文利、张莉、方琳、林洪伟老师对本书进行了校稿,修改了初稿中一些疏忽。

　　本教材依据OBE的教学理念,采用"知识主导、能力驱动"的教学设计思路,通过案例教学的目标驱动,创设问题情境,激发学生的求知欲,提高学生的学习兴趣,并以案例式教学为切入点,以学生应用能力培养为目标导向,弱化对复杂理论的推导。教师在教学中可以采用探究案例式教学、启发问答式教学、分组研讨式教学方法,通过对一个个生动案例的分析、讨论、建模、求解一整套的过程,帮助学生梳理案例背后的建模方法、思路以及知识点(我们将案例背后的知识点放在每个案例的最后部分),建立自己的认知结构,从而达到"以点扩面"的效果。每个案例后配备有一定挑战度的思考题,做到学有所思,学有所获。

在教材的编写过程中,还注重挖掘课程知识点与社会主义核心价值观的内容映射,实现从专业知识点的讲解升华到教育引导学生形成正确的世界观、人生观、价值观,实现知识传授与价值塑造、人格培育相统一。

本教材服务于数学建模竞赛,对竞赛常见的问题,给出一些模块化代码,学生可以直接套用求解。本书可作为高等院校本、专科数学建模课程教材,也可作为大学生数学建模竞赛培训教材或参考书,还可供对数学建模感兴趣的广大科技工作者和自学者参考。由于水平有限,书中难免有不当之处,恳请广大读者指正。

编 者

2022 年 8 月

数　学　建　模

目　录

第 1 章 数学建模概论

本章介绍数学建模的基本概念和常用方法,并通过三个建模实例给出建立数学模型的主要步骤及建模时要注意的一些问题,最后简单说明数学模型的分类。通过本章的学习,可以使读者对数学建模的一些基本问题有初步的认识。

1.1 数学建模的基本概念

1.1.1 数学建模

在现实世界中,人们会遇到各种各样的实际问题,这些问题往往不会直接地以现成的数学形式呈现。通常人们为了一个特定目的,需要对实际问题进行深入分析,抓住问题的本质,根据其内在规律,做出必要的简化假设,运用适当的数学工具,得到一个数学结构。这样抽象出来的数学问题就是所谓的**数学模型**。数学建模是指建立数学模型的全过程,包括问题的表述、分析、模型的建立、求解、结果的解释与检验等。数学建模是利用数学工具解决实际问题的主要手段,是联系数学与实际问题的桥梁。

1.1.2 数学建模的一般步骤

1. 模型准备

主要是了解实际背景、明确建模目的、搜集必需的各种信息,尽量弄清对象的特征,形成一个比较清晰的问题。

2. 模型的假设

现实世界的问题往往比较复杂,在我们从实际问题中抽象出数学问题的过程中,针对问题特点和建模目的,抓住主要因素,忽略一些次要因素,做出合理的、简化的假设,从而使抽象得到的数学问题变得越来越清晰。由于问题的复杂性,应抓住本质的因素,忽略次要的因素,从而对现实问题做一些简化或者理想化,这是个十分困难的步骤,也是建模过程中十分关键的一步。

3. 模型的建立

一般而言,建模的方法分为三类。

根据假设分析问题的因果关系,揭示问题的内在规律,运用数学方法建立各变量之间的关系式或数学结构,这种建立数学模型的方法称为**机理分析法**(即分析问题的内部机理规律)。使用这种方法的前提是对研究对象的机理有一定的了解。

当对研究对象的机理不清楚的时候,可以把研究对象视为一个"黑箱"系统,通过对量测数据的统计分析,找出与数据拟合最好的模型。这种方法称为**测试分析法**。

对于某些实际问题,有时候还可以将上述两种建模方法结合起来使用。也就是用机理分析建立模型结构,用测试分析确定模型中的参数。

在建模时究竟采用什么样的方法,使用什么样的数学工具,要根据问题的特征、建模的目的以及建模者自身的知识储备而定。同一个实际问题也可采用不同数学方法建立起不同的数学模型。但应遵循这样一个原则:尽量采用简单的数学工具,以便得到的模型被更多的人了解和使用。

4. 模型求解

模型建好后,采用合适的数学工具(如 MATLAB 软件、Lingo 软件等)对模型求解,这要求建模者掌握相应的计算机技术和计算技巧。

5. 模型的分析

对模型求解的结果进行数学上的分析,有时是根据问题的性质,分析各变量之间的依赖关系或稳定性态;有时是根据所得结果给出数学上的预测;有时是给出数学上的最优决策或控制。

6. 模型检验

将模型分析的结果"翻译"回实际对象中,用实际现象、数据等检验模型的合理性和适用性,即验证模型的正确性。通常一个较成功的模型不仅应当能解释已知现象,还应当能预言一些未知的现象并能被实践所证明。如果检验结果与实际不符或部分不符,且建模和求解过程中无误的话,一般来说,问题就出在模型假设上,应该修改或补充假设,重新建模。如果检验结果正确,满足问题所要求的精度,认为模型可用,便可进行最后一步"模型的应用"。

7. 模型的应用

也就是用得到的数学模型去解决实际问题。

应当指出,以上仅仅给出了建立数学模型的大体步骤。但务请读者注意,不要拘泥于上述模式。事实上,并非所有的建模都需要上面的步骤。一般来说,建立数学模型没有固定的模式,关键的是根据实际问题的特征和建模的目的做到抓住主要因素,分析数量关系建立数学模型,使我们关心的问题得到满意的解决或者比较满意的解决。

1.2　基本数学建模示例

1.2.1　酵母培养物的增长

问题的描述　表 1-2-1 中的数据是从测量酵母培养物增长的实验收集来的,请根据数据,给出酵母培养物数量随时间的变化关系。

表 1-2-1　酵母数量随时间的观测数据

时间/时	0	1	2	3	4	5	6	7
酵母数量/个	9.6	18.3	29.0	47.2	71.1	119.1	174.6	257.3

模型的假设与符号说明　用 $x(t)$ 表示 t 时刻酵母数量。通过观察所给的数据发现,酵母单位时间的数量变化与当前数量成正比,即

$$x(n+1) - x(n) \approx rx(n)$$

这里 $r \approx 0.5$。因此,可以假设酵母种群增长率 r 为常数。

模型的建立　由增长率的定义(即单位时间内种群数量变化再除以种群数量),可得

$$\frac{x(t+\Delta t) - x(t)}{\Delta t x(t)} = r$$

令 $\Delta t \to 0$,可得微分方程模型

$$\begin{cases} \dfrac{\mathrm{d}x}{\mathrm{d}t} = rx(t) \\ x(0) = x_0 \end{cases} \tag{1-2-1}$$

模型的求解　解微分方程(1-2-1)可得

$$x(t) = x_0 \mathrm{e}^{rt}$$

模型的参数根据　通过表 1-2-1 的数据和数据拟合的方法(具体程序代码见第二章例题),可得酵母培养物数量随时间的变化关系为

$$x(t) = 10.975\,7\mathrm{e}^{0.463\,6t}$$

由模型(1-2-1)的结果看:当 $t \to \infty$ 时,$x(t) \to \infty$,这是可疑的。

注:(1)用机理分析建立模型结构,用测试分析确定模型参数是很常用的一种数学建模方法。

(2)模型(1-2-1)本质上是马尔萨斯(Malthus)模型。该模型是英国人口学家马尔萨斯(Malthus,1766—1834)于 1798 年提出的著名的人口指数增长模型。19 世纪以前

(1790—1890)，人们用此模型与西方一些国家（如美国）的人口变化趋势进行了比较，是十分吻合的，但19世纪以后有了很大的差异，即不再符合。事实上马尔萨斯模型可以做短期的预测。因为种群净增长率短期变化不大，可以视为常数，但长期而言，种群的增长率不能简单作为常数处理，由于资源、环境等因素的限制，种群数量不可能无限增长。

模型的改进　表1-2-1仅仅给出了8个时间的观测值，表1-2-2进一步给出后续11个时刻的观测值。

表1-2-2　后续11个时刻酵母数量随时间的观测数据

时间/时	8	9	10	11	12	13	14	15	16	17	18
酵母数量/个	350.7	441.0	513.3	559.7	594.8	629.4	640.8	651.1	655.9	659.6	661.8

画出酵母数量随时间的观测数据如图1-2-1所示。

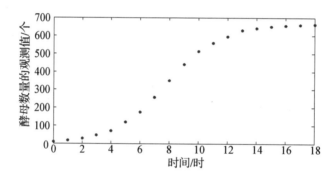

图1-2-1　酵母数量随时间的观测数据

从图1-2-1可以看出，酵母数量的增加量随着时间先快后慢，酵母数量的曲线显现"S"形状。是什么原因导致了这种现象呢？

当一个种群增长到一定数量后，资源、环境（如食物、生存空间）等因素会对种群的增长起阻滞作用，从而导致增长率下降。

种群数量越大，自身之间的竞争也会越来越激烈，阻滞作用也会随种群数量增加而变大。所以，可以假设种群的增长率 r 是种群数量 x 的减函数。为了简单起见，用下面的线性函数来刻画增长率 r 与种群数量 x 的关系：

$$r(x) = r - sx$$

其中 $r > 0, s > 0$ 为常数。

假设资源、环境能容纳种群的最大数量为 x_m，则 $r(x_m) = r - sx_m = 0$，所以有

$$s = \frac{r}{x_m} \qquad r(x) = r\left(1 - \frac{x}{x_m}\right)$$

利用增长率的定义，类似可得

$$\begin{cases} \dfrac{\mathrm{d}x}{\mathrm{d}t}=r\left(1-\dfrac{x}{x_m}\right) \\ x(0)=x_0 \end{cases} \qquad (1-2-2)$$

解微分方程$(1-2-2)$可得

$$x(t)=\frac{x_m}{1+\left(\dfrac{x_m}{x_0}-1\right)\mathrm{e}^{-rt}}$$

根据表$1-2-1$和表$1-2-2$的数据,通过数据拟合的方法(具体程序代码见第二章例题),可得酵母培养物数量随时间的变化关系为

$$x(t)=\frac{663.022\,0}{1+\left(\dfrac{663.022\,0}{9.135\,5}-1\right)\mathrm{e}^{-0.547\,0t}}$$

拟合的效果图如图$1-2-2$。

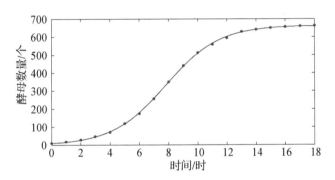

图$1-2-2$　阻滞增长模型(Logistic 模型)的拟合的效果图

注:模型$(1-2-2)$称为**阻滞增长模型(Logistic 模型)**。阻滞增长模型是考虑到自然资源、环境条件等因素对种群增长的阻滞作用,对马尔萨斯(指数增长)模型的基本假设进行修改后得到的。阻滞增长模型(Logistic 模型)不仅可以用于刻画种群的增长,在其他领域也有许多应用,如第二次世界大战后,日本家电业界曾经使用 Logistic 模型建立的电饭煲销售模型,解决了产品的推广问题。事实上,现实生活中具有先快后慢,显现 S 形状增长的问题,都可以使用 Logistic 模型来刻画。

1.2.2　椅子能在不平的地面上放稳吗

问题的描述　椅子是大家经常用到的一件日常用品,当把一把椅子放在不平的地面上时,通常只有三只脚着地,放不稳,那么,能否通过挪动几次或旋转多次(或一次)就可以使椅子的四只脚同时着地而放稳? 由日常生活经验,将椅子挪动几次或旋转多次就应该是可以放稳的。关于这一问题,如何用严格的数学语言来论证呢?

模型的假设 为了讨论问题方便,先做一些必要的假设:当椅子放在不平的地面上时,通常只有三只脚着地,此时椅子没有放稳,如果四只脚同时着地,则认为椅子被放稳;椅子四条腿一样长,椅脚与地面点接触,四脚连线呈正方形;地面相对平坦,使椅子在任意位置至少三只脚同时着地。

模型的建立 椅子在地面上移动可用旋转和平移两个变量来刻画。为简便起见,仅考虑旋转的情况。

首先,要把椅子位置用数学语言描述出来。设椅脚的连线为正方形 $ABCD$。取对角线 CA 为 x 轴,对角线 DB 为 y 轴,AC 与 BD 的交点 O 为原点,建立直角坐标系。

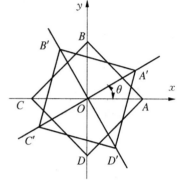

将椅子绕中心点 O 按逆时针方向旋转角度 θ 后的位置记为 $A'B'C'D'$(如图 $1-2-3$ 所示)。记 $A'C'$ 两脚与地面的距离之和为 $f(\theta)$,$B'D'$ 两脚与地面的距离之和为 $g(\theta)$。

图 1 - 2 - 3 椅子的位置关系

由于地面为连续曲面,所以 $f(\theta)$ 与 $g(\theta)$ 是关于 θ 的连续函数。椅子在任意位置至少三只脚着地,即对任意 θ,有

$$f(\theta)g(\theta)=0$$

假设初始时刻椅子没有放稳,不妨假设 $g(0)=0$,$f(0)>0$,则椅子能否在不平的地面上放稳的问题转化为以下的数学问题。

已知:$f(\theta)$,$g(\theta)$ 是非负的连续函数,对任意 θ,有 $f(\theta)g(\theta)=0$,并且 $g(0)=0$,$f(0)>0$。**求证**:存在 θ_0,使 $f(\theta_0)=g(\theta_0)=0$。

证明:将椅子旋转 $90°$,对角线 AC 和 BD 互换,由 $g(0)=0$,$f(0)>0$ 可知

$$g\left(\frac{\pi}{2}\right)>0 \quad f\left(\frac{\pi}{2}\right)>0$$

令 $h(\theta)=f(\theta)-g(\theta)$,则 $h(0)>0$,$h\left(\dfrac{\pi}{2}\right)<0$。由 f,g 的连续性知,h 为连续函数,根据连续函数的基本性质,必存在 $\theta_0 \in \left(0,\dfrac{\pi}{2}\right)$,使得

$$h(\theta_0)=f(\theta_0)-g(\theta_0)=0$$

因为对任意 θ,有 $f(\theta)g(\theta)=0$,所以

$$f(\theta_0)=g(\theta_0)=0$$

思考题

请大家进一步思考以下问题:

(1) 如果椅子的四脚连线呈长方形(或者为等腰梯形)时,如何建模与求解?

（2）当四脚连线呈现什么一般形状时,椅子一定可以放稳? 即寻找椅子能在不平的地面上放稳的充要条件。

1.2.3 商人们怎样安全过河

问题的描述(智力游戏) 三名商人各带一个随从乘船渡河,一只小船只能容纳两人,由他们自己划行。随从们密约,在河的任一岸,一旦随从的人数比商人多,就杀人越货。但是如何乘船渡河的大权掌握在商人们手中,商人们怎样才能安全渡河呢?

商人过河模型

1.3　全国大学生数学建模竞赛及其论文的写法

数学建模竞赛根据学生提交的论文评奖,以"假设的合理性、建模的创造性、结果的正确性和文字表述的清晰性"为主要评价标准,因此论文的撰写非常重要。关于论文的格式、内容和撰写方法,详细介绍如下。

1. 题目

论文题目是一篇论文给出的涉及论文范围及水平的第一个重要信息。要求简短精练、高度概括、准确得体。既要准确表达论文内容,恰当反映所研究的范围和深度,又要尽可能概括、精练。

2. 摘要

摘要是论文内容不加注释和评论的简短陈述,其作用是使读者不阅读论文全文即能获得必要的信息。在数学建模竞赛论文中,摘要是非常重要的一部分,摘要在整篇论文评阅中占有重要权重,需要认真书写。在地区和全国评阅时,首先根据摘要和论文整体结构及概貌对论文优劣进行初步筛选,然后再根据论文的内容确定获奖等级。

一般在写摘要时,可以按照以下的格式:首先用一两句话总体概括本文研究的内容;然后针对竞赛的几个问题分别叙述研究的思路、使用什么样的方法、建立什么样的模型、求解模型的方法、获得的基本结果等。论文摘要需要用概括、简练的语言反映这些内容,尤其要突出模型的优点,如建模方法、快速有效的算法、合理的推广等亮点。

3. 关键词

关键词3到5个,一般研究的对象、使用的方法技巧、建立的模型等都可以作为关键词。在数学建模竞赛论文中,题目、摘要、关键词单独占一页。

4. 问题重述

数学建模竞赛要求解决给定的具体问题,所以论文中应叙述给定问题。撰写这部分内容时,有的学生不动脑筋,照抄原题,这样不太好,应把握住问题的实质,用较精练的语言叙述原问题,并提出数学建模需要解决的问题。

5. 模型假设与符号说明

在数学建模时,要根据问题的特征和建模目的,抓住问题的本质,忽略次要因素,对问题进行必要的简化,做出一些合理的假设。模型假设部分要求用精练、准确的语言列出问题中所给出的假设,以及为了解决问题作者所做的必要、合理的假设。假设做得不合理或太简单,会导致错误的或无用的模型;假设做得过分详尽,试图把复杂对象的众多因素都考虑进去,会使工作变得很难或无法继续下去,因此常常需要在合理与简化之间作出恰当的折中。因为这一项是论文评奖中的重要指标之一,所以必须逐一书写清楚。

6. 问题一的建模与求解

(1)模型分析

针对第一个具体问题,首先进行**模型的分析**,通过分析,发现了什么规律、得到了什么有价值的线索。

(2)模型建立

根据假设分析、建立模型,用数学的语言、符号描述对象的内在规律,得到一个数学结构。数学建模时应尽量采用简单的数学工具,使建立的模型易于被人理解。在撰写这一部分内容时,对所用的变量、符号、计量单位如果在第5部分没有说明,则在正文应做解释,**特定的变量和参数应在整篇文章中保持一致**。为使模型易懂,可借助于适当的图形、表格来描述问题或数据。因为这一部分是论文的核心内容,也是评奖中的重要指标之一,主要反映在"建模的创造性"上,所以必须认真撰写。

(3)模型求解

使用各种数学方法或软件包求解数学模型。此部分应包括求解过程的公式推导、算法步骤及计算结果。为求解而编写的计算机程序应放在附录部分。有时需要对求解结果进行数学上的分析,如结果的误差分析、模型对数据的稳定性或灵敏度分析等。因为这一项也是论文评奖中的重要指标之一,如果模型求解结果不正确,即使建模再有创造性,也影响评奖的结果。

注意:应把求解和分析结果翻译回实际问题中,与实际的现象、数据相比较,以检验模型的合理性和适用性。如果结果与实际不符,问题常出在模型假设上,应该修改、补充假设,重新建模、求解。

针对后面的问题二、三等分别做类似的叙述。建议大家把一个问题的模型分析、模型建立、模型求解写在一起,这样符合一般的习惯;不建议把几个问题的模型分析、建立、求解一股脑地放在一起。

7. 模型评价与推广

将自己论文中所建的模型与现有模型进行比较,以评价其优劣。将所建的模型推广到解决更多的类似问题,或讨论给出该模型的更一般情况下的解法,或指出可能的深化、推广及进一步研究的建议。

8. 参考文献

在正文中,引用文献资料论述某个观点时,应在所引用段落或句子的右上角,用方括弧进行脚注,并用阿拉伯数字注明资料的出处。正文中每引用一次文献资料,脚注时应用1,2,3……阿拉伯数字按先后次序分别排序,如××××××[1];××××××[2]。如引用两篇或两篇以上文献资料论述同一个观点时,应在所引用段落或句子的右上角方括弧中用以下方法注明,如××××××[4,5];×××××[6~8]。正文中进行脚注的数字序号应与文后参考文献表中所列出的文献资料序号相对应。

专著的表述方式为：

［编号］作者.书名.出版地：出版社,出版年

期刊论文的表述方式为：

［编号］作者.篇名.刊名,出版年卷(期)：页码

网上资源的表述方式为：

［编号］作者.文章名.网页.下载年　月　日

例如：

［1］赵静.数学建模与数学建模实验［M］.北京：高等教育出版社,2008.

［2］华罗庚,王元.论一致分布与近似分析［J］.中国科学,1973(4)：339～357.

［3］王进.基于GIS的公路两侧土壤重金属污染空间分布及评价研究［J］.http://d.g.
wanfangdata.com.cn/Thesis_Y1394895.aspx,2011.9.11.

［4］张筑生.微分半动力系统的不变集研究［D］.北京：数学系统学研究所,1983.

习　题

1. 某人带狗、鸡、米用小船过河,船需要人划,另外至多还能载一物,而当人不在时,狗要吃鸡,鸡要吃米。问人、狗、鸡、米怎样过河?

2. 夫妻过河问题(阿拉伯早期的一道趣味数学题)：有三对夫妻要过河,船最多能载两人,由于封建意识严重,要求任一女子不能在丈夫不在场的情况下与另外的男子在一起,如何安排三对夫妻过河?

3. 假设给你一杯咖啡和一杯牛奶,盛在杯子里的咖啡和牛奶数量相等,先从牛奶杯里舀出一满匙牛奶放入咖啡杯里搅匀,然后再从掺有牛奶的咖啡杯里舀出一满匙的咖啡放入牛奶杯里搅匀。此时,两个杯子里的液体在数量上相等。这样,咖啡杯里的牛奶和牛奶杯里的咖啡相比,哪个多呢?

4. 某人早上8:00从山下旅店出发沿一条路径上山,下午18:00到达山顶并留宿,次日早上8:00沿同一路径下山,下午18:00回到旅店,试证该人必在两天中的同一时刻经过路径中的同一地点。

5. 北方城镇的窗户玻璃是双层的,这样做的目的是使室内保温,试用数学建模的方法给出双层玻璃能减少热量损失的定量分析结果。

6. 将一块积木作为基础,在它上面叠放其他积木,问上、下积木之间的"向右前伸"可以达到多少?

7. 雨中行走问题：人们外出行走,途中遇雨,未带雨伞,势必淋雨,走多快才会少淋雨呢?

8. 有若干个鸟窝,它们之间的距离不等,如果从每个鸟窝都有一只鸟飞落到离它最近的另一鸟窝,试证每个鸟窝飞落下的鸟不超过五只。

9. 如果银行存款年利率为3.5%,问要求到2020年本利积累为两千万元,那么在2000年应在银行存入多少元?

10. 一昼夜有多少时刻互换长短针后仍表示一个时间? 如何求出这些时间?

第 2 章　插值与拟合

人们探索自然界未知之谜时，由于知识的匮乏，对于研究对象往往是一无所知的。此时，人们通常的做法是把研究对象看成一个黑箱子，通过多次实验，对系统进行一些输入，然后再测量一些系统的输出值。如何通过实验所得的有限组数据来推导系统的整体信息呢？常用的方法是插值与拟合。本章主要介绍插值与拟合在现实生活中的一些应用。

2.1　插值案例

2.1.1　新型材料质量的计算(一维插值)

问题的描述　一根光滑的新型材料经过表 2-1-1 所示坐标点。已知该新型材料的线密度为 7.85 g/cm，求该新型材料的质量。

表 2-1-1　新型材料经过空间点的坐标　　　　　　　　　　　单位：cm

x	0	10	20	30	40	50	60	70	80	90
y	94	96	95	98	107	130	165	237	317	391
z	257	258	267	292	322	360	392	420	415	383

问题的分析　该新型材料 10 个测量值的空间图像如图 2-1-1 所示。

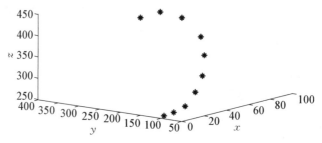

图 2-1-1　新型材料 10 个测量值的空间位置

由图像可以看出,相邻两点的间隔比较大,直接把 10 个点连起来求长度,误差太大。如果能根据这 10 个点的坐标值构造出一条光滑的曲线,再求该条曲线的长度,那么就可以求出该新型材料的质量。这可以通过插值或拟合的方法来解决。

假设新型材料的参数方程为

$$\begin{cases} x = x \\ y = y(x) \\ z = z(x) \end{cases}$$

下面将 y, z 都看成是 x 的函数,对 y, z 分别关于 x 进行一维插值,画出插值效果图,见图 2-1-2。

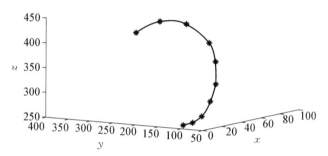

图 2-1-2　新型材料空间位置的插值效果图

进一步,用插值得到的点计算曲线的长度,从而求出该新型材料的质量为 3 298.217 9 g。具体的程序代码如下:

```
clc;clear;format compact;
x0=[0  10  20  30  40  50  60  70  80  90];
y0=[94  96  95  98  107  130  165  237  317  391];
z0=[257  258  267  292  322  360  392  420  415  383];
xi = 0:0.0001:90;% 插值点的间隔尽量取小一点
yi = interp1(x0,y0,xi, 'spline');% y 关于 x 进行一维三次样条插值
zi = interp1(x0,z0,xi, 'spline');
plot3(x0,y0,z0,'r* ',xi,yi,zi,'LineWidth',2,'MarkerSize',10);
set(gca, 'FontSize', 16);
xlabel('$ x$ ','interpreter','latex','FontSize',26);
ylabel('$ y$ ','interpreter','latex','FontSize', 26);
zlabel('$ z$ ','interpreter','latex','FontSize', 26);
s = 0;
for i = 1:length(xi)-1   % 计算曲线长度
    A=[xi(i) yi(i) zi(i)];B=[xi(i+1) yi(i+1) zi(i+1)];s = s + norm
(A-B);
    end
```

```
disp(['新型材料的质量为' num2str(7.85*s) 'g'])
```

 思考题

- -

图 2-1-3 中小方格的间距为 1 cm，请用插值的方法画出下面树叶的图像，并且计算树叶的面积。

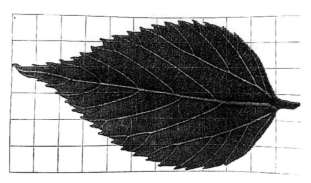

图 2-1-3　树叶的示意图

2.1.2　矿物储量的计算(二维网格插值)

问题的描述　某地区为了估计某矿物的储量，在该地区内进行勘探，得到如下数据（如表 2-1-2 所示）。

（1）画出不同插值方法下矿物体厚度的地貌图，并对几种插值方法进行比较。

（2）估计此地区内该矿物的储量。

表 2-1-2　某地区测得一些地点的矿物体厚度　　　　　　　　　　　　　单位:m

y	x							
	0	100	200	300	400	500	600	700
0	11.3	12.5	12.8	12.3	10.4	9	5	7
100	13.2	14.5	14.2	14	13	7	9	8.5
200	13.9	15	15	14	9	11	10.6	9.5
300	15	12	11	13.5	14.5	12	11.5	10.1
400	15	12	11	15.5	16	15.5	13.8	10.7
500	15	15.5	16	15.5	16	16	16	15.5
600	14.8	15	15.5	15.1	14.3	13	12	9.8

问题的分析　首先画出没有进行插值的效果图像，然后用 MATLAB 软件的二维网格插值 interp2 命令，画出不同插值方法的效果图，如图 2-1-4 所示。

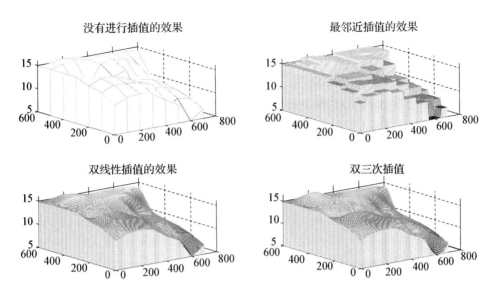

图 2 - 1 - 4　不同插值方法的效果下的矿物体厚度地貌

具体的程序代码如下：

```
clc;clear;format compact;
subplot(2,2,1)
x0=0:100:700; y0=0:100:600;
z0=[11.3  12.5  12.8  12.3  10.49  5  7;
13.2  14.5  14.2  14  13  7  9  8.5;
13.9  15  15  14  9  11  10.6  9.5;
15  12  11  13.5  14.5  12  11.5  10.1;
15  12  11  15.5  16  15.5  13.8  10.7;
15  15.5  16  15.5  16  16  16  15.5;
14.8  15  15.5  15.1  14.3  13  12  9.8];
meshz(x0,y0,z0);
title('没有进行插值的效果');
xi=linspace(x0(1),x0(end),100);
yi=linspace(y0(1),y0(end),100);
subplot(2,2,2)
[Xi,Yi]=meshgrid(xi,yi);
Zi=interp2(x0,y0,z0,Xi,Yi,'nearest');
meshz(Xi,Yi,Zi)
% 上面的 3 句等价于:zi=interp2(x0,y0,z0,xi',yi','nearest');
% mesh(xi,yi,zi);
title('最邻近插值的效果');
subplot(2,2,3);
```

```
Zi = interp2(x0,y0,z0,Xi,Yi,'linear');
meshz(Xi,Yi,Zi)
title('双线性插值的效果');
subplot(2,2,4)
Zi = interp2(x0,y0,z0,Xi,Yi,'cubic');
meshz(Xi,Yi,Zi)
title('双三次插值');
```

矿物体的厚度 H 可以看成是坐标 x,y 的二元函数,即 $H=H(x,y)$,根据二重积分的知识可知,所求矿物的储量就是二重积分。

$$\iint\limits_{\substack{0\leqslant x\leqslant 700 \\ 0\leqslant y\leqslant 600}} H(x,y)\mathrm{d}x\mathrm{d}y$$

由于函数 $H(x,y)$ 没有给出具体表达式,下面采用数值积分的方法近似计算该矿物的储量。具体的思路是,把平面区域 $1.2\leqslant x\leqslant 4,1.2\leqslant y\leqslant 3.6$ 细分成很多网格,每一个小网格 $x_i\leqslant x\leqslant x_{i+1},y_i\leqslant y\leqslant y_{i+1}$,再把网格的中点求出来,利用双三次插值法得到该点的函数值:

$$H_{ij}=H\left(\frac{x_i+x_{i+1}}{2},\frac{y_i+y_{i+1}}{2}\right)$$

然后以小网格 $x_i\leqslant x\leqslant x_{i+1},y_i\leqslant y\leqslant y_{i+1}$ 为底,H_{ij} 为高的长方体的体积代替由曲面 $H(x,y)$ 围成的体积,最后把所有小网格围成的长方体的体积累加,得到此地区内该矿物的储量为 $5.509\,7\times 10^6$ m³。具体的程序代码如下:

```
clc;clear;format compact;
x0 = 0:100:700; y0 = 0:100:600;
z0=[11.3  12.5  12.8  12.3  10.4  9  5  7;
13.2  14.5  14.2  14  13  7  9  8.5;
13.9  15  15  14  9  11  10.6  9.5;
15  12  11  13.5  14.5  12  11.5  10.1;
15  12  11  15.5  16  15.5  13.8  10.7;
15  15.5  16  15.5  16  16  16  15.5;
14.8  15  15.5  15.1  14.3  13  12  9.8];
dt = 0.2;xi0 = dt/2:dt:x0(end);yi0 = dt/2:dt:y0(end);
[Xi,Yi]=meshgrid(xi0,yi0);Zi = interp2(x0,y0,z0,Xi,Yi,'cubic');
S = dt^2*sum(sum(Zi)) disp(['此地区内该矿物的储量为' num2str(S) 'm^3'])
```

2.1.3 水道测量数据(MCM1986－A 二维离散点插值)

问题的描述 表 2-1-3 给出了以码为单位的直角坐标为 (x,y) 的水面一点处以英尺计的水深 z(水深数据是在低潮时测得的)。船的吃水深度为 5 英尺。在矩形区域

$(75,200)\times(-50,150)$里的那些地方,船要避免进入。

表 2-1-3　水道测量数据

x/码	129	140	103.5	88	185.5	195	105.5
y/码	7.5	141.5	23	147	22.5	137.5	85.5
z/英尺	-4	-8	-6	-8	-6	-8	-8
x/码	157.5	107.5	77	81	162	162	117.5
y/码	-6.5	-81	3	56.5	-66.5	84	-33.5
z/英尺	-9	-9	-8	-8	-9	-4	-9

问题的分析　这是一个离散点插值问题,首先用 MATLAB 软件的二维网格插值 griddata 命令,使用不同双三次插值的方法画出插值效果图,然后画出水深小于 5 英尺的 海域范围,即 $z=5$ 的等高线,船要避免进入图 2-1-5 中等高线内部的区域。

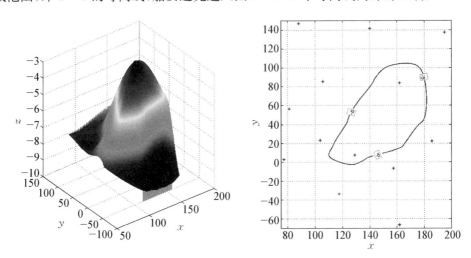

图 2-1-5　插值效果图与船要避免进入的区域

具体的程序代码如下:

```
x0=[129 140 103.5 88 185.5 195 105.5 157.5 107.5 77 81
162 162 117.5];
y0=[7.5 141.5 23 147 22.5 137.5 85.5 -6.5 -81 3 56.5
-66.5 84 -33.5];
z0=[-4 -8 -6 -8 -6 -8 -8 -9 -9 -8 -8 -9 -4 -9];
xi=75:0.2:200; yi=-70:0.2:150;
zi=griddata(x0,y0,z0,xi,yi','cubic');
subplot(1,2,1);meshz(xi,yi,zi);rotate3d;
xlabel('X'),ylabel('Y'),zlabel('Z')
subplot(1,2,2);[C h]=contour(xi,yi,zi,[-5-5]);grid;
```

```
set(h, 'LineWidth', 2, 'Color','r');
text_handle = clabel(C,h);
set(text_handle,'BackgroundColor',[1 1 .6],'Edgecolor',[.7 .7 .7]);
hold on;plot(x0,y0,'*');xlabel('X');ylabel('Y');
```

插值的基本原理以及 MATLAB 软件求解

什么是插值(interpolation)? 相信很多同学对此很陌生。事实上,在生活中,很多情况下已经应用了插值的思想。例如,当需要用到标准的正态分布函数在 1.114 处的值 $\Phi(1.114)$,然而我们身边只有一张正态分布表时,由表只能查到:

$$\Phi(1.11) = 0.866\ 5 \qquad \Phi(1.12) = 0.868\ 6$$

如何计算 $\Phi(1.114)$? 容易想到,把 $\Phi(1.11)$ 与 $\Phi(1.12)$ 之间的数值 10 等分,0.004 表示占其中的 4 份,所以有

$$\Phi(1.114) = 0.866\ 5 + (0.868\ 6 - 0.866\ 5) \times 0.4 = 0.867\ 3$$

这里应用的就是线性插值的思想。

插值在图像处理、数控加工和外观设计等领域有重要应用。

插值问题的提法　在工程实际中,经常会遇到求经验公式的问题,即不知道某函数 $f(x)$ 的具体表达式,而只能通过实验测量得到该函数在一系列点 $x_0, x_1, \cdots, x_n$ 上的函数值 $y_0, y_1, \cdots, y_n$,这里 x_i 互不相同,不妨设 $x_0 < x_1 < x_2 < \cdots < x_n$。此时需要寻找另一数 $\varphi(x)$ 来近似地替代 $f(x)$,要求满足:

$$\varphi(x_i) = y_i \qquad i = 0, 1, 2, \cdots, n \tag{2-1-1}$$

这类问题称为插值问题,$\varphi(x)$ 称为 $f(x)$ 的**插值函数**;式(2-1-1)称为**插值条件**;$x_0, x_1, x_2, \cdots, x_n$ 称为**插值结点**;$[\min\{x_i\}, \max\{x_i\}]$ 称为**插值区间**。

插值法是寻求 $f(x)$ 近似函数的方法之一,如果 x^* 不是结点,可计算 $\varphi(x)$ 在 x^* 处的值 $\varphi(x^*)$ 作为原来函数 $f(x)$ 在此点的近似值。

从几何上看,插值法就是要求构造一条曲线 $y = \varphi(x)$,使得它经过已知 $(n+1)$ 个节点 $(x_i, y_i)(i = 0, 1, 2, \cdots, n)$,这样就可以用 $\varphi(x)$ 近似表示 $f(x)$。

对于插值函数,本节主要介绍多项式插值,样条插值。

一、拉格朗日插值

已知函数 $y = f(x)$ 在 $(n+1)$ 个互异点 $x_0, x_1, \cdots, x_n$ 上的值分别为 $y_0, y_1, \cdots, y_n$,要找一个次数小于等于 n 的代数多项式:

$$L_n(x) = a_n x^n + a_{n-1} x^{n-1} + \cdots + a_1 x + a_0$$

使得

$$L_n(x_j) = y_j \qquad j = 0, 1, \cdots, n \tag{2-1-2}$$

这就拉格朗日插值问题。

把 $(n+1)$ 个数值代入多项式,可得到关于 $a_0, a_1, \cdots, a_n$ 的线性方程组,注意到系数矩阵的行列式是一个范德蒙行列式,所以拉格朗日插值问题的解是唯一的。

为了在计算机上容易实现求解拉格朗日插值问题,可以构造满足条件 $(2-1-2)$ 的插值多项式,令

$$L_n(x) = \sum_{i=0}^{n} y_i l_i(x) \qquad\qquad (2-1-3)$$

其中, $l_i(x) = \dfrac{(x-x_0)\cdots(x-x_{i-1})(x-x_{i+1})\cdots(x-x_n)}{(x_i-x_0)\cdots(x_i-x_{i-1})(x_i-x_{i+1})\cdots(x_i-x_n)}, i = 0, 1, \cdots, n$。

显然,基函数 $l_i(x)$ 满足:

$$l_i(x_j) = \begin{cases} 1 & i = j \\ 0 & i \neq j \end{cases}$$

所以, $L_n(x_j) = y_j, j = 0, 1, \cdots, n$。

利用式 $(2-1-3)$,给出拉格朗日插值的程序代码如下:

```
function y = lagr(x0,y0,x)
% x0,y0 为插值结点;本程序计算在 x 处的拉格朗日插值 y;
n = length(x0); m = length(x);
for i = 1:m
    z = x(i);
    s = 0.0;
    for k = 1:n
        p = 1.0;
        for j = 1:n
            if j~ = k
                p = p*(z-x0(j))/(x0(k)-x0(j));
            end
        end
        s = p*y0(k)+s;
    end
    y(i) = s;
 end
```

虽然拉格朗日插值法的公式结构紧凑,在理论分析中十分方便,然而在计算中,若插值点增加或减少,所对应的基本多项式就得重新计算,而且图像很有可能发生很大变化,出现龙格(Runge)现象,即插值次数越高,插值结果越偏离原函数。

例题 2.1.1　龙格(Runge)现象　设 $f(x) = \dfrac{1}{1+x^2}, -5 \leqslant x \leqslant 5$,取 $n = 2, 4, 6, 8, 10$,计算 $L_n(x)$,画出图形。

解: 编写 MATLAB 程序代码如下:

```
clc;clf;clear all;
m=101; x=-5:10/(m-1):5;
t=zeros(1,36);l=-1.5:0.1:2;
y=1./(1+x.^2); z=0*x;
plot(x,z,'r',t,l,'LineWidth', 3),
hold on;plot(x,y,'k','LineWidth', 2),
gtext('y=1/(1+x^2)','FontSize',18),
set(gca, 'Fontsize', 18); pause
n=3; x0=-5:10/(n-1):5;y0=1./(1+x0.^2);
y1=lagr(x0,y0,x);hold on,plot(x,y1,'b','LineWidth', 3),gtext('n=
2','FontSize',18),
set(gca, 'Fontsize', 18)
 pause,hold off
n=5;x0=-5:10/(n-1):5;y0=1./(1+x0.^2);
y2=lagr(x0,y0,x);hold on,plot(x,y2,'b:','LineWidth', 3),
gtext('n=4','FontSize',18),pause,hold off
n=7;x0=-5:10/(n-1):5;y0=1./(1+x0.^2);
y3=lagr(x0,y0,x);hold on,plot(x,y3,'r','LineWidth', 3),
gtext('n=6','FontSize',18), pause,hold off
n=9;x0=-5:10/(n-1):5;y0=1./(1+x0.^2);
y4=lagr(x0,y0,x);hold on,plot(x,y4,'r:','LineWidth', 3),
gtext('n=8','FontSize',18),pause,hold off
n=11;x0=-5:10/(n-1):5;y0=1./(1+x0.^2);
y5=lagr(x0,y0,x);hold on,plot(x,y5,'m','LineWidth', 3),
gtext('n=10','FontSize',18)
```

运行结果如图 2-1-6 所示。

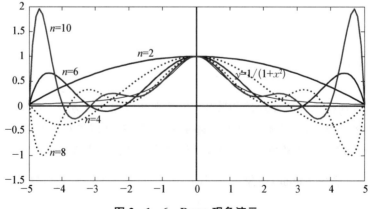

图 2-1-6 Rouge 现象演示

二、分段线性插值

分段线性插值是将曲线用 $(n+1)$ 条折线连起来。也就是令

$$I_n(x) = \sum_{j=0}^{n} y_j l_j(x)$$

其中

$$l_j(x) = \begin{cases} \dfrac{x - x_{j-1}}{x_j - x_{j-1}} & x_{j-1} \leqslant x \leqslant x_j \\[2mm] \dfrac{x - x_{j+1}}{x_j - x_{j+1}} & x_j \leqslant x \leqslant x_{j+1} \\[2mm] 0 & \text{其他} \end{cases}$$

分段线性插值的优点:计算量与 n 无关;n 越大,误差越小。但是曲线不光滑,应用前景不大。

三、三次样条插值

三次样条插值实质上是分段多项式的光滑连接。

考虑 $a = x_0 < x_1 < x_2 < \cdots < x_n = b$,如果函数 $S(x) = \{s_i(x), x \in [x_{i-1}, x_i], i = 1, \cdots, n\}$ 满足:

(1) 在每个区间 $[x_{i-1}, x_i], i = 1, 2, \cdots, n$ 上是一个 3 次多项式,即

$$s_i(x) = a_i x^3 + b_i x^2 + c_i x + d_i (i = 1, \cdots, n)$$

(2) $S(x)$ 在区间 $[a, b]$ 上二次可导,即

$$s_i(x_i) = s_{i+1}(x_i) \qquad s'_i(x_i) = s'_{i+1}(x_i) \qquad s''_i(x_i) = s''_{i+1}(x_i) \qquad i = 1, \cdots, n-1$$

(3) 满足自然边界条件:

$$S''(x_0) = S''(x_n) = 0$$

则(1)(2)(3)唯一确定了 $4n$ 个参数 a_i, b_i, c_i, d_i,$S(x)$ 称为三次样条插值函数。

在实际应用中,并不需要把 $4n$ 个参数 a_i, b_i, c_i, d_i 求出来,只需要会用 MATLAB 做插值计算就可以了。

四、用 MATLAB 做插值计算

一维插值问题　对于一维插值,需要掌握 interp1 函数,用法如下:

```
yi = interp1(x0,y0,xi, 'spline') % 三次样条插值;
yi = interp1(x0,y0,xi, 'linear')  % 分段线性插值;
yi = interp1(x0,y0,xi, 'nearest') % 最近邻插值;
yi = interp1(x0,y0,xi, 'pchip')   % 分段三次 Hermite 插值;
yi = interp1(x0,y0,xi, 'cubic') % (与"pchip"相同)。
```

上面的函数中,输入:节点 $x0, y0$,插值点 xi (均为数组,长度自定义);输出:插值 yi (与 xi 同长度数组)。

用 MATLAB 做二维的网格节点数据的插值　二维的网格节点数据插值的

MATLAB命令如下：

```
zi = interp2(x0,y0,z0,xi,yi,'nearest') % 最邻近插值；
zi = interp2(x0,y0,z0,xi,yi,'linear') % 双线性插值(缺省时)；
zi = interp2(x0,y0,z0,xi,yi,'cubic') % 双三次插值。
```

要求 $x0,y0$ 单调，$z0$ 是矩阵；xi,yi 可取为矩阵，或 xi 取为行向量，yi 取为列向量，xi,yi 的值分别不能超出 $x0,y0$ 的范围。

散乱节点二数据的插值函数 griddata 的使用格式为：

```
zi = griddata(x0,y0,z0,xi,yi, 'method')
[XI,YI,ZI] = griddata(x0,y0,z0,XI,YI, 'method')
```

上面的 $x0,y0,z0$ 是已知同维向量（题目中提供的观测值）。参数'method'表示插值方法，可选的有：'nearest'表示最邻近插值；'linear'表示双线性插值（缺省时）；'cubic'表示双三次插值；'v4'-MATLAB4 提供的插值方法。

2.2 拟合案例

2.2.1 湖水温度变化问题

问题的描述 湖水在夏天会出现分层现象，其特点为接近湖面的水温度较高，越往下温度越低，这种上热下冷的现象影响了水的对流和混合过程，使得下层水域缺氧，导致水中鱼类死亡，表 2-2-1 是对某个湖的观测数据。

表 2-2-1 湖水观测数据

深度/m	0	2.3	4.9	9.1	13.7	18.3	22.9	27.2
温度/℃	22.8	22.8	22.8	20.6	13.9	11.7	11.1	11.1

请问：（1）湖水在 10 m 处的温度是多少？（2）湖水在什么深度温度变化最大？

问题的分析与求解 本问题只给出了有限的几个实验数据点，可以想到用插值和拟合的方法来进行求解。假设湖水深度是温度的连续函数，引入如下符号：

h：湖水深度，单位 m。

T：湖水温度，单位℃，它是湖水深度的函数，即 $T = T(h)$。

方法一：拟合方法

下面选取适当形式的函数 $T(h)$ 来拟合，然后利用求出的拟合函数解决本问题。根据所给数据作图，横轴代表湖水深度，纵轴代表湖水温度，通过选取不同次数的多项式进行实验，拟合效果如图 2-2-1。

从图 2-2-1 中可以看出：并不是多项式的次数越高越好，如使用 8 次多项式拟合时，在 $x=25$ 附近已经"失真"了。选取次数较低、拟合效果较好的多项式拟合，不难发现用 6 次多项式拟合比较符合要求，其拟合函数表达式为

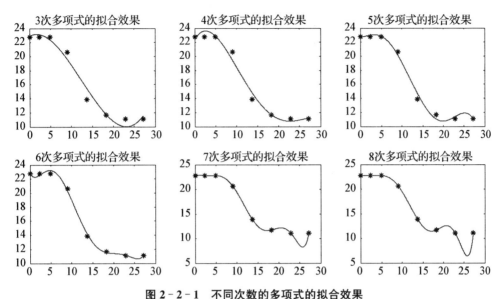

图 2 - 2 - 1　不同次数的多项式的拟合效果

$$T(h) = 3.004\,3 \times 10^{-6} x^6 - 0.000\,260\,57 x^5 + 0.008\,379 x^4 -$$
$$0.118\,65 x^3 + 0.652\,56 x^2 - 1.12 x + 22.867\,1$$

由此可得,湖水在 10 m 处的温度是 19.013 ℃。然后,求得函数 $T(h)$ 的导函数 $T'(h)$ 的绝对值最大值点为 10.73,即湖水在 10.73 m 处温度变化最大。具体的程序代码如下:

```
clc;format compact;
x0=[0  2.3  4.9  9.1  13.7  18.3  22.9  27.2];
y0=[22.8  22.8  22.8  20.6  13.9  11.7  11.1  11.1];
x=0:0.01:27.2;
subplot(2,3,1);A=polyfit(x0,y0,3);z=polyval(A,x);
plot(x0,y0,'k* ',x,z,'r','LineWidth', 2, 'MarkerSize', 9);title('3
次多项式的拟合效果');
   subplot(2,3,2);A4 = polyfit (x0,y0,4); z = polyval (A4,x); y4x =
poly2str(A4,'x')
   plot(x0,y0,'k* ',x,z,'r','LineWidth', 2, 'MarkerSize', 9);title('4
次多项式的拟合效果');
   subplot(2,3,3);A5 = polyfit (x0,y0,5); z = polyval (A5,x); y5x =
poly2str(A5,'x')
   plot(x0,y0,'k* ',x,z,'r','LineWidth', 2, 'MarkerSize', 9);title('5
次多项式的拟合效果');
   subplot(2,3,4);A6 = polyfit (x0,y0,6); z = polyval (A6,x); y6x =
poly2str(A6,'x')
   plot(x0,y0,'k* ',x,z,'r','LineWidth', 2, 'MarkerSize', 9);title('6
```

次多项式的拟合效果');

subplot(2,3,5);A=polyfit(x0,y0,7);z=polyval(A,x);

plot(x0,y0,'k* ',x,z,'r','LineWidth', 2, 'MarkerSize', 9);title('7
次多项式的拟合效果');

subplot(2,3,6);A=polyfit(x0,y0,8);z=polyval(A,x);

plot(x0,y0,'k* ',x,z,'r','LineWidth', 2, 'MarkerSize', 9);title('8
次多项式的拟合效果');

%%%% 选择 6 次多项式;

T10=polyval(A6,10); fx6d=polyder(A6)% 6 次多项式求导;

Td=abs(polyval(fx6d,x));[maxtd,k]=max(Td);x(k)

disp(['湖水在 10 m 处的温度是' num2str(T10) '摄氏度'])

方法二:插值方法

本题可以用三次样条插值的方法来求解,基本思路是:首先通过插值得到湖水深度与
温度的函数关系,如图 2-2-2 所示,利用插值可得湖水在 10 m 处的温度是19.413 3 ℃;
然后求得函数 $T(h)$ 的导函数 $T'(h)$ 的绝对值最大值点为 11.351,即湖水在 11.351 m 处
温度变化最大。具体的程序代码如下:

x0=[0 2.3 4.9 9.1 13.7 18.3 22.9 27.2];

y0=[22.8 22.8 22.8 20.6 13.9 11.7 11.1 11.1];

dt=0.001;xi=0:dt:27.2;yi=interp1(x0,y0,xi,'spline');

plot(x0,y0,'k* ',xi,yi,'r','LineWidth', 2, 'MarkerSize', 9)

y10=interp1(x0,y0,10, 'spline');dy=abs(diff(yi)/dt);[mk k]=
max(dy);xi(k)

disp(['湖水在 10 m 处的温度是' num2str(y10) '摄氏度'])

disp(['即湖水在' num2str(xi(k)) '米处温度变化最大'])

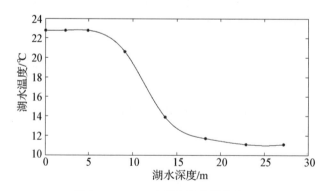

图 2-2-2 三次样条插值的效果图

🔊 **注:**(1) 多项式拟合比较简单,好操作,是最容易想到的拟合方法。值得注意的是,
并不是多项式的次数越高越好。用较高次数多项式拟合时,在拟合区间(数值较大的一

边)会出现甩尾"失真"的问题。因此,尽量选取次数较低、拟合效果较好的多项式进行拟合。

（2）一般情况,可根据离散点图像的特点,选择合适的函数进行拟合。大家可以考虑用非线性拟合来做,思考一下哪些函数具有图 2-2-2 的变化趋势,找出来试试看,拟合的效果是不是比使用多项式好一点呢?

2.2.2　交通事故调查

问题的描述　一辆汽车在拐弯时急刹车,结果冲进路边的沟里。警察闻讯赶到现场,对汽车留在路上的刹车痕迹进行了细致地测量,得到了一组外侧刹车痕迹的有关数值,如表 2-2-2 所示。

表 2-2-2　刹车痕迹的有关测量值　　　　　　单位:m

x	0	3	6	9	12	15	16.6	18	21	24	27	30	33.3
y	0	1.19	2.15	2.82	3.28	3.53	3.53	3.54	3.31	2.89	2.22	1.29	0

警察通过测量路的坡度得知这段路是平的,并通过测试得出汽车时速在 30 英里/小时以上时,轮胎与地面的摩擦系数 μ 的取值区间为 $[0.7,0.8]$。通过痕迹图可得:该车并没有偏离它行驶的转弯曲线,也就是说车头指向切线方向。司机说:当车进入弯道时刹车失灵(通过验车证实该车的制动器在事故发生时的确失灵),且进入弯道后以 40 英里/小时(相当于 17.92 米/秒)通过。请建立一个模型来验证司机所说的车速是否真实。

问题的分析与求解　汽车沿弯路行驶,车轮打滑,汽车滑向路边。假定摩擦力作用在汽车速度的法线方向上,设汽车速度 v 是个常量,并设汽车重心沿一个半径为 r 的圆运动,此时摩擦力提供了向心力,则有

$$F = mg\mu = m\frac{v^2}{r}, \text{ 即 } a = \mu g = \frac{v^2}{r}$$

其中 a 表示加速度,μ 表示轮胎与地面的摩擦系数,则有

$$v = \sqrt{ar} = \sqrt{\mu g r}$$

所以,速度 v 的求法最后归结为求圆的半径 r。

假设汽车重心沿一个圆心为 (x_0, y_0),半径为 r 的圆运动,则

$$(x_i - x_0)^2 + (y_i - y_0)^2 = r^2 \qquad i = 1, 2, \cdots, 13$$

其中 (x_i, y_i) 为表 2-2-2 中的观测值。将上式展开得

$$2x_i x_0 + 2y_i y_0 + r^2 - x_0^2 - y_0^2 = x_i^2 + y_i^2 \qquad i = 1, 2, \cdots, 13$$

令 $z_0 = r^2 - x_0^2 - y_0^2$,则问题归结为求下面的线性方程组:

$$\begin{pmatrix} 2x_1 & 2y_1 & 1 \\ 2x_2 & 2y_2 & 1 \\ \vdots & \vdots & \vdots \\ 2x_{13} & 2y_{13} & 1 \end{pmatrix} \begin{pmatrix} x_0 \\ y_0 \\ z_0 \end{pmatrix} = \begin{pmatrix} x_1^2 + y_1^2 \\ x_2^2 + y_2^2 \\ \vdots \\ x_{13}^2 + y_{13}^2 \end{pmatrix}$$

事实上,上面的方程组是一个超定方程组,它存在一个最小二乘法意义下的解(x_0, y_0, z_0),即本题要求的解。通过上面的超定方程组可得

$$x_0 = 16.647\,4 \qquad y_0 = -37.231\,7 \qquad z_0 = -0.169\,7$$

从而可得$r = \sqrt{z_0 + x_0^2 + y_0^2} = 40.782\,0$,将摩擦系数$\mu$分别取$0.7$和$0.8$代入$v = \sqrt{\mu g r}$可得

$$v_1 = 16.731\,8 \qquad v_2 = 17.887\,1$$

所以,司机所说的车速是真实的。具体的程序代码如下:

```
clc;clear;format compact;
x0=[0  3  6  9  12  15  16.6  18  21  24  27  30  33.3];
y0=[0  1.19  2.15  2.82  3.28  3.53  3.53  3.54  3.31  2.89  2.22
1.29  0];
A=[2*x0'  2*y0'  ones(size(x0'))]; b =(x0.^2 + y0.^2)';
X = A\b
rx0 = X(1);ry0 = X(2);r = sqrt(X(3) + X(1)^2 + X(2)^2)
v1 = sqrt(0.7*9.80665*r)
v2 = sqrt(0.8*9.80665*r)
ju1 = atan2d(y0(end)-ry0,x0(end)-rx0);
ju2 = atan2d(-ry0,-rx0);t = linspace(ju1,ju2,100);
xi = rx0 + r*cosd(t);yi = ry0 + r*sind(t);
plot(x0,y0,'k* ',xi,yi,'b','LineWidth', 2, 'MarkerSize', 9);
hold on; plot(rx0,ry0,'kp','LineWidth', 2, 'MarkerSize', 9);
t = linspace(ju2,ju1 + 360,60);
xi = rx0 + r*cosd(t);yi = ry0 + r*sind(t);
plot(xi,yi,'b--','LineWidth', 2, 'MarkerSize', 9);
axis equal;set(gca, 'Fontsize', 18);xlabel('$ x$ ','interpreter','
latex','FontSize',18);
ylabel('$ y$ ','interpreter','latex','FontSize', 18);
```

超定方程组求解的效果图像如图2-2-3所示。

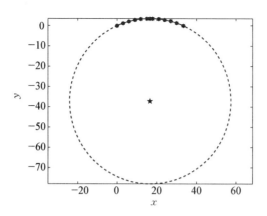

图 2-2-3　超定方程组求解的效果图

2.2.3　酵母培养物的增长

利用第一章中表 1-2-1 与表 1-2-2 的数值,拟合出阻滞增长模型(Logistic 模型) $x(t) = \dfrac{x_m}{1 + \left(\dfrac{x_m}{x_0} - 1\right) \mathrm{e}^{-rt}}$ 中的参数 x_m,x_0 和 r。

解: 由于 $x(t)$ 的表达式是非线性的,所以本题需要用 MATLAB 做非线性最小二乘拟合。MATLAB 提供了两个求非线性最小二乘拟合的函数,即 lsqcurvefit 和 lsqnonlin。两个命令都要先建立 M 文件 fun.m,在其中定义函数 $f(x)$,但两者定义 $f(x)$ 的方式不同,具体如下。

方法一:用命令 lsqcurvefit

第一步:编写 M 文件 curvefun1.m

```
function f = curvefun1(x,t)
    f = x(1) ./ (1 + (x(2)-1) * exp(-x(3)*t));
% 其中 x(1) = xm;   x(2) = xm/x0; x(3) = r;
```

第二步:编写主程序代码

```
clc;clear;format compact
t0 = 0:18;
xt0 = [9.6  18.3  29.0  47.2  71.1  119.1  174.6  257.3  350.7  441.0 ...
    513.3  559.7  594.8  629.4  640.8  651.1  655.9  659.6  661.8];
plot(t0,xt0,'r* ','LineWidth',2,'MarkerSize',10);
set(gca, 'Fontsize', 18);xlabel('时间');ylabel('酵母数量的观测值');
x0 = [670,670/9.6,0.05]; x = lsqcurvefit ('curvefun1',x0,t0,xt0);
xm = x(1)
x0 = x(1)/x(2)
r = x(3)
t = 0:0.001:18; f = curvefun1(x,t);
```

```
h2 = plot(t,f,t0,xt0,'r* ','LineWidth',2,'MarkerSize',10);
h = legend(h2,'曲线 x(t) ','观测值');
set(gca, 'Fontsize', 18)  % xlabel('$ x$ ','interpreter','latex')
xlabel('时间');ylabel('酵母数量')
```

运行结果: $x_m = 663.022\,0$, $x_0 = 9.135\,5$, $r = 0.547\,0$。

拟合效果图像如图 $2-2-4$ 所示。

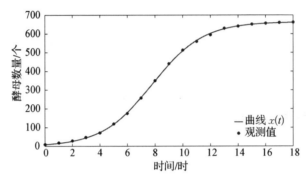

图 $2-2-4$ 酵母培养物的增长非线性拟合效果图

方法二:用命令 lsqnonlin

用命令 lsqnonlin 函数,需要将自变量的观测值 t0 与因变量的观测值 y0 写到 curvefun2.m 中。

第一步:编写 M 文件 curvefun2.m

```
function f = curvefun2(x);
t0 = 0:18;
y0=[9.6  18.3  29.0  47.2  71.1  119.1  174.6  257.3  350.7  441.0 ...
    513.3  559.7  594.8  629.4  640.8  651.1  655.9  659.6  661.8];
    f = x(1)./(1+(x(2)-1)*exp(-x(3)*t0))-y0;
              % 其中 x(1)=xm;x(2)=xm/x0;x(3)=r;
```

第二步:编写主程序代码

```
x0=[670,670/9.6,0.05]; x = lsqnonlin('curvefun2',x0); xm = x(1)
x0 = x(1)/x(2)
r = x(3)    % 画图这里省略
```

注:(1) 做非线性拟合的时候,特别要注意搜索初值 x_0 的选取,一定要从实际问题出发,把每个参数的量级写对,否则就找不到想要求得的解。

(2) MATLAB 提供了两个求非线性最小二乘拟合的函数。一般建议大家使用 lsqcurvefit,因为进一步画拟合效果图时,可以使用编好的函数文件 curvefun1.m;而使用 lsqnonlin 的时候,再画拟合效果图时,一般需要重新把函数表达式写出来,而不能直接使用函数 curvefun2.m。

2.2.4　化学反应生成物的浓度与时间关系

问题的描述　在某化学反应里,根据实验所得生成物的浓度与时间关系,如表 2 - 2 - 3 所示,求浓度 y 与时间 t 的拟合曲线 $y = F(t)$。

表 2 - 2 - 3　生成物的浓度与时间关系

$x/\min$	1	2	3	4	5	6	7	8
y	4	6.4	8.0	8.4	9.28	9.5	9.7	9.86
$x/\min$	9	10	11	12	13	14	15	16
y	10.0	10.2	10.32	10.42	10.5	10.55	10.58	10.6

问题的分析与求解　画出观测值的图像如图 2 - 2 - 5 所示,从图像上可以看到开始时浓度增加较快,后来逐渐减弱,到一定时间就基本稳定在一个数值上,即当 $x \to \infty$ 时,y 趋于某个定数,故有一水平渐近线。

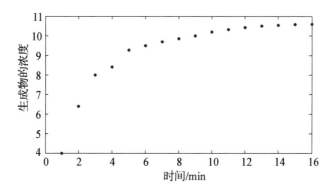

图 2 - 2 - 5　生成物的浓度与时间的观测值图

因此,可以使用的拟合函数形式有

$$双曲线型函数\ y = a + \frac{b}{x} \quad 或 \quad 指数型函数\ y = c\,\mathrm{e}^{\frac{d}{x}}\,(d < 0)$$

上面两个形式的函数都是非线性函数,可以使用 MATLAB 提供的 lsqcurvefit(或 lsqnonlin)求出参数 a, b, c, d。但是一般地,如果非线性函数能够变换成线性函数,则可以用一次多项式拟合。事实上,可以令

$$t = \frac{1}{x} \quad z = \ln y$$

先作图观察一下 t 与 y,t 与 z 是否具有线性关系。

从图 2 - 2 - 6 上看,t 与 y,t 与 z 具有明显的线性关系,则 $y = a + \dfrac{b}{x}$ 和 $y = c\,\mathrm{e}^{dx}$ 可以化为

$$y = a + bt \quad z = \ln c + dt$$

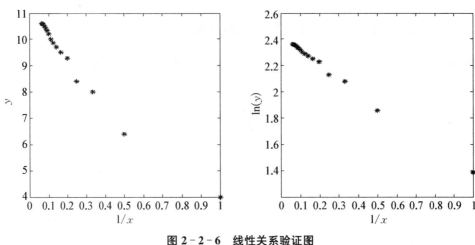

图 2 - 2 - 6　线性关系验证图

可以用一次多项式拟合得到

$$a = 10.835\,0 \quad b = -7.409\,4 \quad c = 11.302\,1 \quad d = -1.058\,8$$

具体的程序代码如下：

```
clc;clear;format compact
x0 = 1:16;
y0=[4,6.4,8.0,8.4,9.28,9.5,9.7,9.86,10.0,10.2,10.32,10.42,10.5,
10.55,10.58,10.6];
t0 = 1./x0;z0 = log(y0);A1 = polyfit(t0,y0,1);A2 = polyfit(t0,z0,1);
a = A1(2)
b = A1(1)
c = exp(A2(2))
d = A2(1)
subplot(1,2,1);xi = 1:0.01:16;
plot(xi,a + b./xi,'k-',x0,y0,'b* ','LineWidth', 2, 'MarkerSize', 9)
s1 = norm(a + b./x0-y0);
xlabel('$ x$ ','interpreter','latex','FontSize',26);ylabel('$ y$ ',
'interpreter','latex','FontSize', 26);
    str1=['y =' num2str(a) ' ' num2str(b) '/x'];str2=['拟合效果的误差平方
和为' num2str(s1^2)];
    legend(str1,'观测值');title(str2);set(gca, 'Fontsize', 16)
    subplot(1,2,2);
    plot(xi,c*exp(d./xi),'k-',x0,y0,'b* ','LineWidth', 2, 'MarkerSize', 9)
    s2 = norm(c*exp(d./x0)-y0);
    xlabel('$ x$ ','interpreter','latex','FontSize',26);ylabel('$ y$ ',
'interpreter','latex','FontSize', 26);
```

```
str1=['y =' num2str(c)  'e^{(' num2str(d) '/x) }'];
str2=['拟合效果的误差平方和为' num2str(s2^2)];
legend(str1,'观测值');title(str2);set(gca,'Fontsize', 16)
```
两个函数的拟合效果图如下:

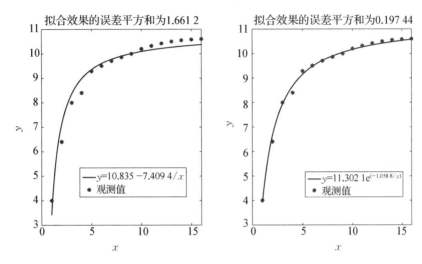

图 2 - 2 - 7　两个函数的拟合效果图

从图 2 - 2 - 7 中可以看出:使用指数型函数的拟合效果较好。

注:(1) 如果一个非线性函数,通过变换后,能够转化为线性函数,则尽量用线性函数拟合。

（2）拟合的效果与选取的拟合函数有很大的关系。在建模的过程中,要根据已有的观测值,选取恰当的函数来拟合。

拟合的基本原理以及 MATLAB 软件求解

一、拟合问题的提法

已知一组（二维）数据,即平面上 n 个点 $(x_i, y_i)(i=1, 2, \cdots, n)$,寻求一个函数（曲线）$y = f(x)$,使 $f(x)$ 在某种（最小二乘法）准则下与所有数据点最为接近,即曲线拟合得最好。

二、拟合与插值的关系

拟合与插值都是给定一批数据点,需确定满足特定要求的曲线或曲面解决方案。若要求所求曲线(面)通过所给的所有数据点,则为插值问题;若不要求曲线(面)通过所有数据点,而是要求它反映对象整体的变化趋势,则为数据拟合,又称曲线拟合或曲面拟合。

三、拟合函数选取的方法

在实际问题中,究竟应该选取什么样的函数来拟合呢? 如果选取的拟合函数不恰当,拟合的效果肯定不好。拟合函数的选取主要有两个方法。

方法1：通过机理分析建立数学模型来确定 $f(x)$。

方法2：将数据 $(x_i, y_i)(i=1, 2, \cdots, n)$ 作图,通过观察其图像来选取恰当的函数 $f(x)$。

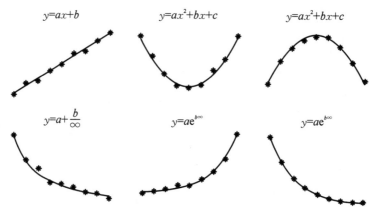

图 2-2-8　根据观测值选取恰当的拟合函数

四、MATLAB 常用的拟合函数

在用多项式拟合时,常用的 MATLAB 函数有:

a＝polyfit(x0,y0,m)　％使用 m 次多项式进行拟合,输出的是多项式的系数向量。

fx＝poly2str(a,'x')　　％把系数是 a 的多项式用自变量 x 表示出来。

y＝polyval(a,x)　　　　％计算系数是 a 的多项式在 x 处的函数值 y。

df＝polyder(a)　　　　％对多项式进行求导,其中 a 为多项式的系数向量。

对超定方程组 $R_{n\times m}a_{m\times1}=y_{n\times1}(m<n)$,用 $a=R\backslash y$ 可得最小二乘意义下的解。

例题 2.2.1　利用第 1 章表 1-2-1 的数据,拟合出马尔萨斯(Malthus)模型 $x(t)=x_0\mathrm{e}^{rt}$ 中的参数 x_0, r.

解：对 $x(t)=x_0\mathrm{e}^{rt}$ 式两边取对数,得

$$\ln x(t)=\ln x_0+rt$$

令 $y=\ln x(t), a=\ln x_0$,则上式可以变为线性函数

$$y=a+rt$$

因此,可以用一次多项式进行拟合。具体程序代码如下:

```
t0 = 0:7;
x0=[9.6  18.3  29.0  47.2  71.1  119.1  174.6  257.3];
y0 = log(x0);p = polyfit(t0,y0,1);
pt = poly2str(p,'t')
x0 = exp(p(2))
r0 = p(1)   % 画拟合效果图省略
```

关于非线性拟合,MATLAB 提供了 lsqcurvefit(或 lsqnonlin)函数求解,具体用法可参考本节酵母培养物增长的案例。

2.3　血管的三维重建

问题的描述　（本题来源：2001 年全国大学生数学建模竞赛 A 题）

假设某些血管可视为一类特殊的管道，该管道的表面是由球心沿着某一曲线（称为中轴线）的球滚动包络而成。例如，圆柱就是这样一种管道，其中轴线为直线，由半径固定的球滚动包络形成。

现有某管道的相继 100 张平行切片图像，记录了管道与切片的交点。图像文件名依次为 0.bmp，1.bmp，…，99.bmp，格式均为 BMP，宽、高均为 512 个像素（pixel）。为简化起见，假设管道中轴线与每张切片有且只有一个交点，球半径固定，切片间距以及图像像素的尺寸均为 1。取坐标系的 z 轴垂直于切片，第 1 张切片为平面 $z=0$，第 100 张切片为平面 $z=99$。

试计算管道的中轴线与半径，给出具体的算法，并绘制中轴线在 xy,yz,zx 平面的投影图。

模型的假设

（1）血管的表面是由半径固定、圆心连续变化的一族球滚动形成的包络面。

（2）管道中轴线与每张切片有且只有一个交点。

（3）切片间距以及图像像素的尺寸均为 1，可将切片图像视为平面图形。

（4）本文中应用的坐标系为 MATLAB 软件的像素坐标系，即左上角第一个像素坐标为 $(1,1)$，右下角最后一个像素坐标为 $(512,512)$。

问题分析与模型建立　根据假设，血管可视为表面由球心沿着某一曲线（称为中轴线）的球滚动包络而成的管道。如何求每张切片与管道中轴线的交点坐标呢？

从几何特征，先明确下面一个重要的结论。

定理　最大内切圆的圆心坐标就是该切片与管道中轴线的交点坐标。

如何求最大内切圆的圆心坐标与半径呢？可以先思考这样一个问题，任意给定切片血管内部的一个点 D_0，如何以 D_0 为圆心，做一个内切圆呢？这个问题的关键在于求半径。我们首先需要把切片血管边界上的点取出来，记为集合 B；其次把边界上所有的点与 D_0 连接起来，点 D_0 到边界上点的最短距离 $d=\mathrm{dist}(D_0,B)$ 就是这个内切圆的半径，这样就得到了以 D_0 为圆心、r 为半径的一个内切圆。那么如何求最大内切圆的圆心坐标与半径呢？取切片血管内部的每个点，按照上面的方法求出内切圆的半径，从中找出最大的半径对应的内切圆，就是所要求的最大内切圆。

为了缩短搜索时间，对第 1 张切片设定最大内切圆的圆心坐标的搜索范围为一个矩形小区域，如图 2-3-1 所示。

当找出第一张切片的最大内切圆的圆心坐标时，下一张切片最大内切圆的圆心坐标的搜索范围为：上一张切片最大内切圆的圆心坐标为中心的一个矩形小区域，以此类推，直至求出最后一张切片最大内切圆的圆心坐标。根据以上思路设计求最大内切圆的圆心坐标与半径的算法如下。

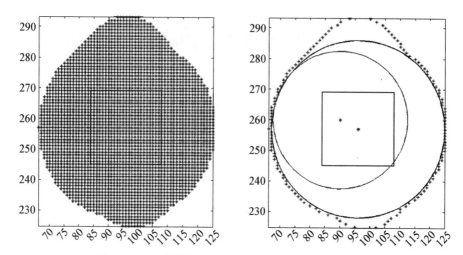

图 2-3-1　求最大内切圆的圆心坐标与半径的示意图

最大内切圆的圆心坐标与半径的算法

第 1 步：赋初值 $i=1$，$RX=[\ ]$ 用来保存每张切片的最大内切圆的圆心坐标及其半径；$r=12$，$X_0=96$，$Y_0=257$，r，X_0，Y_0 三个变量是用来控制最大内切圆的圆心坐标的搜索范围。

第 2 步：把第 i 切片读到 MATLAB 中，进一步找出其边界上的点的集合，记为 B_i。

第 3 步：设定最大内切圆的圆心坐标的搜索范围为

$$C=\{(x,y)\mid X_0\leqslant x\leqslant X_0+r,Y_0\leqslant y\leqslant Y_0+r,\quad x,y\text{ 取整数}\}$$

第 4 步：计算 C 中每一个点 (x_k,y_k) 到边界上距离的最小值，记为 d_k，则最大内切圆的圆心坐标的半径为

$$R=\max_{(x_k,y_k)\in C}\{d_k(x_k,y_k)\}$$

此时，对应的 (x_k,y_k) 的坐标就是最大内切圆的圆心坐标，将最大内切圆的圆心坐标记为 (x_0^i,y_0^i)。进一步，将最大内切圆的圆心坐标及其半径保存到变量 RX 中。

第 5 步：如果 $i=100$，则输出结果 RX；否则令 $i=i+1$，$X_0=x_0^i$，$Y_0=y_0^i$，转到第 2 步。

根据以上程序思想编程（见附录 2.3.1），得到每张切片的最大内切圆的圆心坐标及其半径如表 2-3-1 所示。

表 2-3-1　最大内切圆的圆心坐标及其半径

编号	0	1	2	3	4	5	6	7	8	9
x	96	96	96	96	96	96	96	96	96	96
y	257	257	257	257	257	257	257	257	258	258
R	29	29	29	29	29	29	29	29	29	29

续　表

编号	10	11	12	13	14	15	16	17	18	19
x	96	96	96	96	96	96	96	96	96	96
y	258	259	259	259	260	261	261	262	263	264
R	29	29	29	29	29	29	29	29	29	29
编号	20	21	22	23	24	25	26	27	28	29
x	95	95	95	96	96	96	96	97	97	97
y	267	268	269	268	277	276	276	286	286	285
R	29	29	29	29	29.02	29.02	29.02	29.07	29.07	29.07
编号	30	31	32	33	34	35	36	37	38	39
x	98	98	98	98	99	99	100	101	105	105
y	292	292	292	292	297	297	301	305	317	317
R	29.12	29.15	29.12	29.12	29.12	29.12	29.12	29.12	29.15	29.15
编号	40	41	42	43	44	45	46	47	48	49
x	107	105	105	107	110	111	112	116	119	121
y	322	317	317	322	329	331	333	340	345	348
R	29.15	29.07	29.07	29.07	29.53	29.53	29.53	29.41	29.41	29.41
编号	50	51	52	53	54	55	56	57	58	59
x	130	137	138	140	131	136	138	143	153	158
y	360	368	369	371	361	367	369	374	383	387
R	29.41	29.70	29.70	29.70	29.00	29.00	29.00	29.00	29.00	28.84
编号	60	61	62	63	64	65	66	67	68	69
x	165	173	182	188	195	205	208	218	218	226
y	392	397	402	405	408	412	413	416	416	418
R	28.84	28.84	29.07	29.07	28.79	28.79	28.79	28.79	28.64	28.64
编号	70	71	72	73	74	75	76	77	78	79
x	237	244	256	258	261	273	276	287	294	305
y	420	421	422	422	422	422	422	421	420	418
R	28.64	28.64	29.00	29.00	29.00	28.44	28.28	28.28	28.28	28.44
编号	80	81	82	83	84	85	86	87	88	89
x	317	327	337	344	348	354	364	373	381	389
y	415	412	408	405	403	400	394	388	382	375
R	28.46	28.46	28.64	28.64	28.64	28.60	28.60	28.60	28.60	29.00

编号	90	91	92	93	94	95	96	97	98	99
x	391	402	408	420	427	434	424	432	434	441
y	373	362	355	338	326	310	331	315	310	288
R	29	29	28.84	29.07	29.07	29.12	28.64	28.79	28.79	29.12

假设管道的中轴线的参数方程为

$$\begin{cases} x = x(t) \\ y = y(t) \\ z = t \end{cases}$$

其中，$z = t$ 表示的是切片的编号，这样 x, y 都看成是 t 的函数。下面对 x, y 分别关于 t 进行多项式拟合，得出中轴线的参数方程为

$$\begin{cases} x = -2.983 \times 10^{-7} t^5 + 5.433\,5 \times 10^{-5} t^4 - 0.002\,529\,1 t^3 + \\ \qquad 0.045\,145 t^2 - 0.283\,31 t + 96.299 \\ y = 1.387\,5 \times 10^{-7} t^5 - 4.731\,6 \times 10^{-5} t^4 + 0.004\,109\,9 t^3 - \\ \qquad 0.085\,154 t^2 + 1.057\,3 t + 253.990\,2 \\ z = t \end{cases}$$

画出 x, y 关于 t 的拟合效果图如图 $2-3-2$ 所示。进一步，计算管道的中轴线在空间的图像，以及中轴线在 xy, yz, zx 平面的投影图，如图 $2-3-3$ 所示。具体的程序见附录 2.3.2。

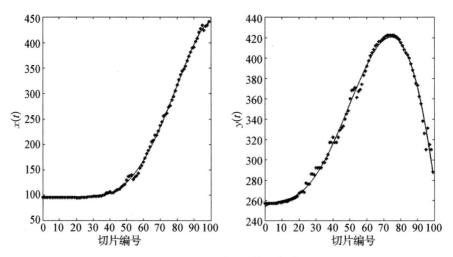

图 $2-3-2$ $\quad x, y$ 关于 t 的拟合效果图

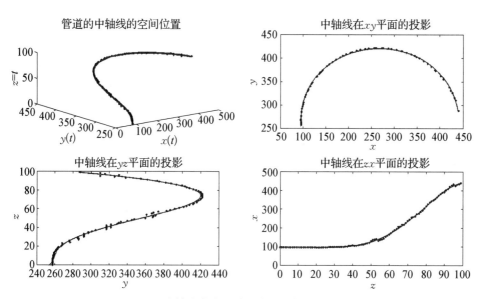

图 2 - 3 - 3 中轴线在空间的图像以及在三个平面的投影

附录 血管的三维重建的程序代码

附录 2.3.1 最大内切圆的圆心坐标及其半径的程序代码

```
clc;format compact;
clc;clear;
for b = 0:99  % 提取原图的轮廓,根据轮廓画出血管的三维图像
    mx = imread([int2str(b),'.bmp']);
    m(:,:,b + 1) = mx;
end
r = 12;X0 = 96;Y0 = 257;RX=[];
for i = 1:100
    m1 = m(:,:,i);figure(i);subplot(1,2,1);axis equal;
    [x1 y1] = find(m1==0);plot(x1,y1,'* ');hold on;
    rectangle('Position',[X0-r,Y0-r,2*r,2*r], 'LineWidth',2);
    axis equal
    % 找边界
    if i<45 |  i>91
        miny = min(y1);maxy = max(y1);
        X=[];Y=[];p=[];
        for  i = miny:maxy
            j = find(y1==i);n = length(j)
            if n>=2
```

```
                X=[X, x1(j(1)),x1(j(n))];p=[p ,j(1), j(n)];
                Y=[Y,y1(j(1)),y1(j(n))];
            elseif n==1
                    X=[X, x1(j(1))];Y=[Y,y1(j(1))];p=[p ,j(1)];
            end
        end
    else
        minx = min(x1); maxx = max(x1);
        X=[];Y=[];p=[];
        for   i = minx:maxx
                j = find(x1==i);n = length(j);
            if n>= 2
                X=[X, x1(j(1)),x1(j(n))];p=[p ,j(1), j(n)];Y=[Y,y1
                    (j(1)),y1(j(n))];
            elseif n==1
                X=[X, x1(j(1))];Y=[Y,y1(j(1))];p=[p ,j(1)];
            end
        end
    end
% 找圆心
R0 = 0;n = length(X);% 边界上点的个数;
 for x0 = X0-r:X0+r
     for y0 = Y0-r:Y0+r
        XX =X-x0;   YY = Y-y0; RR = sqrt(XX.^2 + YY.^2); R_min =
            min(RR);
        if R_min>R0
            R0 = R_min; X0 = x0; Y0 = y0;
        end
     end
 end
subplot(1,2,2);
 rectangle('Position',[X0-r,Y0-r,2*r,2*r], 'LineWidth',2);
plot(X,Y,'r*');hold on
t = linspace(0,2*pi,100);Rx = X0 + R0*cos(t);
Ry = Y0 + R0*sin(t);plot(Rx,Ry, 'LineWidth',2);
plot(X0,Y0,'r* ','LineWidth',2);
axis equal;YI=[X0  Y0     R0];
RX=[RX;YI];
```

```
end
RX;xlswrite('Result.xls',RX); save mydateRX   RX
```

附录 2.3.2　中轴线在空间的图像以及在三个平面的投影的程序代码

```
clc;clear;format compact
load mydateRX   RX;
t0 = 0:99; ti = 0:0.01:99;x0 = RX(:,1)';y0 = RX(:,2)';
A1 = polyfit(t0,x0,5);xi = polyval(A1,ti);xt = poly2str(A1,'t')
figure(1)
subplot(1,2,1);
plot(t0,x0,'b* ',ti,xi,'r','LineWidth', 2, 'MarkerSize', 6)
xlabel('切片编号'); ylabel ('$ x (t) $ ','interpreter','latex',
'FontSize',18)
A2 = polyfit(t0,y0,5);yi = polyval(A2,ti);yt = poly2str(A2,'t')
subplot(1,2,2);
plot(t0,y0,'b* ',ti,yi,'r','LineWidth', 2, 'MarkerSize', 6)
xlabel('切片编号'); ylabel ('$ y (t) $ ','interpreter','latex',
'FontSize',18)
figure(2)
subplot(2,2,1)
plot3(xi,yi,ti,'r','LineWidth', 3);hold on;
plot3(x0,y0,t0,'b* ','LineWidth', 2, 'MarkerSize', 4);
xlabel('$ x(t) $ ','interpreter','latex','FontSize',18)
ylabel('$ y(t) $ ','interpreter','latex','FontSize',18)
zlabel('$ z = t$ ','interpreter','latex','FontSize',18)
title('管道的中轴线的空间位置')
subplot(2,2,2)
plot(xi,yi,'r',x0,y0,'b* ','LineWidth', 2, 'MarkerSize', 4);
xlabel('$ x$ ','interpreter','latex','FontSize',18)
ylabel('$ y$ ','interpreter','latex','FontSize',18)
title('中轴线在 XY 平面的投影')
subplot(2,2,3)
plot(yi,ti,'r',y0,t0,'b* ','LineWidth', 2, 'MarkerSize', 4);
xlabel('$ y$ ','interpreter','latex','FontSize',18)
ylabel('$ z$ ','interpreter','latex','FontSize',18)
title('中轴线在 YZ 平面的投影')
subplot(2,2,4)
plot(ti,xi,'r',t0,x0,'b* ','LineWidth', 2, 'MarkerSize', 4);
```

```
xlabel('$ z$ ','interpreter','latex','FontSize',18)
ylabel('$ x$ ','interpreter','latex','FontSize',18)
title('中轴线在 ZX 平面的投影')
```

习　题

1. 已知某平原地区的一条公路经过如下坐标点,见表 1,请用不同的插值方法绘出这条公路(不考虑公路的宽度),并估计公路长度。

表 1　公路经过的坐标点　　　　　　　　　　　　　　　　单位:m

x	0	30	50	70	80	90	120	148	170	180
y	80	64	47	42	48	66	80	120	121	138
x	202	212	230	248	268	271	280	290	300	312
y	160	182	200	208	212	210	200	196	188	186
x	320	340	360	372	382	390	416	430	478	440
y	200	184	188	200	202	240	246	280	296	308
x	420	380	360	340	320	314	280	240	200	
y	334	328	334	346	356	360	392	390	400	

2. 表 2 给出我国人口从 1995 年到 2004 年的人口总数(单位:万人),考虑用 Logistic 模型预测我国 2030 年人口总量。请拟合出 Malthus 人口模型和 Logistic 人口模型中的参量。

表 2　1995 年到 2004 年的我国人口总数

年份	1995 年	1996 年	1997 年	1998 年	1999 年	2000 年	2001 年	2002 年	2003 年	2004 年
人口/万人	121 121	122 389	123 626	124 761	125 786	126 743	127 627	128 453	129 227	129 988

3. 假定某天气温变化记录如下表,试用最小二乘方法找出这一天的气温变化规律,考虑下列类型函数,作图比较效果。

(1)二次函数;(2)三次函数;(3)钟形函数 $f(t)=a\mathrm{e}^{b(t-14)^2}$。

表 3　气温变化记录

时刻/时	0	1	2	3	4	5	6	7	8	9	10	11	12
温度/℃	15	14	14	14	14	15	16	18	20	22	23	25	28
时刻/时	13	14	15	16	17	18	19	20	21	22	23	24	
温度/℃	31	32	31	29	27	25	24	22	20	18	17	16	

4. 在化学工程中经常会遇到计算高温状态下蒸气压力和温度的问题,但是考虑到测量设备等的限制,希望可以利用低温状态下的压力等有关数据进行外推。表 4 给出了氨

蒸气的一组温度和压力数据。能否从所列的数据中计算 75℃ 氨蒸气的压力？

表 4　氨蒸气的一组温度和压力数据

温度/℃	20	25	30	35	40	45	50	55	60
压力/(kN·m^{-2})	805	985	1 170	1 365	1 570	1 790	2 030	2 300	2 610

5. 图 1 给出了待加工零件的轮廓，表 5 给出了轮廓上沿着 x 轴方向每隔 0.2（单位长度）的取点得出的坐标 (x,y)。由于轮廓左右对称，所以表 5 中只给出了右半部分的数据。在数控机床上加工时，需要给出 x 或 y 改变 0.05 时零件的轮廓的坐标位置，试给出完成加工所需的数据，并且画出曲线。

表 5　x 每隔 0.2 的加工坐标 (x,y)

x	0	0.2	0.4	0.6	0.8	1	1.2	1.4	1.6	1.8	2
y	5	4.71	4.31	3.68	3.05	2.5	2.05	1.69	1.4	1.18	1
x	2.2	2.4	2.6	2.8	3	3.2	3.4	3.6	3.8	4	4.2
y	0.86	0.74	0.64	0.57	0.5	0.44	0.4	0.36	0.32	0.29	0.26
x	4.4	4.6	4.8	5	4.8	4.6	4.4	4.2	4	3.8	3.6
y	0.24	0.2	0.15	0	−1.4	−1.96	−2.37	−2.71	−3	−3.25	−3.47
x	3.4	3.2	3	2.8	2.6	2.4	2.2	2	1.8	1.6	1.4
y	−3.67	−3.84	−4	−4.14	−4.27	−4.39	−4.49	−4.58	−4.66	−4.74	−4.8
x	1.2	1	0.8	0.6	0.4	0.2	0				
y	−4.85	−4.9	−4.94	−4.96	−4.98	−4.99	−5				

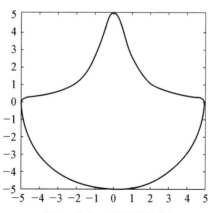

图 1　待加工零件的轮廓

6. 已知下列数据

表 6　x 每隔 0.4 的加工坐标 (x,y)

x	1	1.4	1.8	2.2	2.6
y	0.931	0.473	0.297	0.224	0.168

用形如 $y=\dfrac{1}{a+bx}$ 和 $y=ax^2+bx+c$ 来拟合上面的数据时,用最小二乘法比较哪一条曲线拟合更理想?

7. 2004 年 6 月至 7 月黄河进行了第三次调水调沙试验,首次由小浪底、三门峡和万家寨三大水库联合调度,采用接力式防洪预泄放水,形成人造洪峰进行调沙试验获得成功。整个试验为期 20 多天,小浪底从 6 月 19 日开始预泄放水,至 7 月 13 日恢复正常供水。小浪底水利工程按设计拦沙量为 75.5 亿立方米,在这之前,小浪底共积泥沙达 14.15 亿吨。这次调水调沙试验的一个重要目的就是由小浪底上游的三门峡和万家寨水库泄洪,在小浪底形成人造洪峰,冲刷小浪底库区沉积的泥沙,在小浪底水库开闸泄洪以后,从 6 月 27 日开始三门峡水库和万家寨水库陆续开闸放水,人造洪峰于 29 日先后到达小浪底,7 月 3 日达到最大流量 2 700 立方米每秒,使小浪底水库的排沙量不断增加。表 7 是小浪底观测站从 6 月 29 日到 7 月 10 日检测到的试验数据。

表 7   试验观测数据(单位:水流为 m^3/s,含沙量为 kg/m^3)

日期	6.29		6.30		7.1		7.2		7.3		7.4	
时间	8:00	20:00	8:00	20:00	8:00	20:00	8:00	20:00	8:00	20:00	8:00	20:00
水流量	1 800	1 900	2 100	2 200	2 300	2 400	2 500	2 600	2 650	2 700	2 720	2 650
含沙量	32	60	75	85	90	98	100	102	108	112	115	116

日期	7.5		7.6		7.7		7.8		7.9		7.10	
时间	8:00	20:00	8:00	20:00	8:00	20:00	8:00	20:00	8:00	20:00	8:00	20:00
水流量	2 600	2 500	2 300	2 200	2 000	1 850	1 820	1 800	1 750	1 500	1 000	900
含沙量	118	120	118	105	80	60	50	30	26	20	8	5

请根据试验数据建立数学模型研究下面的问题:

(1) 给出估计任意时刻的排沙量及总排沙量的方法。

(2) 确定排沙量与水流量的关系。

8. 药物进入机体后通过血液输送到全身,在这个过程中不断地被吸收、分布、代谢,最终排出体外,药物在血液中的浓度,即单位体积血液中的药物含量,称为血药浓度。我们可以将整个机体看作一个房室,称中心室,室内血药浓度是均匀的。快速静脉注射后,浓度立即上升,然后迅速下降。当浓度太低时,达不到预期的治疗效果;当浓度太高时,有可能导致药物中毒或副作用太强。临床上,每种药物有一个最小有效浓度 c_1 和一个最大有效浓度 c_2。设计给药方案时,要使血药浓度保持在 c_1 与 c_2 之间。本题设 $c_1=10(\mu g/mL)$,$c_2=25(\mu g/mL)$。

现对某人用快速静脉注射方式一次注入该药物 300 mg 后,在一定时刻 $t(h)$ 采集血药,测得血药浓度 $c(\mu g/mL)$ 如表 8 所示。

表 8   测得血药浓度变化记录

时刻/h	0.25	0.5	1	1.5	2	3	4	6	8
$c/(\mu g/mL)$	19.21	18.15	15.36	14.1	12.89	9.32	7.45	5.24	3.01

请根据上面的数据,设计给药方案。

9. 某居民区有一供居民用水的圆柱形水塔,一般可以通过测量其水位来估计水的流量,但面临的困难是,当水塔水位下降到设定的最低水位时,水泵自动启动向水塔供水,到设定的最高水位时停止供水,这段时间无法测量水塔的水位和水泵的供水量。通常水泵每天供水一、两次,每次约两小时。水塔是一个高 12.2 m、直径 17.4 m 的正圆柱。按照设计,水塔水位降至约 8.2 m 时,水泵自动启动,水位升至约 10.8 m 时,水泵停止工作。表 9 是某一天水塔的水位测量记录,试估计任何时刻(包括水泵正供水时)从水塔流出的水流量及一天的总用水量。

表 9　水塔一天的水位测量记录

时刻/h	0	0.92	1.84	2.95	3.87	4.98	5.9	7.01	7.93	8.97
水位/cm	968	948	931	913	898	881	869	852	839	822
时刻/h	9.98	10.92	10.95	12.03	12.95	13.88	14.98	15.9	16.83	17.93
水位/cm	/	/	1 082	1 050	1 021	994	965	941	918	892
时刻/h	19.04	19.96	20.84	22.01	22.96	23.88	24.99	25.91		
水位/cm	866	843	822	/	/	1 059	1 035	1 018		

10. 某商场欲以单价 3 元购进一批商品,为了尽快收回资金并获得较多的利润,商场老板决定采取促销手段(做广告),于是他去广告公司进行咨询,获得如表 10 的数据。

表 10　广告费与销售增长因子的关系

广告费/万元	0	1	2	3	4	5	6	7
销售增长因子	1	1.42	1.73	1.85	1.95	2.1	1.95	1.84

同时,商场在未做广告前也积累了一些关于售价与销售量的有关数据,如表 11 所示。

表 11　售价与销售量的关系

售价/元	3	3.5	4	4.5	5	5.5	6	6.5	7
销售量/千个	43	40	36	34	31	30	27	24	22

请为这个商场研究一下,该商品定价多少、广告费投入多少时,获利最大?

第 3 章　最优化模型

在现实生活中,一个复杂系统往往要受诸多因素的影响,而这些因素又要受到一定的限制。最优化模型(optimization model)就是要在既定目标下最有效地利用各种资源,或者在资源有限制的条件下取得最好的效果。最优化模型在经济、军事、科技等领域都有广泛的应用。本章着重介绍线性规划、整数规划、非线性规划、动态规划问题的建模与求解。

3.1　最优投资优化(线性规划案例)

问题的描述　某公司现有 100 万元资金可供投资,投资期限为 5 年,现有四个投资项目可供投资。

项目 A:第一年到第四年每年初投资,并于次年年末回收本利 115%。

项目 B:第三年初投资,并于第五年末回收本利 135%,但是规定最大投资总额不超过 40 万元。

项目 C:第二年初投资,并于第五年末回收本利 145%,但是规定最大投资总额不超过 30 万元。

项目 D:五年内每年年初可以买公债,并于当年年末归还,并可获得 6% 的利息。

试为该公司确定投资方案,使得第 5 年末公司拥有的资金本利总额最大。

问题的分析　用 x_{ij} 表示第 i 年初投资第 j 个项目($i=1,2,3,4,5;j=1,2,3,4$ 分别表示 ABCD 四个项目)的投资额(单位:万元)。由于四个项目的投资时间节点不一样,所以要首先画出在这 5 年期间的投资时间如表 3-1-1 所示。

表 3-1-1　四个投资项目的投资时间和每年年初的投资额　　　　　　　　　　单位:万元

项目＼时间	第 1 年	第 2 年	第 3 年	第 4 年	第 5 年
项目 A	x_{11}	x_{21}	x_{31}	x_{41}	
项目 B			x_{32}		

项目　　＼　时间	第 1 年	第 2 年	第 3 年	第 4 年	第 5 年
项目 C		x_{23}			
项目 D	x_{14}	x_{24}	x_{34}	x_{44}	x_{54}

从表 3-1-1 可以看出,项目 D 每年年初都可以投资,当年年末收回本金,不影响下一年的使用。为了获得最大收益,每年年初公司的投资额等于手中的拥有额,这样就很容易建立模型。

模型的建立　第一年初:该公司拥有 100 万元,应全部投到项目 A,D 中,所以有

$$x_{11} + x_{14} = 100$$

第二年初:由于第一年投给项目 A 的投资需要到第二年末才能收回。第二年初该公司可使用资金仅为项目 D 在第一年收回的本息,即 $1.06x_{14}$。所有资金全部用来投资,所以有

$$x_{21} + x_{23} + x_{24} = 1.06x_{14}$$

第三年初:该公司拥有的资金是从项目 A 第一年投资及项目 D 第二年投资中收回的本息总和,即 $1.15x_{11} + 1.06x_{24}$,于是第三年的投资情况应为

$$x_{31} + x_{32} + x_{34} = 1.15x_{11} + 1.06x_{24}$$

类似可得第四年初和第五年初投资情况分别为

$$x_{41} + x_{44} = 1.15x_{21} + 1.06x_{34} \qquad x_{54} = 1.15x_{31} + 1.06x_{44}$$

另外,由于项目 B,C 的投资有一定限度,所以有

$$x_{32} \leqslant 40 \qquad x_{23} \leqslant 30$$

该问题要求在第五年末手中拥有的资金总额最大,目标函数为

$$f = 1.15x_{41} + 1.35x_{32} + 1.45x_{23} + 1.06x_{54}$$

经过以上分析,建立这个问题的线性规划模型如下:

$$\max f = 1.15x_{41} + 1.35x_{32} + 1.45x_{23} + 1.06x_{54}$$

$$\text{s.t.} \begin{cases} x_{11} + x_{14} = 100 \\ x_{21} + x_{23} + x_{24} = 1.06x_{14} \\ x_{31} + x_{32} + x_{34} = 1.15x_{11} + 1.06x_{24} \\ x_{41} + x_{44} = 1.15x_{21} + 1.06x_{34} \\ x_{54} = 1.15x_{31} + 1.06x_{44} \\ x_{32} \leqslant 40 \\ x_{23} \leqslant 30 \\ x_{ij} \geqslant 0 \end{cases} \qquad (3-1-1)$$

模型的求解　这个模型涉及 11 个变量,可编写对应的 MATLAB 程序(见例题3.1.3)并在计算机上运行,得出具体四个项目的投资安排如表 3-1-2 所示。

表 3-1-2　公司的最优投资策略　　　　　　　　　单位:万元

项目 ＼ 时间	第 1 年	第 2 年	第 3 年	第 4 年	第 5 年
项目 A	61.516 3	10.792 7	16.837 0	27.152 8	
项目 B			40		
项目 C		30			
项目 D	38.483 7		13.906 8		19.362 6

对最优投资策略的直观解释如下。

第一年初:公司将 100 万元资金中的 61.516 3 万元投资于项目 A,到第三年初可收回本息 70.743 8 万元;其余的 38.483 7 万元项目 D,到第二年初收回本息 40.792 7 万元。

第二年初:公司将项目 D 得到的本息 40.792 7 万元中的 10.792 7 万元投资于项目 A,到第四年初可收回本息 12.411 6 万元;其余的 30 万元投资于项目 C,到第五年末可以收回本息共 43.5 万元。

第三年初:将项目 A 得到的本息 70.743 8 万元中的 16.837 0 万元投资于项目 A,到第五年初可收回本息 19.362 6 万元;40 万元投资于项目 B,到第五年末可以收回本息共 54 万元;其余的 13.906 8 万元投资于项目 D,次年初收回本息 14.741 2 万元。

第四年初:将手中 27.152 8 万元全部投资于项目 A,第五年末收回本息共 31.225 7 万元。

第五年初:将手中 19.362 6 万元全部投资于项目 D,到第五年末收回本息共 20.524 3 万元。

第五年末公司拥有的资金本利总额为:43.5＋54＋31.225 7＋20.524 3＝149.25 万元。

 思考题

问题 1:该公司在第 3 年有个庆典活动,需要拿出 8 万元来筹办,又应该如何安排投资方案,使得第 5 年末公司拥有的资金本利总额最大?

问题 2:如果项目 B 预期收益达不到135％,可能跌落到125％,是否改变公司的投资策略?

问题 3:如果该公司只有项目 A,B,C 可供投资选择,请您重新建立模型,为该公司确定投资方案,使得第 5 年末公司拥有的资金本利总额最大。

线性规划模型及其软件求解

最优化的数学模型具有如下的标准形式:

$$\min f(x) \quad [\text{或} \max f(x)] \qquad \text{目标函数}$$

$$\text{s.t.} \begin{cases} h_v(x) \leqslant 0 & v=1,2,\cdots,p \qquad \text{不等式约束} \\ g_u(x)=0 & u=1,2,\cdots,m \qquad \text{等式约束} \\ x \in \mathbf{R}^n & \qquad x \text{ 是决策变量} \end{cases}$$

　　如果在描述实际问题中,目标函数和所有的约束条件关于决策变量 x 都是线性的,则此类优化模型称为线性规划模型,否则称为非线性规划模型。

　　线性规划的目标函数可以是求最大值,也可以是求最小值;约束条件可以是不等式,也可以是等式;变量可以有非负要求,也可以没有(称没有非负约束的变量为自由变量)。为了避免由于形式多样性而带来的不便,给出线性规划的标准形式为

$$\min \quad \boldsymbol{f}^{\mathrm{T}} x$$
$$\text{s.t.} \begin{cases} \boldsymbol{A} \cdot x \leqslant \boldsymbol{b}, \\ \boldsymbol{Aeq} \cdot x = \boldsymbol{beq} \\ \boldsymbol{lb} \leqslant x \leqslant \boldsymbol{ub}, \end{cases}$$

　　其中 $x \in \mathbf{R}^n$; $\boldsymbol{f}, \boldsymbol{b}, \boldsymbol{beq}, \boldsymbol{lb}, \boldsymbol{ub}$ 为向量; $\boldsymbol{A}, \boldsymbol{Aeq}$ 为矩阵。

　　在 MATLAB 6.0 以上的版本中,线性规划问题(linear programming)使用 linprog 函数求解,具体的用法如下:

　　x = linprog(f,A,b)　　% 求只含有不等式约束的线性规划的最优解。

　　x = linprog(f,A,b,Aeq,beq) % 等式约束 Aeq … x = beq,若没有不等式约束 A · x≤b,则令 A=[ ],b=[ ]。

　　x = linprog(f,A,b,Aeq,beq,lb,ub)　　% 指定 x 的范围 lb≤x≤ub,若没有等式约束 Aeq · x = beq,则 Aeq=[ ],beq=[ ]。

　　x = linprog(f,A,b,Aeq,beq,lb,ub,x0)　　% 设置初值 x0。

　　x = linprog(f,A,b,Aeq,beq,lb,ub,x0,options)　　% options 为指定的优化参数。

　　[x,fval]=linprog(…)　% 返回目标函数最优值,即 fval = f ' * x。

　　[x,lambda,exitflag]=linprog(…)　% lambda 为解 x 的 Lagrange 乘子。

　　[x,lambda,fval,exitflag]=linprog(…)　% exitflag 为终止迭代的错误条件。

　　[x,fval,lambda,exitflag,output]=linprog(…)　% output 为关于优化的一些信息。

　　说明:exitflag>0 表示函数收敛于解 x,exitflag=0 表示超过函数估值或迭代的最大数字,exitflag<0 表示函数不收敛于解 x;lambda=lower 表示下界 lb,lambda=upper 表示上界 ub,lambda=ineqlin 表示不等式约束,lambda=eqlin 表示等式约束,lambda 中的非 0 元素表示对应的约束是有效约束;output = iterations 表示迭代次数,output = algorithm 表示使用的运算规则,output=cgiterations 表示 PCG 迭代次数。

　　例题 3.1.1　求下面的优化问题。

$$\min \quad z = 6x_1 + 3x_2 + 4x_3$$
$$\text{s.t.} \begin{cases} x_1 + x_2 + x_3 = 120 \\ x_1 \geqslant 30 \\ 0 \leqslant x_2 \leqslant 50 \\ x_3 \geqslant 20 \end{cases}$$

解: c=[6　3　4]; A=[0　1　0]; b=[50]; Aeq=[1　1　1];

beq=[120]; vlb=[30,0,20]; vub=[];

[x,fval]=linprog(c,A,b,Aeq,beq,vlb,vub)

运行结果:

Optimization terminated.

x=

　30.0000

　50.0000

　40.0000

　fval=

　490.0000

例题 3.1.2 求下面的优化问题。

$$\max \quad \sum_{i,j=1}^{2} x_{ij}$$

$$\text{s.t.} \begin{cases} \sum_{i=1}^{2} i \times x_{ij} \leqslant 40 & j=1,2 \\ \sum_{j=1}^{2} j \times x_{ij} \geqslant 30 & i=1,2 \\ x_{11} + x_{22} = 45 \\ x_{ij} \leqslant 35 \end{cases}$$

解: MATLAB 中求解的是目标函数的最小值。但如果目标函数是求最大值,则只需要将原来函数的系数全部乘以 -1,将求最大值问题转化为求最小值问题,再将决策变量写成向量的形式,令

$$\boldsymbol{x} = (x_{11} \quad x_{12} \quad x_{21} \quad x_{22})'$$

其中 $()'$ 表示矩阵的转置。这样先求下面的优化问题的解:

$$\min \quad (-1 \quad -1 \quad -1 \quad -1)\boldsymbol{x}$$

$$\text{s.t.} \begin{cases} \begin{pmatrix} 1 & 0 & 2 & 0 \\ 0 & 1 & 0 & 2 \\ -1 & -2 & 0 & 0 \\ 0 & 0 & -1 & -2 \end{pmatrix} \boldsymbol{x} \leqslant \begin{pmatrix} 40 \\ 40 \\ -30 \\ -30 \end{pmatrix} \\ (1 \quad 0 \quad 0 \quad 1)\boldsymbol{x} = 45, \boldsymbol{x} \leqslant (35 \quad 35 \quad 35 \quad 35) \end{cases}$$

编写 MATLAB 程序代码如下:

c =-[1　1　1　1]; A=[1　0　2　0; 0　1　0　2; -1 -2　0　0 ; 0　0 -1 -2];

b=[40　40　-30　-30]; Aeq=[1　0　0　1];beq=[45]; vlb=[]; vub = 35*ones(1,4);

```
[x,fval]=linprog(c,A,b,Aeq,beq,vlb,vub)
```

运行结果：

```
    Optimization terminated.
x=
    32.0000
    14.0000
     4.0000
    13.0000
fval=
  -63.0000
```

返回原线性规划问题中，所求的最大值为 63。对应的解为

$$x_{11}=32 \qquad x_{12}=14 \qquad x_{21}=4 \qquad x_{22}=13$$

例题 3.1.3　求线性规划模型 $(3-1-1)$ 的解。

解： 类似于例题 3.1.2 的处理方法，先将求最大值问题转化为求最小值问题。然后，将线性规划模型 $(3-1-1)$ 的决策变量写成向量的形式，令

$$\boldsymbol{x}=(x_{11}, \quad x_{14}, \quad x_{21}, \quad x_{23}, \quad x_{24}, \quad x_{31}, \quad x_{32}, \quad x_{34}, \quad x_{41}, \quad x_{44}, \quad x_{54})'$$

编写 MATLAB 程序代码如下：

```
c =-[0  0  0  1.45  0 0  1.35  0  1.15  0  1.06];
A=[ zeros(1,6)  1  zeros(1,4); zeros(1,3)  1  zeros(1,7)];
b=[40 30]';
Aeq=[1 1  zeros(1,9);
        0 -1.06  1  1  1  zeros(1,6);
        -1.15  0  0  0  -1.06  1  1  1  0  0  0;
        0  0  -1.15  zeros(1,4)  -1.06  1  1  0;
        zeros(1,5)  -1.15  zeros(1,3)  -1.06 1];
beq=[100 zeros(1,4) ]';vlb = zeros(1,11),vub=[];
[x,fval]=linprog(c,A,b,Aeq,beq,vlb,vub)
```

运行结果：

```
Optimization terminated.
x=
    61.5163
    38.4837
    10.7927
    30.0000
     0.0000
    16.8370
```

```
40.0000
13.9068
27.1528
 0.0000
19.3626
fval=
-149.2500
```

原问题的最优值为 149.25。

3.2 高速公路的修建费用问题(非线性规划案例)

问题的描述 A 城和 B 城之间准备建一条高速公路,B 城位于 A 城正南 90 千米和正东 120 千米交汇处,它们之间有东西走向连绵起伏的山脉。公路造价与地形特点有关,图 3-2-1 给出了整个地区的大致地貌情况,可分为三条沿东西方向的地形带。

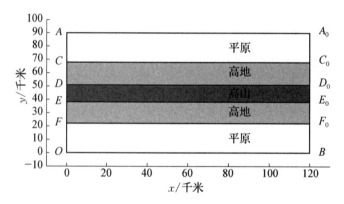

图 3-2-1 高速公路经过整个地区的大致地貌

图中 AC,CD,DE,EF,FO 的距离分别为 22,17,13,16,22(单位:千米)。已知每个地形带的造价如表 3-2-1 所示。

表 3-2-1 不同地形带高速公路的造价

地形带	平原	高地	高山
造价/(万元/千米)	500	900	1 600

当道路转弯时,角度至少为 140°。请建立一个数学模型,在给定三种地形上确定最便宜的修建路线。

问题的假设 由于不同地形带高速公路的造价不同,尤其是高山地区的造价是平原地区的 3 倍还多,所以直线 AB 显然是路径最短的,但不一定是最便宜的修建路线。为了使建造费用最少,假设:

(1) 在相同地貌条件下所修建的高速公路均为直线。

（2）道路转弯点设置在不同地形带的交汇处。

（3）在相同地貌中修建高速公路，建造费用与公路长度成正比。

根据上述分析与假设，首先画出高速公路修建路线 $AC_*D_*E_*F_*B$，如图 $3-2-2$ 所示。

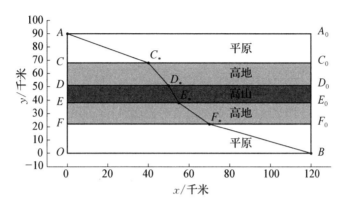

图 3 - 2 - 2　高速公路的修建路径示意图

符号说明

$x_i(i=0,1,2,\cdots,5)$ 分别表示 A，C_*，D_*，E_*，F_*，B 的横坐标，单位为千米。

$S_i(i=0,1,2,\cdots,5)$ 分别表示公路修建路线 $AC_*D_*E_*F_*B$ 第 i 段的长度，单位为千米。

$l_i(i=0,1,2,\cdots,5)$ 分别表示南北方向路线 $ACDEFB$ 第 i 段的长度，单位为千米。

$c_i(i=0,1,2,\cdots,5)$ 分别表示路线 $AC_*D_*E_*F_*B$ 经过的第 i 段地形带高速公路的造价，单位为万元 / 千米。

模型的建立　由符号说明可知：$x_0=0$，$x_5=120$，$l_1=22$，$l_2=17$，$l_3=13$，$l_4=16$，$l_5=22$，$c_1=c_5=500$，$c_2=c_4=900$，$c_3=1\,600$。由图 $3-2-2$ 容易得到

$$S_i=\sqrt{l_i^2+(x_i-x_{i-1})^2}\quad i=1,2,\cdots,5$$

追求路线 $AC_*D_*E_*F_*B$ 的造价最少，可得到目标函数为

$$\min f=\sum_{i=1}^{5}c_iS_i$$

令

$$S_i^*=\sqrt{(l_i+l_{i+1})^2+(x_{i+1}-x_{i-1})^2}\quad i=1,2,\cdots,4$$

考虑对道路转弯角度的约束，即考虑 $\triangle AC_*D_*$，注意到 $|AD_*|=S_1^*$，由余弦定理可得

$$\cos\angle AC_*D_*=\frac{S_1^2+S_2^2-S_1^{*2}}{2S_1S_2}$$

由题意，要求 $140°\leqslant\angle AC_*D_*\leqslant180°$，所以

$$-1 \leqslant \frac{S_1{}^2 + S_2{}^2 - S_1^{*\,2}}{2S_1 S_2} \leqslant \cos 140° \qquad (3-2-1)$$

对 $\angle C_* D_* E_*$，$\angle D_* E_* F_*$，$\angle E_* F_* B$ 做同样的约束，类似可得

$$-1 \leqslant \frac{S_i^2 + S_{i+1}^2 - S_i^{*\,2}}{2S_i S_{i+1}} \leqslant \cos 140° \quad i = 2,3,4 \qquad (3-2-2)$$

注意到 $\dfrac{S_i^2 + S_{i+1}{}^2 - S_i^{*\,2}}{2S_i S_{i+1}} \geqslant -1, \quad i = 1,2,\cdots,4$ 是恒成立的，所以约束条件式(3-2-1)和式(3-2-2)可以写为

$$S_i^2 + S_{i+1}{}^2 - S_i^{*\,2} \leqslant 2S_i S_{i+1} \cos 140° \quad i = 1,2,3,4$$

注意到最优的线路不可能出现回头走的现象，所以有

$$0 \leqslant x_1 \leqslant x_2 \leqslant x_3 \leqslant x_4 \leqslant 120$$

综上所述，建立非线性规划模型如下：

$$\min f = \sum_{i=1}^{5} c_i S_i$$

$$\text{s.t.} \begin{cases} S_i = \sqrt{l_i^2 + (x_i - x_{i-1})^2} & i = 1,2,\cdots,5 \\ S_i^* = \sqrt{(l_i + l_{i+1})^2 + (x_{i+1} - x_{i-1})^2} & i = 1,2,\cdots,4 \\ S_i^2 + S_{i+1}{}^2 - S_i^{*\,2} \leqslant 2S_i S_{i+1} \cos 140° & i = 1,2,3,4 \\ 0 \leqslant x_1 \leqslant x_2 \leqslant x_3 \leqslant x_4 \leqslant 120 \end{cases} \qquad (3-2-3)$$

模型的求解 这个模型本质上只涉及 4 个决策变量 x_1, x_2, x_3, x_4，编写对应的 MATLAB 程序(见例题 3.2.2)并在计算机上运行，得出最优解对应的 4 个决策变量的值分别为

$$x_1 = 48.397\,7 \quad x_2 = 58.364\,2 \quad x_3 = 62.221\,9 \quad x_4 = 71.602\,1$$

此时，高速公路总的造价为 $1.092\,9 \times 10^5$ 万元。进一步使用 MATLAB 软件(程序代码见附录二维码)画出高速公路的修建线路图，如图 3-2-3 所示。

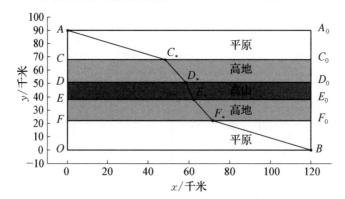

图 3-2-3 高速公路的最优修建路径

 **思考题**

问题 1：如果高速公路必须通过一个已知地点 $P(44,60)$，如何修建高速公路，可使得总费用最少？

问题 2：根据高速公路的修建要求，设计速度 120 km/h，最小半径在 650～1 000 m 以上，如何修建高速公路可使得总费用最少？请画出高速公路的修建线路图，特别是在每个转弯处的连线？

非线性规划模型及其软件求解

形如模型(3-2-3)，目标函数或约束条件中只要有一个是关于决策变量的非线性函数，则此类优化模型统称非线性规划模型。

为了方便使用 MATLAB 软件求解，给出非线性规划模型的一般形式：

$$\min f(x)$$

$$\text{s.t.}\begin{cases} Ax \leqslant b, & \cdots \quad \text{线性的不等式约束} \\ Aeq \cdot x = beq, & \cdots \quad \text{线性的等式约束} \\ G(x) \leqslant 0, & \cdots \quad \text{非线性的不等式约束} \\ Ceq(x) = 0, & \cdots \quad \text{非线性的等式约束} \\ lb \leqslant x \leqslant ub, & \cdots \quad \text{变量上、下限的约束} \end{cases}$$

其中，x, b, beq, lb, ub 是向量；A, Aeq 为矩阵；$G(x), Ceq(x)$ 是返回向量的函数；$f(x)$ 为目标函数；$f(x), C(x), Ceq(x)$ 可以是非线性函数。MATLAB 软件中使用 fmincon 函数求解，使用格式如下：

```
x = fmincon(fun,x0,A,b)
x = fmincon(fun,x0,A,b,Aeq,beq)
x = fmincon(fun,x0,A,b,Aeq,beq,lb,ub)
x = fmincon(fun,x0,A,b,Aeq,beq,lb,ub,nonlcon)
x = fmincon(fun,x0,A,b,Aeq,beq,lb,ub,nonlcon,options)
[x,fval] = fmincon(…)
[x,fval,exitflag] = fmincon(…)
[x,fval,exitflag,output] = fmincon(…)
[x,fval,exitflag,output,lambda] = fmincon(…)
[x,fval,exitflag,output,lambda,grad] = fmincon(…)
[x,fval,exitflag,output,lambda,grad,hessian] = fmincon(…)
```

参数说明：fun 为目标函数，它可用前面的方法定义；x0 为初始值。

A,b 满足线性不等式约束 Ax≤b，若没有不等式约束，则取 A=[ ],b=[ ]。

Aeq,beq 满足等式约束 Aeq·x = beq，若没有等式约束，则取 Aeq=[ ],beq=[ ]。

lb,ub 满足 lb≤x≤ub，若没有界，可设 lb=[ ],ub=[ ]。

nonlcon 的作用是通过接受的向量 x 来计算非线性不等约束 $G(x) \leqslant 0$ 和等式约束 $Ceq(x) = 0$。

lambda 是 Lagrange 乘子,它体现哪一个约束有效。

output 输出优化信息;grad 表示目标函数在 x 处的梯度。

hessian 表示目标函数在 x 处的 Hessiab 值。

例题 3.2.1 *求下面非线性规划模型的最优解,初始点取$(-1,1)$。*

$$\min f(x) = e^{x_1}(4x_1^2 + 2x_2^2 + 4x_1 x_2 + 2x_2 + 1)$$

$$s.t. \begin{cases} x_1 + x_2 = 0 \\ x_1 x_2 - x_1 - x_2 + 1.5 \leqslant 0 \\ x_1^2 + x_2^2 \leqslant 100 \end{cases}$$

解:(1)先建立 M 文件 fun.m 定义目标函数。

```
function f = fun (x);
f = exp(x(1)) * (4*x(1)^2 + 2*x(2)^2 + 4*x(1)*x(2) + 2*x(2) + 1); % 输入目
标函数
```

(2) 再建立 M 文件 mycon.m 定义非线性约束。

```
function [g,ceq]=mycon(x)
    g=[1.5+x(1)*x(2)-x(1)-x(2); x(1)^2+x(2)^2-100];
    ceq=[];
```

(3) 建立主程序 exp34.m。

```
x0=[-1;1]; A=[];b=[]; % 无线性不等式约束
Aeq=[1 1];beq=[0];   % 线性等式约束
lb=[];ub=[]; % x 没有下、上界
[x,fval]= fmincon('fun4',x0,A,b,Aeq,beq,lb, ub,'mycon')
```

运行结果:

```
x=
    -1.2247
    1.2247
fval=
    1.8951
```

例题 3.2.2 *求解非线性规划模型(3-2-3)。*

解:(1)先建立 M 文件 fun1.m 定义目标函数。

```
function f = fun1(x)
    f = 500*(sqrt(22^2 + x(1)^2)+sqrt(22^2 +(120-x(4))^2))+ ...
        900*(sqrt(17^2 +(x(1)-x(2))^2)+ sqrt(16^2 +(x(3)-x(4))^
    2))+ ...1600*sqrt(13^2 +(x(2)-x(3))^2);
```

（2）再建立 M 文件 mycon1.m 定义非线性约束。

```
function [g,ceq]= mycon1(x)
    g=[22^2 + x(1)^2 + 17^2 +(x(1)-x(2))^2 -(22 + 17)^2 -x(2)^2 -2*
cosd(140)*
sqrt(22^2 + x(1)^2)*sqrt(17^2 +(x(1)-x(2))^2);
17^2 +(x(1)-x(2))^2 + 13^2 +(x(2)-x(3))^2 -(17 + 13)^2 -(x(1)-x(3))^2 -2*
cosd(140)*
sqrt(17^2 +(x(1)-x(2))^2)*sqrt(13^2 +(x(2)-x(3))^2);
13^2 +(x(2)-x(3))^2 + 16^2 +(x(3)-x(4))^2 -(13 + 16)^2 -(x(2)-x(4))^2 -2*
cosd(140)*
sqrt(13^2 +(x(2)-x(3))^2)*sqrt(16^2 +(x(3)-x(4))^2);
16^2 +(x(3)-x(4))^2 + 22^2 +(120 - x(4))^2 -(16 + 22)^2 -(120 - x(3))^2 -2*
cosd(140)*
sqrt(16^2 +(x(3)-x(4))^2)*sqrt(22^2 +(x(4)-120)^2)];         ceq=[];
```

（3）建立主程序 exp35.m。

```
clc;clear
x0=[30  60  70  80];
A=[1  -1   0    0
   0   1  -1    0
   0   0   1   -1];
  b=[0;0;0]; % 线性不等式约束
Aeq=[ ];beq=[];   % 线性等式约束
lb = zeros(1,4);ub = 120* ones(1,4);
[x,fval]= fmincon('fun1',x0,A,b,Aeq,beq,lb, ub,'mycon1')
```

运行结果：

```
  x=
48.3977  58.3642  62.2219  71.6021
  fval=
    1.0929e + 005
```

附录　MATLAB 画图程序代码

在数学建模竞赛期间，使用 MATLAB 软件绘图可以得到比一般软件更好的效果，此处给出图 3 - 2 - 3 的 MATLAB 代码，以供同学们参考。

高速公路修
建费用问题
的 **MATLAB**
程序代码

3.3 飞机的精确定位问题(无约束优化案例)

问题的描述 飞机在飞行过程中,能够收到地面上各个监控台发来的关于飞机当前位置的信息,根据这些信息可以比较精确地确定飞机的位置。如图 3-3-1 所示,VOR 是高频多向导航设备的英文缩写,它能够得到飞机与该设备连线的角度信息;DME 是距离测量装置的英文缩写,它能够得到飞机与该设备的距离信息。图 3-3-1 中,给出了这 4 种设备的(x,y)坐标(假设飞机和这些设备在同一平面上),以及飞机在某个时刻接收到来自 3 个 VOR 给出的角度信息和 1 个 DME 给出的距离信息(单位 km),括号内是仪器测量精度。如何根据这些信息精确地确定当前飞机的位置?

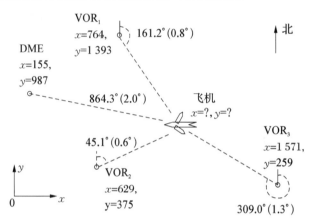

图 3-3-1 飞机与监控台的示意图

问题的假设 记 4 种设备 VOR₁、VOR₂、VOR₃、DME 的坐标为(x_i,y_i)(以 km 为单位),$i=1,2,3,4$;VOR₁、VOR₂、VOR₃ 测量得到的角度为θ_i(从图中可以看出,按照航空飞行管理的惯例,该角度是从北开始,沿顺时针方向的角度,取值在 $0° \sim 360°$),角度的误差限为σ_i,$i=1,2,3$;DME 测量得到的距离为d_4(km),距离的误差限为σ_4。设飞机当前位置的坐标为(x,y),则问题为由表 3-3-1 的已知数据计算(x,y)。

表 3-3-1 4 种设备的位置、精度以及测量值

	x_i	y_i	原始的 σ_i(或 d_4)	σ_i
VOR₁	746	1 393	161.2°	0.8°
VOR₂	629	375	45.1°	0.6°
VOR₃	1 571	259	309.0°	1.3°
DME	155	987	864.3 (km)	2.0 (km)

模型 1 由图 3-3-1 所示,角度θ_i是点(x_i,y_i)和点(x,y)的连线与 y 轴(正向)的夹角,所以有

$$\tan\theta_i = \frac{x-x_i}{y-y_i} \qquad i=1,2,3$$

对 DME 测量得到的距离,显然有

$$d_4 = \sqrt{(x-x_4)^2 + (y-y_4)^2}$$

直接利用上面得到的 4 个等式确定飞机的坐标 (x, y),这时是一个求解超定(非线性)方程组的问题,在最小二乘准则下使计算值与测量值的误差平方和最小(越接近 0 越好),这样得到

$$\min J(x,y) = \sum_{i=1}^{3} \left[(x-x_i)/(y-y_i) - \tan\theta_i \right]^2 + \left[d_4 - \sqrt{(x-x_4)^2 + (y-y_4)^2} \right]^2$$

$$(3-3-1)$$

这是一个无约束优化模型,编程(见例题 3.3.1)可得

$$x = 980.691\,9 \qquad y = 731.564\,3$$

此时,目标函数的值为 $7.051\,2 \times 10^{-4}$。

模型的评价   模型 1 的原理比较简单,但是也存在一些缺陷。这个问题中角度和距离的单位是不一致的(角度的单位为度,距离的单位为千米),因此将这 4 个误差平方和同等对待(相加)不是很合适。此外,4 种设备测量的精度(误差限)不同,而上面的方法根本没有考虑测量误差问题。

模型 2   一般来说,在多次测量中,应该假设设备的测量误差是正态分布的,而且均值为 0,本例中给出的精度 σ_i 可以认为是测量误差的标准差。在这种理解下,用各自的误差限 σ_i 对测量误差进行**无量纲化处理**。

在 MATLAB 软件 2016 以上版本中的 $a\tan 2d(y,x)$ 函数会根据 x 和 y 的正负,计算出向量 (x,y) 的方位角,该函数根据 x 和 y 的正负,可准确判断角度在哪个象限内得到 $-180° \sim 180°$ 范围的角度值。利用周期性把 θ_i 换算成 $-180° \sim 180°$ 范围的角度 θ_i^*,从而可以建立如下模型:

$$\min E(x,y) = \sum_{i=1}^{3} \left(\frac{a\tan 2d(y-y_i, x-x_i) - \theta_i^*}{\sigma_i} \right)^2 + \left[\frac{d_4 - \sqrt{(x-x_4)^2 + (y-y_4)^2}}{\sigma_4} \right]^2$$

$$(3-3-2)$$

编程(见例题 3.3.2)可得

$$x = 978.307\,0 \qquad y = 723.983\,7$$

此时,目标函数的值为 0.6685。

注意:为什么模型 2 误差比模型 1 的大很多?这是因为模型 1 中使用的是绝对误差,模型 2 使用的是相对于精度 σ_i 的误差。分母 σ_i 很小,所以相对误差比绝对误差大,这是可以理解的。其实,可以认为此时的目标函数是四个标准正态分布的误差平方和,其值只要在 4 以内都是合理的。

无约束优化及其 MATLAB 软件求解

考虑下面多元无约束优化问题：

$$\min_{x} \quad f(x)$$

其中，x 为向量。在 MATLAB 软件中使用 fminsearch 函数来求解，格式如下：

x = fminsearch(fun,x0)　%x0 为初始点，fun 为目标函数的表达式字符串或 MATLAB 自定义函数的函数柄。

x = fminsearch(fun,x0,options)　% options 查 optimset

[x,fval] = fminsearch(…)　% 最优点的函数值

[x,fval,exitflag] = fminsearch(…)　% exitflag 与单变量情形一致

[x,fval,exitflag,output] = fminsearch(…)　% output 与单变量情形一致

🔊 **注意**：一元函数的极值使用 $[x,fval] = fminbnd(fun,x1,x2)$，来求 fun 在区间 $[x_1,x_2]$ 上的极小值。

例题 3.3.1 求模型(3-3-1)的解。

解：在 MATLAB 编辑器中建立函数文件。

```
function J = myfun35(x)
    xx=[746  629  1571  155];yy=[1393  375  259  987];
    cgm=[161.20  45.10  309.00]; d4 = 864.3;
    J =((x(1)-xx(1))/(x(2)-yy(1))-tand(cgm(1)))^2+ ...
        ((x(1)-xx(2))/(x(2)-yy(2))-tand(cgm(2)))^2+ ...
        ((x(1)-xx(3))/(x(2)-yy(3))-tand(cgm(3)))^2+ ...
        (d4-norm([x(1)  x(2)]-[xx(4) yy(4)]))^2;
```

保存为 myfun35.m，在命令窗口键入

x0=[1000 720]; [x,fval]=fminsearch(@ myfun35,x0);

运行结果：

```
x =
 980.6919  731.5643
fval=
 7.0512e-04
```

例题 3.3.2 求模型(3-3-2)的解。

解：在 MATLAB 编辑器中建立函数文件。

```
function J = myfun36(x)
    xx=[746  629  1571  155];  yy=[1393  375  259  987];
    cgm=[161.20  45.10  309.00-360];  d4 = 864.3;  er=[0.8  0.6
```

```
1.3  2];
    J =((atan2d(x(1)-xx(1),x(2)-yy(1))-cgm(1))/er(1))^2+ ...
        ((atan2d(x(1)-xx(2),x(2)-yy(2))-cgm(2))/er(2))^2+ ...
        ((atan2d(x(1)-xx(3),x(2)-yy(3))-cgm(3))/er(3))^2+ ...
        ((d4-norm([x(1)  x(2)]-[xx(4) yy(4)]))/er(4))^2;
```

保存为 myfun36.m,在命令窗口键入

```
    x0=[1000  720];  [x,fval]= fminsearch(@ myfun36,x0)
```

运行结果：

```
x =
  978.3070  723.9837
fval=
  0.6685
```

3.4　生产和库存最优计划(线性整数规划案例)

问题的描述　某公司生产某种商品,根据预测,未来 12 个月对该商品的需求量如表 3-4-1 所示。

表 3-4-1　未来 12 个月对该商品的需求量　　　　　　　单位:件

月份	1	2	3	4	5	6	7	8	9	10	11	12
需求量	6 300	6 100	5 800	5 400	4 800	4 400	4 600	5 000	5 800	6 200	6 800	6 900

根据调查,该公司的运行状况如下:

(1) 目前工厂有工人 230 人,当前库存量为 0。正常生产每人每月可以生产 26 件,而加班生产每人每月不超过 8 件,且每加班生产一件增加费用 210 元。

(2) 相邻的两个月,增加或减少的工人人数不得超过 50 人,而且每解雇一个工人需要支付 2 000 元的违约金,新雇用一个工人,需要支付 900 元培训费。

(3) 要求必须满足需求,每月交货后多余的产品可以存放在仓库中,每月每件产品的存储费为 35 元,第 12 个月底库存量控制在 100 件以内。

请以总费用最少为目标,为公司制定未来 12 个月的生产方案,并且给出每个月雇用工人的数量。

模型的假设与符号说明　假设每个工人的工作能力都是一样的;忽略新雇用工人的培训期,假设一经录用可立即适应工作;同一个月内,不会出现既解雇,又新雇用工人的情况。

下面是一些符号说明:

x_i 为第 i 月雇用工人的数量　　y_i 为第 i 月加班生产的产量

z_i 为第 i 月的库存量　　　　　d_i 为第 i 月商品的需求量

s_i^1 为第 i 月解雇工人的费用　　s_i^2 为第 i 月新雇用工人的培训费

s_i^c 为第 i 月解雇工人和新雇用工人的培训费的总和

模型的建立　每人每月加班生产不得超过 8 件,所以有

$$y_i \leqslant 8x_i \quad i = 1, 2, \cdots, 12$$

相邻的两个月,增加或减少的工人人数不得超过 50 人,所以有

$$|x_i - x_{i-1}| \leqslant 50 \quad i = 2, 3, \cdots, 12$$

把上式线性化,即

$$x_i - x_{i-1} \leqslant 50 \quad -x_i + x_{i-1} \leqslant 50 \quad i = 2, 3, \cdots, 12$$

分析库存状态关系,第 i 个月的产量为 $26x_i + y_i$。第 i 个月库存量等于第 i 个月的产量加上第 $i-1$ 个月的库存量,再减去当月的需求量,所以可得

$$z_i = 26x_i + y_i + z_{i-1} - d_i \quad i = 1, 2, \cdots, 12$$

当前库存量为 0,所以 $z_0 = 0$。每月解雇工人的费用为

$$s_i^1 = \begin{cases} 2\,000(x_{i-1} - x_i) & x_{i-1} \geqslant x_i \\ 0 & x_{i-1} < x_i \end{cases}$$

每月新雇用工人的费用为

$$s_i^2 = \begin{cases} 0 & x_{i-1} \geqslant x_i \\ 900(x_i - x_{i-1}) & x_{i-1} < x_i \end{cases}$$

从上面两个式子可以看出,s_i^1 与 s_i^2 至少有一个为零。令第 i 月解雇工人和新雇用工人的培训费的总费用为

$$s_i^c = s_i^1 + s_i^2 = \begin{cases} 2\,000(x_{i-1} - x_i) & x_{i-1} \geqslant x_i \\ 900(x_i - x_{i-1}) & x_{i-1} < x_i \end{cases}$$

要追求总费用最少,可以得到目标函数为

$$\min \quad f = \sum_{i=1}^{12} (210y_i + 35z_i + s_i^c)$$

在目标函数中,s_i^c 是一个分段函数。由于 MATLAB 目前的工具箱中还没有求解非线性整数规划的命令,因此需要将 s_i^c 能化为线性的约束。注意到:

$$s_i^c = \begin{cases} 2\,000(x_{i-1} - x_i) & x_{i-1} \geqslant x_i \\ 900(x_i - x_{i-1}) & x_{i-1} < x_i \end{cases} = \max[2\,000(x_{i-1} - x_i), 900(x_i - x_{i-1})]$$

因此,可以用下面的约束来代替目标函数中的分段函数 s_i^c:

$$\min \quad s_i^c$$
$$\text{s.t.} \begin{cases} s_i^c \geqslant 2\,000(x_{i-1} - x_i) \\ s_i^c \geqslant 900(x_i - x_{i-1}) \end{cases}$$

这样就可以消除非线性因素。

于是,建立**线性整数规划模型**如下:

$$\min \quad f = \sum_{i=1}^{12}(210y_i + 35z_i + s_i^c)$$

$$\text{s.t.}\begin{cases} y_i \leqslant 8x_i \\ x_i - x_{i-1} \leqslant 50 \\ -x_i + x_{i-1} \leqslant 50 \\ z_i = 26x_i + y_i + z_{i-1} - d_i \\ s_i^c \geqslant 2\,000(x_{i-1} - x_i) \\ s_i^c \geqslant 900(x_i - x_{i-1}) \\ x_0 = 230, z_0 = 0, z_{12} \leqslant 100 \\ x_i, y_i, z_i \ \text{取整数} \\ i = 1, 2, \cdots, 12 \end{cases} \qquad (3-4-1)$$

模型求解　这是一个整数线性最优化问题,运用 MATLAB 软件工具箱,编写相应的 MATLAB 程序(见例题 3.4.2),并在计算机上运行可得到本问题的最优解(为了方便,用表 3-4-2 列出)。

表 3-4-2　公司未来 12 个月指定生产方案

月份	1	2	3	4	5	6
雇用工人的数量/人	242	235	223	208	184	179
加班生产的产量/件	8	0	0	0	0	0
库存量/件	0	10	8	16	0	254
解雇和新雇工人费用/元	10 800	14 000	24 000	30 000	48 000	10 000
月份	7	8	9	10	11	12
雇用工人的数量/人	179	181	223	238	262	265
加班生产的产量/件	0	0	0	0	0	0
库存量/件	308	14	12	0	12	2
解雇和新雇工人费用/件	0	1 800	37 800	13 500	21 600	2 700

　思考题

新雇用一个工人,考虑到其缺乏工作经验,第一个月正常生产每人只能达到 18 件,第二个月以后能达到熟练工的水平(26 件),请以总费用最少为目标,为公司制定未来 12 个月的生产方案,并且给出每个月雇用工人的数量。

整数线性规划模型及其 MATLAB 软件求解

考虑下面(混合)整数线性规划(MILP)模型:

$$\min_{x} \quad f^{\mathrm{T}}x$$

$$\text{s.t.} \begin{cases} A \cdot x \leqslant b \\ Aeq \cdot x = beq \\ lb \leqslant x \leqslant ub \\ x(intcon) \text{ 是整数} \end{cases}$$

其中,$x \in \mathbf{R}^n$;f,b,beq,lb,ub,$intcon$ 为向量;A,Aeq 为矩阵。(混合)整数线性规划(MILP)模型可以使用 MATLAB 中 intlinprog 函数求解。需要说明的是,在 MATLAB 2014 a.0 以上的版本中才有 intlinprog 函数。具体的用法如下:

```
x = intlinprog(f,intcon,A,b)
x = intlinprog(f,intcon,A,b,Aeq,beq)
x = intlinprog(f,intcon,A,b,Aeq,beq,lb,ub)
x = intlinprog(f,intcon,A,b,Aeq,beq,lb,ub,options)
x = intlinprog(problem)
[x,fval,exitflag,output]=intlinprog(…)
```

与 linprog 相比,多了参数 intcon,它代表了整数决策变量所在的位置。

例题 3.4.1 求解下面 0—1 整数规划模型。

$$\max \quad z = 6x_1 + 2x_2 + 3x_3 + 5x_4$$

$$\text{s.t.} \begin{cases} 3x_1 - 5x_2 + x_3 + 6x_4 \geqslant 4 \\ 2x_1 + x_2 + x_3 - x_4 \leqslant 3 \\ x_1 + 2x_2 + 4x_3 + 5x_4 \leqslant 10 \\ x_i = 0 \text{ 或 } 1, i = 1,2,3,4 \end{cases}$$

解: 求解代码如下:

```
f=[-6 -2 -3 -5];A=[-3 5 -1 -6;2 1 1 -1;1 2 4 5];
b=[-4 3 10]';intcon=[1 2 3 4];
lb = zeros(4,1); ub = ones(4,1);
[x,fval]= intlinprog(f,intcon,A,b,[],[],lb,ub);
x = x',fval =-fval %  显示结果
```

运行结果:

```
x=
    1.0000   0   1.0000   1.0000
fval=
    14
```

例题 3.4.2 求模型(3-4-1)的解。

解: 本模型中含有 $x_i, y_i, z^i, s_i^c (i=1,2,\cdots,12)$ 共计 48 个决策变量,为了能够使用 MATLAB 工具箱的 intlinprog 命令,需要按顺序把它们合并成一个列向量。求解代码如下:

```
clc;clear;format compact
d=[6300  6100  5800  5400  4800  4400  4600  5000  5800  6200  6800
6900]
ck1=210;% 每加班生产一件增加费用 210 元
ck2=35;% 存储费为 35 元
x0=230;% 目前工厂有工人 230 人
f=[zeros(1,12)  ck1*ones(1,12)  ck2*ones(1,12)  ones(1,12)];
m0=zeros(1,48);A=[];b=[zeros(12,1)];
for i=1:12
    mm=m0;mm(12+i)=1;mm(i)=-8;
    A=[A;mm];
end
            mm=m0;mm(1)=1;  A=[A;mm];b=[b;x0+50];
for i=2:12
    mm=m0;mm(i)=1; mm(i-1)=-1;  A=[A;mm];
    mm=m0;mm(i)=-1; mm(i-1)=1;  A=[A;mm];
    b=[b;50;50];
end
%%% d 等式约束
Aeq=[];beq=d';
mm=m0;mm(1)=26;mm(13)=1; mm(25)=-1;  Aeq=[Aeq;mm];
for i=2:12
    mm=m0;mm(i)=26; mm([12+i  23+i])=1;
    mm(24+i)=-1;  Aeq=[Aeq;mm];
end
% 12 月底库存量<100
mm=m0;mm(36)=1;A=[A;mm];b=[b;100];
%%%%%%%%%%%
  c1=2000;c2=900;
  mm=m0;mm(1)=-c1; mm(37)=-1;A=[A;mm];b=[b;-c1*x0];
 mm=m0;mm(1)=c2; mm(37)=-1;  A=[A;mm];b=[b;c2*x0];
for i=2:12
    mm=m0;mm([i-1  i])=c1*[1  -1]; mm(36+i)=-1;  A=[A;mm];
    mm=m0;mm([i-1  i])=c2*[-1  1]; mm(36+i)=-1;  A=[A;mm];
    b=[b;0;0];
```

```
end
   intcon=[1:48];  lb=[x0-50;zeros(47,1)];ub=[];
   [x,fval]=intlinprog(f,intcon,A,b,Aeq,beq,lb,ub);
      xyzs=[x(1:12)';x(13:24)';x(25:36)';
            x(37:48)';ck1*x(13:24)';ck2*x(25:36)']
xlswrite('Result.xls',xyzs)
fval
```

运行结果:

```
fval =
    2.3814e+05
```

决策变量的结果见正文表 3-4-2。

3.5 生产与运输策略问题(非线性整数规划案例)

问题的描述 某厂家生产某种商品,每个季度将生产好的产品运输到该公司分布在全国的 6 个仓库(每个仓库的最大库存量为 1 200 件),由 6 个仓库向 8 个大商场供货。根据合同规定,厂家向 8 个大商场每个季度的供货量如表 3-5-1 所示。

表 3-5-1 合同规定每个季度向 8 个大商场的交货量 单位:件

季度	商场 1	商场 2	商场 3	商场 4	商场 5	商场 6	商场 7	商场 8
第 1 季度	630	460	490	440	500	750	560	770
第 2 季度	590	640	770	790	720	630	430	780
第 3 季度	400	500	460	400	570	620	490	600
第 4 季度	610	430	580	560	450	610	420	440

从工厂到 6 个仓库的运输费用分别为 1 元/件、4 元/件、3 元/件、2 元/件、6 元/件、5 元/件。各个仓库到 8 个商场的单位货物运输价格如表 3-5-2 所示。

表 3-5-2 6 个仓库到 8 个商场的单位货物运输价表 单位:元/件

	商场 1	商场 2	商场 3	商场 4	商场 5	商场 6	商场 7	商场 8
仓库 1	6	2	6	7	4	2	5	9
仓库 2	4	9	5	3	8	5	8	2
仓库 3	5	2	1	9	7	4	3	3
仓库 4	7	6	7	3	9	2	7	1
仓库 5	2	3	9	5	7	2	6	5
仓库 6	5	5	2	2	8	1	4	3

每个季度厂家的生产费用(单位:元)为

$$f(x) = ax^2 + bx$$

其中,x 是该季度生产的商品数量。若仓库交货后有剩余,可用于下个季度交货,但需支付存储费,每件每季度 c 元。已知厂家每个季度最大生产能力为 8 000 件,第一个季度开始时无存货,设 $a=0.2, b=30, c=8$,请问厂家应如何安排生产计划,才能既满足合同又使总费用最低。

模型的假设与符号说明　为了简化问题,假设每个季度生产好的产品都能按时运输到该公司分布在全国的 6 个仓库,每个季度最后一天完成 6 个仓库到 8 个商场的发货任务。

下面是一些符号说明:

x_i 为第 i 季度生产的商品的数量,单位为件。

y_k^i 为第 i 季度从工厂到第 k 个仓库运输商品的数量,单位为件。

z_k^i 为第 i 季度第 k 个仓库的库存量,单位为件。

m_{kj}^i 为第 i 季度从第 k 个仓库到第 j 个商场的货物运量,单位为件。

d_j^i 为第 i 季度第 j 个商场的商品的需求量,单位为件。

c_k^1 为从工厂到第 k 个仓库的运输费用,单位为元/件。

c_{kj}^2 为从第 k 个仓库到第 j 个商场的单位货物的运输费用,单位为元/件。

c 为仓库每个季度每件商品的存储费,单位为元。

模型的建立　第 i 季度的产量等于第 i 季度从工厂到 6 个仓库运输商品的总量,所以有

$$x_i = \sum_{k=1}^{6} y_k^i \qquad i=1,2,3,4$$

已知厂家每个季度最大生产能力为 8 000 件,所以有

$$x_i \leqslant 8\,000 \qquad i=1,2,3,4$$

分析库存状态关系,对于第 k 个仓库、第 i 个季度的库存量等于第 $i-1$ 季度的库存量加第 i 个季度的运入量,再减去运出量,所以有

$$z_k^i = z_k^{i-1} + y_k^i - \sum_{j=1}^{8} m_{kj}^i \qquad i=1,2,3,4 \qquad k=1,2,\cdots,6$$

对于第 j 个商场而言,要满足需求,所以有

$$\sum_{k=1}^{6} m_{kj}^i = d_j^i \qquad i=1,2,3,4 \qquad j=1,2,\cdots,8$$

第一个季度开始时无存货,所以 $z_k^0 = 0, k=1,2,\cdots,6$。每个仓库的最大库存量为 1 200 件,所以有

$$z_k^{i-1} + y_k^i \leqslant 1\,200 \qquad k=1,2,\cdots,6 \qquad i=1,2,3,4$$

总费用包含运费、生产费用和存储费,容易得到目标函数为

$$\min \quad f = \sum_{i=1}^{4}(ax_i^2 + bx_i) + \sum_{i=1}^{4}\sum_{k=1}^{6}c_k^1 y_k^i + \sum_{i=1}^{4}\sum_{k=1}^{6}\sum_{j=1}^{8}c_{kj}^2 m_{kj}^i + c\sum_{i=1}^{4}\sum_{k=1}^{6}z_k^i.$$

于是,建立**非线性整数规划模型**如下:

$$\min \quad f = \sum_{i=1}^{4}(ax_i^2 + bx_i) + \sum_{i=1}^{4}\sum_{k=1}^{6}c_k^1 y_k^i + \sum_{i=1}^{4}\sum_{k=1}^{6}\sum_{j=1}^{8}c_{kj}^2 m_{kj}^i + c\sum_{i=1}^{4}\sum_{k=1}^{6}z_k^i.$$

$$\text{s.t.} \begin{cases} x_i = \sum_{k=1}^{6} y_k^i \quad x_i \leqslant 8\,000 \quad i=1,2,3,4 \\ z_k^i = z_k^{i-1} + y_k^i - \sum_{j=1}^{8}m_{kj}^i \quad i=1,2,3,4 \quad k=1,2,\cdots,6 \\ z_k^0 = 0 \quad k=1,2,\cdots,6 \\ z_k^{i-1} + y_k^i \leqslant 1\,200 \quad k=1,2,\cdots,6 \quad i=1,2,3,4 \\ \sum_{k=1}^{6}m_{kj}^i = d_j^i \quad i=1,2,3,4 \quad j=1,2,\cdots,8 \\ x_i,y_k^i,z_k^i,m_{kj}^i \text{ 取非负整数} \end{cases} \quad (3-5-1)$$

模型求解 这是一个非线性整数线性最优化问题,由于目前还没有解决非线性整数规划模型的工具箱,所以目前必须使用 Lingo 软件编程,本节第二部分简单介绍了 Lingo 软件的使用,编程见例题 3.5.2,在计算机上运行可得最少费用为 1.716×10^7 元。具体生产计划以及运输安排见表 3-5-3 和表 3-5-4。

表 3-5-3　四个季度生产的商品数量的数量　　　　　　单位:件

季度	第1季度	第2季度	第3季度	第4季度
产量	4 965	4 985	4 060	4 080
仓库1的分配量	1 200	1 200	1 200	1 200
仓库2的分配量	487(365)	62	188(20)	110
仓库3的分配量	1 200	1 200	1 200	1 103
仓库4的分配量	1 200	1 200	1 200	1 200
仓库5的分配量	626	580	257	467
仓库6的分配量	252	743	15	0

注意:上表中括号里的数字表示该仓库发完货后剩下的库存量。

表 3 - 5 - 4　四个季度从 6 个仓库到 8 个商场的运输量　　　　　单位:件

	季度	商场 1	商场 2	商场 3	商场 4	商场 5	商场 6	商场 7	商场 8
仓库 1	1		310			500	390		
	2		480			720			
	3		250			570	380		
	4		340			450	410		
仓库 2	1	4			118				
	2	10			417				
	3	143			25				
	4	130							
仓库 3	1		150	490				560	
	2		160	631				409	
	3		250	460				490	
	4	13	90	580				420	
仓库 4	1				322		108		770
	2				136		284		780
	3				360		240		600
	4				560		200		440
仓库 5	1	626							
	2	580							
	3	257							
	4	467							
仓库 6	1						252		
	2		139	237			346	21	
	3				15				
	4								

思考题

　　针对本节的生产策略案例,请您讨论 a,b,c 变化对计划的影响,并做出合理的解释。

Lingo 程序设计简要说明

　　Lingo 是美国 LINDO 系统公司(Lindo System Inc)开发的求解数学规划系列软件,

它的主要功能是求解大型线性、非线性和整数规划问题。

Lingo 分为 demo, solve suite, hyper, industrial, extended 等六类不同版本,只有 demo 版本是免费的,其他版本需要向 LINDO 系统公司(在中国的代理商)购买,Lingo 的不同版本对模型的变量总数、非线性变量个数、整型变量个数和约束条件的数量做出不同的限制(其中 extended 版本无限制)。

Lingo 的主要功能特色为:

(1) 既能求解线性规划,也有较强的求解非线性规划的能力。

(2) 输入模型简练直观。

(3) 运行速度快、计算能力强。

(4) 内置建模语言,提供几十种内部函数,从而能以较少语句,较直观的方式描述较大规模的优化模型。

(5) 将集合的概念引入编程语言,很容易将实际问题转换为 Lingo 语言。

(6) 能方便地与 excel、数据库等其他软件交换数据。

下面用一个简单的例子来介绍 Lingo 软件编程语言。

例题 3.5.1 求解下面整数规划模型。

$$\max \quad z = 72x_1 + 64x_2$$

$$\text{s.t.} \begin{cases} x_1 + x_2 \leqslant 50 \\ 12x_1 + 8x_2 \leqslant 480 \\ 3x_1 \leqslant 100 \\ x_1, x_2 \text{ 取非负整数} \end{cases}$$

解:编写 Lingo 程序代码如下。

```
model:
title 整数规划模型;
max = 72*x1 + 64*x2;
x1 + x2<50;
12*x1 + 8*x2<480;
3*x1<100;
@gin(x1);@gin(x2);
end
```

运行结果:

```
    Global optimal solution found.
    Objective value:                        3360.000
    Objective bound:                        3360.000
    Infeasibilities:                        0.000000
    Extended solver steps:                         0
    Total solver iterations:                       2
```

Model Title: 整数规划模型

Variable	Value	Reduced Cost
X1	20.00000	-72.00000
X2	30.00000	-64.00000

Row	Slack or Surplus	Dual Price
1	3360.000	1.000000
2	0.000000	0.000000
3	0.000000	0.000000
4	40.00000	0.000000

Lingo 解线性规划时,还可以做灵敏度分析,由于篇幅限制,在此不再介绍,有兴趣的同学可以参考一些运筹学的书籍。

使用 Lingo 时候,要注意以下事项:

(1) ">"(或"<")号相当于">="(或"<=")。

(2) 变量名以字母开头,不能超过 8 个字符。

(3) 变量名不区分大小写(包括 Lindo 中的关键字)。

(4) 目标函数所在行是第一行,第二行起为约束条。

(5) 每句必须以分号结束,行中注有"!"符号的后面部分为注释。

(6) Lingo 中变量被默认为大于等于 0 的浮点型变量,在解决某些问题对变量有特殊的要求,需要重新定义其变量类型。几个常用的有:

@Free(x) 变量不受大于等于 0 的限制,即也可以取到负值。

@Gin(x) 变量为整型。

@Bin(x) 变量为二进制数,即取值非 0 即 1。

@bnd(L,x,U) 限制 $L \leqslant x \leqslant U$。

更多请见 Lingo 的 help 文件。

使用 Lingo 软件求解本节中的模型时,由于模型(3-5-1)涉及 244 个变量,如果按照上面例题的方法,直接输入求解就显得太烦琐了。Lingo 也可以像 MATLAB 软件一样定义数组,使用内置建模语言,从而以较少语句、较直观的方式描述较大规模的优化模型。

例题 3.5.2　求解非线性整数规划模型(3-5-1)。

解:编写 Lingo 程序代码如下。

```
model:
title 生产与运输策略问题;
sets: ! 集合的定义;
xb1/1..4/:x;
xb2/1..6/:c1;
xb3/1..8/;
xb4(xb1,xb2):yik,zik;
```

```
xb5(xb1,xb2,xb3):mikj;
xb6(xb2,xb3):c2kj;
xb7(xb1,xb3):dij;
endsets
data:! 数据段;
c1 = 1,4,3,2,6,5;! 也可以用空格代替逗号;
c2kj = 6  2  6  7  4  2  5  9
4  9  5  3  8  5  8  2
5  2  1  9  7  4  3  3
7  6  7  3  9  2  7  1
2  3  9  5  7  2  6  5
5  5  2  2  8  1  4  3;
dij = 630   460   490   440   500   750   560   770
590   640   770   790   720   630   430   780
400   500   460   400   570   620   490   600
610   430   580   560   450   610   420   440;
enddata
min =@ sum(xb1(i):0.2*x(i)^2 + 30*x(i))+@ sum(xb1(i): @ sum(xb2(k):
c1(k)*yik(i,k) ))+@ sum(xb1(i):                  @ sum(xb6(k,j):
   c2kj(k,j)*mikj(i,k,j) )) + 8*@ sum(xb4(i,k):zik(i,k)) ;
    @ for(xb1(i):  x(i) =@ sum(xb2(k):yik(i,k)));
     @ for(xb1(i):  x(i)<8000);
    @ for(xb2(k): @ for(xb1(i) |i# eq# 1:   zik(i,k) = yik(i,k)-@ sum
(xb3(j):mikj(i,k,j)))));
    @ for(xb2(k):                          @ for(xb1(i) |i# GT# 1:
zik(i,k) = zik(i-1,k) + yik(i,k)-@ sum(xb3(j):mikj(i,k,j)))));
     @ for( xb2( k): yik(1,k)<1200);
     @ for(xb2(k): @ for(xb1(i) |i# GT# 1:   zik(i-1,k) + yik(i,k)<
1200));
     @ for(xb3(j): @ for(xb1(i): @ sum(xb2(k): mikj(i,k,j)   ) = dij
(i,j)  ));
  @ for( xb1( i): @ GIN( x( i) ));
     @ for( xb4( i,k): @ GIN( yik(i,k) ));
   @ for( xb4( i,k): @ GIN( zik(i,k) ));
   @ for( xb5( i,k,j): @ GIN( mikj(i,k,j)));
  End
```

运行结果见正文。

上面的例题中用到了逻辑运算符＃GT＃。在 Lingo 中,逻辑运算符主要用于集循环函数的条件表达式中,控制函数中哪些集成员被包含,哪些被排斥。Lingo 具有 9 种常见逻辑运算符:

＃not＃　　否定该操作数的逻辑值,＃not＃是一个一元运算符。

＃eq＃　　若两个运算数相等,则为 true;否则为 false。

＃ne＃　　若两个运算符不相等,则为 true;否则为 false。

＃gt＃　　若左边的运算符严格大于右边的运算符,则为 true;否则为 false。

＃ge＃　　若左边的运算符大于或等于右边的运算符,则为 true;否则为 false。

＃lt＃　　若左边的运算符严格小于右边的运算符,则为 true;否则为 false。

＃le＃　　若左边的运算符小于或等于右边的运算符,则为 true;否则为 false。

＃and＃　　仅当两个参数都为 true 时,结果为 true;否则为 false。

＃or＃　　仅当两个参数都为 false 时,结果为 false;否则为 true。

另外,Lingo 提供了大量的标准数学函数,常见的有:

@abs(x)　　返回 x 的绝对值。

@sin(x)　　返回 x 的正弦值,x 采用弧度制。

@cos(x)　　返回 x 的余弦值。

@tan(x)　　返回 x 的正切值。

@exp(x)　　返回常数 e 的 x 次方。

@log(x)　　返回 x 的自然对数。

@lgm(x)　　返回 x 的 gamma 函数的自然对数。

@sign(x)　　如果 $x<0$ 返回 -1;否则,返回 1。

@floor(x)　　返回 x 的整数部分。当 $x\geq0$ 时,返回不超过 x 的最大整数;当 $x<0$ 时,返回不低于 x 的最大整数。

@max(x1,x2,…,xn)　　返回 $x_1,x_2,…,x_n$ 中的最大值。

@min(x1,x2,…,xn)　　返回 $x_1,x_2,…,x_n$ 中的最小值。

@if(logical_condition,true_result,false_result):@if 函数将评价一个逻辑表达式 logical_condition,如果为真,返回 true_result,否则返回 false_result。

从本节的案例可以看出:充分使用内置建模语言,能以较少语句,较直观的方式描述较大规模的优化模型。

3.6　投资的收益和风险(多目标优化模型)

问题的描述　　(本题来源:1998 年全国大学生数学建模竞赛 A 题)

市场上有 n 种资产(如股票 S_1,债券 S_2,…,S_n)供投资者选择。某公司有数额为 M 的一笔相当大的资金可用作一个时期的投资。公司财务分析人员对这 n 种资产进行了评估,估算出在这一时期内购买 S_i 的平均收益率为 r_i,并预测出购买 S_i 的风险损失率为

q_i。考虑到投资越分散,总的风险越小,公司确定,当用这笔资金购买若干种资产时,总体风险可用所投资的 S_i 中最大的一个风险来度量。

购买 S_i 时要付交易费,费率为 p_i,当购买额不超过给定值 u_i 时,交易费按购买 u_i 计算(不买无须付费)。另外,假定同期银行存款利率是 r_0,且既无交易费又无风险($r_0 = 5\%$)。

已知 $n=4$ 时相关数据如表 3-6-1。

表 3-6-1   4 种资产的收益、风险、费率信息表

S_i	$r_i / \%$	$q_i / \%$	$p_i / \%$	$u_i / 元$
S_1	28	2.5	1	103
S_2	21	1.5	2	198
S_3	23	5.5	4.5	52
S_4	25	2.6	6.5	40

试给该公司设计一种投资组合方案,即用给定的资金 M,有选择地购买若干种资产或存银行生息,使净收益尽可能大,总体风险尽可能小。

模型的假设与符号说明   为了简化问题,给出一些假设:

(1) 投资数额 M 相当大,为了便于计算,假设 $M=1$。

(2) 投资越分散,总的风险越小,总体风险可用所投资的 S_i 中最大的一个风险来度量。

(3) 4 种资产 S_i 之间是相互独立的。

(4) 在投资的这一时期内,4 种资产的收益、风险、费率等保持不变。

下面是一些符号说明:

S_i 为可供投资的资产种类

M 为投资数额,为了便于计算,假设 $M=1$

r_i, p_i, q_i 分别为 S_i 的平均收益率、交易费率、风险损失率

x_i 为资产 S_i 的购买额 C_i 为资产 S_i 的交易费

E_i 为购买资产 S_i 的收益 R_i 为购买资产 S_i 的净收益

σ_i 为购买资产 S_i 的风险 σ 为投资的总体风险

u_i 为 S_i 的交易的门阀值 r_0 为同期银行利率

α 为投资风险度 Q 为投资的总体净收益

模型的建立   购买 S_i 所付交易费 C_i 是一个分段函数:

$$C_i = \begin{cases} p_i x_i & x_i > u_i \\ p_i u_i & x_i \leqslant u_i \end{cases}$$

而题目所给定的定值 u_i(单位:元)相对总投资 M 很小,可以忽略不计。这样,认为只要购买项目 S_i,则购买额 x_i 一定比 u_i 大,所以本题中交易费可以用 $C_i = p_i x_i$ 代替。

给出有关概念的定义。S_i 的平均收益率 r_i 和净收益 R_i 分别定义为

$$r_i = \frac{收益}{购买额} = \frac{E_i}{x_i} \quad R_i = E_i - C_i$$

所以,投资的总体净收益为

$$Q = \sum_{i=0}^{4} R_i = \sum_{i=0}^{4} (x_i r_i - C_i) = \sum_{i=0}^{4} x_i (r_i - p_i)$$

这里 $i = 0$ 表示银行存款,$p_0 = 0$。

S_i 的风险损失率 q_i 定义为

$$q_i = \frac{风险损失基金}{购买额} = \frac{\sigma_i}{x_i}$$

用资金 x_i 购买 S_i 时的风险为 $\sigma_i = x_i q_i$。总体风险用所投资的 S_i 中最大的一个风险来衡量,所以有

$$\sigma = \max_{1 \leqslant i \leqslant 4} \{x_i q_i\}$$

总的投资额为 M,所以有

$$M = \sum_{i=0}^{4} (x_i + C_i) = \sum_{i=0}^{4} x_i (1 + p_i)$$

要使净收益尽可能大,总体风险尽可能小,可以得到一个双目标规划模型:

$$\max Q = \sum_{i=0}^{4} x_i (r_i - p_i)$$
$$\min \{\max_{1 \leqslant i \leqslant 4} \{x_i q_i\}\}$$
$$\text{s.t.} \begin{cases} \sum_{i=0}^{4} x_i (1 + p_i) = M \\ x_i \geqslant 0 \quad i = 1,2,3,4 \end{cases}$$

多目标规划模型需要转化为单目标模型来求解,常用的方法有两种:一是保留一个目标函数,把其他的目标函数放到约束条件中;二是设置各个目标函数的权重,把各个目标函数与权重乘积线性和作为一个目标函数。利用上述方法可以给出以下 3 个简化的模型。

模型 1　固定风险水平,优化收益

在实际投资中,投资者承受风险的程度不一样,若给定风险一个界限 α,使最大的一个风险:

$$\frac{x_i q_i}{M} \leqslant \alpha$$

固定风险水平,可找到相应的收益最多的投资方案:

$$\max Q = \sum_{i=0}^{4} x_i (r_i - p_i)$$

$$\text{s.t.}\begin{cases} \dfrac{x_i q_i}{M} \leqslant \alpha & i=1,2,3,4 \\[2mm] \displaystyle\sum_{i=0}^{4} x_i(1+p_i)=M \\[2mm] x_i \geqslant 0 & i=1,2,3,4 \end{cases}$$

模型 2 固定盈利水平,极小化风险

投资者期望通过一个时期的投资后,总体净收益能够达到心中想要的值 K,即

$$\sum_{i=0}^{4} x_i(r_i-p_i) \geqslant K$$

在这个期望值下,追求承受风险最小,可以得到如下模型:

$$\min\{\max_{1\leqslant i\leqslant 4}\{x_i q_i\}\}$$

$$\text{s.t.}\begin{cases} \displaystyle\sum_{i=0}^{4} x_i(r_i-p_i) \geqslant K \\[2mm] \displaystyle\sum_{i=0}^{4} x_i(1+p_i)=M \\[2mm] x_i \geqslant 0 & i=1,2,3,4 \end{cases}$$

模型 3 投资偏好系数,权衡两个目标函数

投资者在权衡资产风险和预期收益两方面时,希望选择一个令自己满意的投资组合。因此,对风险、收益赋予权重 $\gamma(0\leqslant\gamma\leqslant1)$,$\gamma$ 称为投资偏好系数。

$$\min \gamma\{\max_{1\leqslant i\leqslant 4}\{x_i q_i\}\} - (1-\gamma)\sum_{i=0}^{4} x_i(r_i-p_i)$$

$$\text{s.t.}\begin{cases} \displaystyle\sum_{i=0}^{4} x_i(1+p_i)=M \\[2mm] x_i \geqslant 0 & i=1,2,3,4 \end{cases}$$

模型求解 以模型 1 为例给出模型的解答。在该问题中,不能随便设定一个风险界限 α,求出投资方法。不同的投资者有不同的抗风险程度,必须要研究风险与收益之间的关系,为投资者的决策提供依据。方法是从 $\alpha=0$ 开始,以步长 $\Delta\alpha=0.001$ 进行循环搜索,编制程序见本节第 2 部分,得到风险与收益之间的关系如图 3-6-1 所示。

从图 3-6-1 可以看出:风险大,收益也大;当投资越分散时,投资者承担的风险越小,这与题意一致,即冒险的投资者会出现集中投资的情况,保守的投资者则尽量分散投资;图中 $\alpha=0.025$ 处收益达到最大值(此时,所有资金都用来投资 S_1 项目);$\alpha=0.006$ 附近有一个转折点,在这一点左边,风险增加很少时,利润增长很快,在这一点右边,风险增加很大时,利润增长很缓慢,所以对于风险和收益没有特殊偏好的投资者来说,应该选择曲线的拐点作为最优投资组合,此处对应的收益率为 20.19%,所对应投资 $S_1,\cdots,S_4$ 四个项目的比重分别为 24%,40%,10.91%,22.12%,剩余总资金的 2.97% 用于支付交易费。

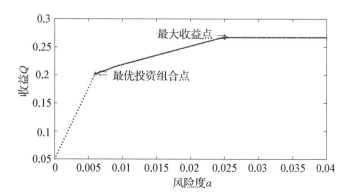

图 3-6-1 风险与收益之间的关系

 思考题

试就本节案例的一般情况进行讨论,并利用表 3-6-2 数据进行计算。

表 3-6-2 15 种资产的收益、风险、费率信息表

S_i	$r_i/\%$	$q_i/\%$	$p_i/\%$	$u_i/元$	S_i	$r_i/\%$	$q_i/\%$	$p_i/\%$	$u_i/元$
S_1	9.6	42	2.1	181	S_9	33.6	53.3	2.7	475
S_2	18.5	54	3.2	407	S_{10}	36.8	40	2.9	248
S_3	49.4	60	6	428	S_{11}	11.8	31	5.1	195
S_4	23.9	42	1.5	549	S_{12}	9	5.5	5.7	320
S_5	8.1	1.2	7.6	270	S_{13}	35	46	2.7	267
S_6	14	39	3.4	397	S_{14}	9.4	5.3	4.5	328
S_7	40.7	68	5.6	178	S_{15}	15	23	7.6	131
S_8	31.2	33.4	3.1	220					

模型 1 的 MATLAB 求解程序

本节给出模型 1 的 MATLAB 程序代码如下:

```
clc;clear;format compact
a=0;
Aa=[];Q=[];
while a<=0.04
c=[-0.05 -0.27 -0.19 -0.185 -0.185];
Aeq=[1 1.01 1.02 1.045 1.065];
beq=[1];
A=[0 0.025 0 0 0;0 0 0.015 0 0;0 0 0 0.055 0;0 0 0 0 0.026];
```

```
b=[a;a;a;a];
vlb=[0,0,0,0,0];
vub=[];
[x,val]=linprog(c,A,b,Aeq,beq,vlb,vub);
Aa=[Aa a];
Q=[Q-val];
a = a + 0.0002;
end
plot(Aa,Q,'.','LineWidth',2,'MarkerSize',10)
% axis([0  0.04  0 0.5])
xlabel('风险度 a'),ylabel('收益 Q')
DQ = diff(Q)
k0 = 31;
a1 = Aa(k0)
b=[a1;a1;a1;a1];
[x1,val1]=linprog(c,A,b,Aeq,beq,vlb,vub)
hold on
set(gca,'FontSize', 16);
plot(Aa(k0),Q(k0),'rp','LineWidth',2,'MarkerSize',6)
text(Aa(k0)+0.0002,Q(k0),'\\Leftarrow 最优投资组合点',...
        'Fontsize', 18)
k1 = 126;
a2 = Aa(k1)
plot(Aa(k1),Q(k1),'rp','LineWidth',2,'MarkerSize',6)
text(Aa(k1)-0.0002,Q(k1),'最大收益点 \\Rightarrow ',
'HorizontalAlignment','right', 'FontSize',18)
```

3.7 非线性规划模型的线性化技巧

从本章前几节内容可知,在解决实际问题时,线性规划和非线性规划各具优点:线性规划适合高维问题,易于求解,且一般能求得最优解;非线性规划适合高复杂度问题,是线性规划的补充与延伸。但二者又均有缺点:线性规划的直接适用问题相对较少;非线性规划大多仅用于低维问题,且一般只能求得局部最优解。本节针对几类特殊的非线性规划模型,研究如何将其化为线性规划模型进行求解。

例题 3.7.1("绝对值目标"型问题) 【本例来自司守奎、孙兆亮主编的《数学建模算法与应用》(第 2 版)例 1.5】

求数学规划问题:$\min |x_1| + 2|x_2| + 3|x_3| + 4|x_4|$

$$\text{s.t.} \begin{cases} x_1 - x_2 - x_3 + x_4 \leqslant -2 \\ x_1 - x_2 + x_3 - 3x_4 \leqslant -1 \\ x_1 - x_2 - 2x_3 + 3x_4 \leqslant -0.5 \end{cases} \qquad (3-7-1)$$

解: 问题的目标函数含有绝对值,因此可用非线性规划方法求解,MATLAB 程序如下:

```
F =@ (x) abs(x(1))+2*abs(x(2))+          % 目标函数
3*abs(x(3))+4*abs(x(4));
x0 = randn(1,4)*10;                       % 随机初始值
A=[1 -1 -1 1; 1 -1 1 -3; 1 -1 -2 3];      % 线性不等式矩阵
b=[-2 -1 -0.5]';                          % 线性不等式向量
[x_NLP,y_NLP]=fmincon(F,x0,A,b)           % 非线性规划求解
```

运行结果　(注意到程序中初始值为随机选取,可多次运行观察结果):

$$\text{x\_NLP} = [-2.1178 \quad 0 \quad 0 \quad 0]$$
$$\text{y\_NLP} = 2.1178$$

该解不是最优解。下面将问题(3-7-1)化为线性规划问题,令

$$u_i = \frac{1}{2}(\mid x_i \mid + x_i) \qquad v_i = \frac{1}{2}(\mid x_i \mid - x_i)$$

则 u_i 与 v_i 均为非负变量,且有 $\mid x_i \mid = u_i + v_i$,$v_i = u_i - v_i$。故原问题等价于

$$\min(u_1 + v_1) + 2(u_2 + v_2) + 3(u_3 + v_3) + 4(u_4 + v_4)$$

$$\text{s.t.} \begin{cases} (u_1 - v_1) - (u_2 - v_2) - (u_3 - v_3) + (u_4 - v_4) \leqslant -2 \\ (u_1 - v_1) - (u_2 - v_2) + (u_3 - v_3) - 3(u_4 - v_4) \leqslant -1 \\ (u_1 - v_1) - (u_2 - v_2) - 2(u_3 - v_3) + 3(u_4 - v_4) \leqslant -0.5 \\ u_i, v_i \geqslant 0 \qquad i = 1, \cdots, 4 \end{cases} \qquad (3-7-2)$$

记

$$\boldsymbol{y} = (u_1, \cdots, v_4, v_1, \cdots, v_4)^{\mathrm{T}}$$
$$\boldsymbol{f} = (1, 2, 3, 4, 1, 2, 3, 4)^{\mathrm{T}}$$
$$\boldsymbol{A} = \begin{pmatrix} 1 & -1 & -1 & 1 & -1 & 1 & 1 & -1 \\ 1 & -1 & 1 & -3 & -1 & 1 & -1 & 3 \\ 1 & -1 & -2 & 3 & -1 & 1 & 2 & -3 \end{pmatrix}$$
$$\boldsymbol{b} = \begin{pmatrix} -2 \\ -1 \\ -0.5 \end{pmatrix}$$

则模型(3-7-2)的矩阵形式为

$$\min \boldsymbol{f}^{\mathrm{T}} \boldsymbol{y}$$
$$\text{s.t.} \begin{cases} \boldsymbol{A}\boldsymbol{y} \leqslant \boldsymbol{b} \\ \boldsymbol{y} \geqslant 0 \end{cases}$$

编写如下 MATLAB 程序:

```
f=[1  2  3  4  1  2  3  4];               % 目标函数
A=[1 -1 -1  1 -1  1  1 -1
   1 -1  1 -3 -1  1 -1  3               % 线性不等式矩阵
   1 -1 -2  3 -1  1  2 -3];
b=[-2 -1 -0.5]';                         % 线性不等式向量
L = zeros(8,1);                          % 变量下界
[y_LP,z_LP]=linprog(f,A,b,[],[],L);      % 线性规划求解
u_LP = y_LP(1:4)';                       % 变量 u_1,…,u_4
v_LP = y_LP(5:8)';                       % 变量 v_1,…,v_4
x_LP = u_LP- v_LP                        % 最小值点
```

运行结果:

$$x\_LP= [-2 \quad 0 \quad 0 \quad 0]$$
$$z\_LP= 2$$

即得最优解为 $x_1 = -2, x_2 = x_3 = x_4 = 0$,目标最小值为 2。

例题 3.7.2("min-max 目标"型问题) 【本例来自赵静、但琦主编的《数学建模与数学实验》(第 5 版)例 4.6】

求解选址问题的模型:

$$\min_{x,y} \max_{i} \{|x-a_i|+|y-b_i|\}$$
$$\text{s.t.} \begin{cases} 3 \leqslant x \leqslant 8 \\ 4 \leqslant y \leqslant 10 \end{cases} \tag{3-7-3}$$

其中,a_i 与 b_i 的定义如表 3-7-1 所示。

表 3-7-1 a_i 与 b_i 的定义

i	1	2	3	4	5	6	7	8	9	10
a_i	1	4	3	5	9	12	6	20	17	8
b_i	2	10	8	18	1	4	5	10	8	9

解:先用非线性规划方法求解,首先编写 MATLAB 函数 f_obj_ex2。

```
function Fs = f_obj_ex2(z)                % 函数头文件
a=[1 4 3 5 9 12 6 20 17 8];              % 横坐标
b=[2 10 8 18 1 4 5 10 8 9];             % 纵坐标
Fs = zeros(length(a),1);
for i = 1:length(a)
    Fs(i)= abs(z(1)-a(i))+abs(z(2)-b(i));  % 目标函数
end
```

然后编写以下程序:

```
xy=[6   6];                                    % 初始值
L=[3   4];                                      % 变量下界
U=[8   10];                                     % 变量上界
[xy,~ ,z]=fminimax(@ f_obj_ex2,xy,[],[],[],[],L,U)    % 求解
```

运行结果：

```
xy=[8   8.5]
z=13.5
```

即本问题选址在坐标$(8,8.5)$处，最小的最大距离为13.5。

问题$(3-7-3)$也可以化为线性规划模型求解。令$z=\max\limits_{i}\{\,|\,x-a_i\,|+|\,y-b_i\,|\,\}$，则原模型化为如下线性形式：

$$\min z$$

$$\text{s.t.}\begin{cases}(x-a_i)+(y-b_i)\leqslant z\\-(x-a_i)+(y-b_i)\leqslant z\\(x-a_i)-(y-b_i)\leqslant z\\-(x-a_i)-(y-b_i)\leqslant z\end{cases} \qquad (3-7-4)$$

编写$(3-7-4)$的MATLAB程序：

```
a=[1   4   3   5   9   12  6   20  17  8];      % 横坐标
b=[2   10  8   18  1   4   5   10  9   9];      % 纵坐标
f=[0   0   1];                                   % 目标向量
A= kron(ones(10,1),[1  1  -1;  -1  1  -1;       % 线性不等式矩阵
   1  -1  -1;  -1  -1  -1]);
B= kron(a',[1  -1  1  -1]')+ kron(b',           % 线性不等式向量
[1  1  -1  -1]');
L=[3   4   0];                                   % 变量下界
U=[8   10  inf];                                 % 变量上界
[xyz,fval]= linprog(f,A,B,[],[],L,U);            % 求解
x= xyz(1)                                         % 选址横坐标
y= xyz(2)                                         % 选址纵坐标
z= fval                                           % 最优目标值
```

运行结果：

```
x = 6.5
y + 10
z + 13.5
```

即也可以选址在坐标$(6.5,10)$处，最小的最大距离也为13.5。

下面两种模型的线性化也是建模问题中的常见方法，一是原模型无法直接求解，二是原模型的目标函数中含有$0-1$变量与其他变量的乘积项。

例题 3.7.3("0-1变量+或"型问题)　试将下述模型化为(混合$0-1$)线性规划

模型：

$$\min \boldsymbol{f}^{\mathrm{T}} x$$
$$\text{s.t.} \begin{cases} \boldsymbol{A}x \leqslant \boldsymbol{b} \\ x_1 = 0 \text{ 或 } 3 \leqslant x_1 \leqslant 7 \end{cases} \qquad (3-7-5)$$

解：模型$(3-7-5)$的变量x_1受"或"型约束，无法直接求解。现引入$0-1$变量δ，将关于变量x_1的约束等价转化为$3\delta \leqslant x_1 \leqslant 7\delta$，它是关于$x_1$和$\delta$的线性不等式约束，从而得到与模型$(3-7-5)$等价的混合$0-1$线性规划模型：

$$\min \boldsymbol{f}^{\mathrm{T}} x$$
$$\text{s.t.} \begin{cases} \boldsymbol{A}x \leqslant \boldsymbol{b} \\ 3\delta \leqslant x_1 \leqslant 7\delta \\ \delta \in \{0,1\} \end{cases}$$

例题 3.7.4（"0−1 变量＋大数"型问题） 试将下述模型线性化：

$$\min_{x,\delta} \sum_{i=1}^{n} \delta_i x_i$$
$$\text{s.t.} \boldsymbol{A}x \leqslant \boldsymbol{b} \qquad (3-7-6)$$

解：先给出一个显然的结论，即对于变量x，$y \in \mathbf{R}$与$0-1$变量$z \in \{0,1\}$，有

$$y = \begin{cases} f(x) & z=0 \\ g(x) & z=1 \end{cases} \Leftrightarrow \begin{cases} f(x) - Lz \leqslant y \leqslant f(x) + Lz \\ g(x) - L(1-z) \leqslant y \leqslant g(x) + L(1-z) \end{cases}$$
$$(3-7-7)$$

其中，L为任意充分大的正数。

现对于模型$(3-7-6)$，引入新变量$y_i = \delta_i x_i, i=1,\cdots,n$，则有$y_i = \begin{cases} 0, & \delta_i = 0 \\ x_i, & \delta_i = 1 \end{cases}$，由上述式$(3-7-7)$所给结论，得原模型的线性形式：

$$\min_{x,\delta} \sum_{i=1}^{n} y_i$$
$$\text{s.t.} \begin{cases} \boldsymbol{A}x \leqslant \boldsymbol{b} \\ -L\delta_i \leqslant y_i \leqslant -L\delta_i \\ x_i - L(1-\delta_i) \leqslant y_i \leqslant x_i + L(1-\delta_i) \\ \delta_i \in \{0,1\} \end{cases}$$

本节简要给出了几类非线性规划模型的线性化方法，实际问题建模时，还需要结合问题的特征，有针对性地运用这些技巧。

1. 网路优化问题。

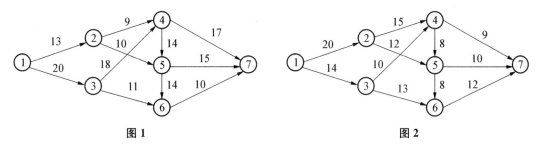

图 1　　　　　　　　　　　　　　　　图 2

(1) 图 1 中弧上的数字表示相邻两点之间的路程,请建立优化模型求解从 1 到 7 的最短路。

(2) 图 1 中弧上的数字表示相邻两点之间每小时的最大车流量。请建立优化模型求解 1 到 7 的最大车流量。

(3) 30 辆卡车从 1 到 7 运送物品。图 1 中弧上的数字为相邻两点之间容纳的车的数量。另外每条路段都有不同的路费要缴纳,图 2 中弧上的数字为相邻两点之间的路费。如何分配卡车的出发路径才能使费用最低,物品又能全部送到?

2. 某开放式基金现有总额为 12 亿元的资金可用于投资,目前共有 8 个项目可供投资者选择,每个项目可重复投资。根据专家经验,每个项目的投资总额不能太高,应有上限。这些项目所需要的投资额已知,一般情况下投资一年后各项目所得利润也可估算出来,如表 1 所示。

表 1　8 种资产的投资信息

项目编号	1	2	3	4	5	6	7	8
投资额/万元	6 700	6 600	4 850	5 500	55 800	4 200	4 600	4 500
年利润/万元	900	1 056	727.5	1 265	1 160	714	1 840	1 575
上　限/万元	34 000	27 000	30 000	22 000	30 000	3 000	25 000	23 000
风险率/%	32	15.5	23	31	35	6.5	42	35

假定同期银行存款利率是 1.75%。请帮该公司解决以下问题:

(1) 就表 1 提供的数据,应该投资哪些项目,使得第一年所得利润最高?

(2) 在具体投资这些项目时,还会出现项目之间互相影响的情况。公司咨询有关专家后,得到以下可靠信息:同时投资项目 A_1、A_3,它们的年利润分别是 1 005 万元、1 018.5 万元;同时投资项目 A_4、A_5,它们的年利润分别是 1 045 万元、1 276 万元。该基金应如何投资?其中 M 为你的学号后 3 位乘以 10。

(3) 如果考虑投资风险,则应如何投资才能使收益尽可能大,而风险尽可能小。投资项目总体风险可用投资项目中最大的一个风险来衡量。

3. 50 万元基金用于投资三种股票 A,B,C。A 每股年期望收益 5 元(标准差 2 元),目前市价 20 元;B 每股年期望收益 8 元(标准差 6 元),目前市价 25 元;C 每股年期望收益

10 元(标准差 10 元),目前市价 30 元;股票 A,B 收益的相关系数为 5/24;股票 A,C 收益的相关系数为 -0.5;股票 B,C 收益的相关系数为 -0.25。

(1) 期望今年得到至少 20% 的投资回报,应如何投资?

(2) 投资回报率与风险的关系如何?

4. 某厂向用户提供发动机,合同规定,第一、二、三季度末分别交货 40 台、60 台、80 台。每季度的生产费用为 $f(x)=ax+bx^2$(单位:元),其中 x 是该季度生产的台数。若交货后有剩余,可用于下季度交货,但需支付存储费,每台每季度 c 元。已知工厂每季度最大生产能力为 100 台,第一季度开始时无存货,设 $a=50,b=0.2,c=4$,问:

(1) 工厂应如何安排生产计划,才能既满足合同又使总费用最低?

(2) 讨论 a,b,c 变化对计划的影响,并做出合理的解释。

5. 某校经预赛选出 A、B、C、D 四名学生,将派他们去参加该地区各学校之间的竞赛。此次竞赛的四门功课考试在同一时间进行,因而每人只能参加一门,比赛结果将以团体总分计名次(不计个人名次)。设下表是四名学生选拔时的成绩,问应如何组队较好?

表 2　四名学生的成绩

学生＼课程	数学	物理	化学	外语
A	90	95	78	83
B	85	89	73	80
C	93	91	88	79
D	79	85	84	87

6. 零售商从钢管厂进货,将钢管按照顾客的要求切割后售出。从钢管厂进货时得到的原料钢管长度都是 1 850 mm。现有一客户需要 15 根 290 mm、28 根 315 mm、21 根 350 mm 和 30 根 455 mm 的钢管。为了简化生产过程,规定所使用的切割模式的种类不能超过 4 种,使用频率最高的一种切割模式按照一根原料钢管价值的 1/10 增加费用,使用频率次之的切割模式按照一根原料钢管价值的 2/10 增加费用,依此类推,每种切割模式下的切割次数不能太多(一根原料钢管最多生产 5 根产品)。此外,为了减少余料浪费,每种切割模式下的余料浪费不能超过 100 mm。为了使总费用最小,应如何下料?

7. 某储蓄所每天的营业时间是上午 9:00 到下午 5:00。根据经验,每天不同时间段所需要的服务员数量如下:

表 3　不同时间段所需要的服务员数量

时间段/时	9—10	10—11	11—12	12—13	13—14	14—15	15—16	16—17
服务员数量	4	3	4	6	5	6	8	8

储蓄所可以雇佣全时和半时两类服务员。全时服务员每天报酬 100 元,从上午 9:00 到下午 5:00 工作,但中午 12:00 到下午 2:00 之间必须安排 1 小时的午餐时间。储蓄所每天可以雇佣不超过 3 名的半时服务员,每个半时服务员必须连续工作 4 小时,报酬

40元。问该储蓄所应如何雇佣全时和半时两类服务员？如果不能雇佣半时服务员，每天至少增加多少费用？如果雇佣半时服务员的数量没有限制，每天可以减少多少费用？

8. 一家保姆服务公司专门向顾主提供保姆服务。根据估计，下一年的需求是：春季6 000人/日，夏季7 500人/日，秋季5 500人/日，冬季9 000人/日。公司新招聘的保姆必须经过5天的培训才能上岗，每个保姆每季度工作(新保姆包括培训)65天。保姆从该公司而不是从顾主那里得到报酬，每人每月工资800元。春季开始时公司拥有120名保姆，在每个季度结束后，将有15%的保姆自动离职。

(1) 如果公司不允许解雇保姆，请为公司制定下一年的招聘计划；其中，哪些季度需求的增加不影响招聘计划？可以增加多少？

(2) 如果公司在每个季度结束后允许解雇保姆，请为公司制定下一年的招聘计划。

9. 某公司将4种不同含硫量的液体原料(分别记为甲、乙、丙、丁)混合生产两种产品(分别记为A和B)。按照生产工艺的要求，原料甲、乙、丁必须首先倒入混合池中混合，混合后的液体再分别与原料丙混合生产A和B。已知原料甲、乙、丙、丁的含硫量分别是3%、1%、2%、1%，进货价格分别为6千元/吨、16千元/吨、10千元/吨、15千元/吨；产品A，B的含硫量分别不能超过2.5%、1.5%，售价分别为9千元/吨、15千元/吨。根据市场信息，原料甲、乙、丙的供应没有限制，原料丁的供应量最多为50吨，产品A和B的市场需求量分别为100吨、200吨。问应如何安排生产使利润最大/成本最小？

10. 我国淡水资源有限，节约用水人人有责。洗衣机在家庭用水中占有相当大的份额，目前洗衣机已非常普及，节约洗衣机用水十分重要。假设在放入衣物和洗涤剂后洗衣机的运行过程为：加水—漂水—脱水—加水—漂水—脱水—……—加水—漂水—脱水(称"加水—漂水—脱水"为运行一轮)。请为洗衣机设计一种程序(包括运行多少轮、每轮加多少水等)，使得在满足一定洗涤效果的条件下，总用水量最少。请选用合理的数据进行计算。对照目前常用的洗衣机的运行情况，对你的模型和结果做出评价。

11. 为了向本市居民提供更好的服务，市政府决定修建一个小型体育馆。通过竞标，一家建筑公司得此项目，并且为了尽快完工，表4列出了工程中的主要任务，时间以周计算。有些任务只有在某些任务完成后，才可以进行。需要解决下面的问题：

(1) 最早能在什么时间完成工程？给出该公司的安排表。

(2) 市政府希望能提前完成工程，为此，市政府决定：工期每缩短一周，则向该公司支付3万元奖励。为了缩短工期，公司需要雇用更多的工人，并且租用更多的设备(表中额外支出部分，单位：万元)。如果公司希望获利最大，应该在何时完成工程，给出该公司的安排表。

表4　施工数据

任务	描述	耗时	先决条件	最大缩短时间	每周额外开支/万元
1	工地布置	2		0	0
2	场地平整	16	1	3	3
3	打地基	9	2	1	2.6
4	道路网管	8	2	2	1.2

续 表

任务	描述	耗时	先决条件	最大缩短时间	每周额外开支/万元
5	底层施工	10	3	2	1.7
6	主场地施工	6	4,5	1	1.5
7	更衣室分离	2	4	1	0.8
8	看台布置	2	6	0	0
9	顶部施工	9	4,6	2	4.2
10	照明	5	4	1	2.1
11	阶梯安装	3	6	1	1.8
12	封顶	2	9	0	0
13	更衣室布置	1	7	0	0
14	售票处施工	7	2	2	2.2
15	第二通道	4	4,14	2	1.2
16	信号实施	3	8,11,14	1	0.6
17	草坪	9	12	3	1.6
18	交付使用	1	17	0	0

12. 某电力公司经营两座发电站,发电站分别位于两个水库上,位置如图 3 所示。

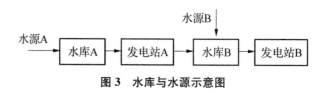

图 3 水库与水源示意图

已知发电站 A 可以将水库 A 的 1 万立方米的水转换为 400 千度电能,发电站 B 只能将水库 B 的 1 万立方米的水转换为 200 千度电能。发电站 A、发电站 B 每个月的最大发电能力分别是 60 000 千度、35 000 千度,每个月最多有 50 000 千度电能够以 200 元/千度的价格售出,多余的电能只能够以 140 元/千度的价格售出。水库 A、水库 B 的其他有关数据如表 5 所示。

表 5 水库 A、水库 B 相关蓄水量数据 单位:万立方米

		水库 A	水库 B
水库最大蓄水量		2 000	1 500
水源流入水量	本月	200	40
	下月	130	15
水库最小蓄水量		1 200	800
水库目前蓄水量		1 900	850

请为该电力公司制定本月和下月的生产经营计划(千度是非国际单位制单位,1 千度 $=10^3$ 千瓦时)。

第4章　微分方程模型

在实际问题中建立数学模型,大多会用到变量之间的函数关系,由于实际问题的复杂性,往往很难直接建立函数关系。但是对于一些含有变化率或改变量的问题,建立未知函数所满足的微分方程却常常比较容易。本章着重介绍微分与差分方程模型的基本理论及其应用。

4.1　湖水污染问题

问题的描述　某湖的湖水容量 $V=10^{12}$ m^3,上、下游各有一年流量为 $Q=10^{11}$ m^3 的河水流进、流出该湖。20 年前,上游建了某工厂,生产中使用某污染物。近来发现湖水中这种污染物浓度已达 0.03 mg/m^3,河水污染浓度达到 0.05 mg/m^3。环保部门提出该工厂需整改,并拟处罚款。该厂辩称:过去排放废水从未使河水污染超过环保要求的 0.001 mg/m^3,只是最近疏忽,才使河水污染,请求从轻发落。请您建立数学模型对湖水污染问题进行分析,说明厂家的辩解是否真实? 若现在停止污染,让湖水自然净化,需要多少年才能达到环保部门对水污染物排放标准要求?

模型的假设

(1) 湖水容量不变;河水是湖水的唯一水源。

(2) 河水进入湖中立刻与湖水充分混合。

(3) 不考虑湖水河水的自净化作用。

(4) 污染物全部溶解在河水、湖水中,并且分布均匀。

(5) 不考虑雨水、蒸发等作用对湖水的影响。

湖水污染问题
的深思

符号说明

V:湖水容量　　　　　　　　　　　Q:河水流量

$u(t)$:t 时刻湖水中污染物的浓度　　　$v(t)$:t 时刻河水中污染物的浓度

模型的分析建立　用微元法建立模型,考虑 $[t,t+\Delta t]$ 时间段内,湖水中污染物的变化量等于流入的污染物量减去流出的污染物量,于是在时间 $[t,t+\Delta t]$ 内有

$$[u(t+\Delta t)-u(t)]V=v(t)Q\Delta t-u(t)Q\Delta t$$

两端同时除以 Δt，并令 $\Delta t \rightarrow 0$，可得

$$\begin{cases} \dfrac{\mathrm{d}u}{\mathrm{d}t}=[v(t)-u(t)]\dfrac{Q}{V} \\ u(0)=0 \end{cases} \qquad (4-1-1)$$

模型求解与分析　对于上述模型，需要知道 t 时刻河水中污染物的浓度函数 $v(t)$ 后，才可以进行求解与分析。分情况讨论如下。

（1）假设 $v(t)$ 是常数，此时可以理解为每天的污染物以一个恒定值流入湖中。解微分方程（4-1-1）可得

$$u(t)=v(1-\mathrm{e}^{-\frac{Q}{V}t})$$

从此处可以看出：如果过去废水一直按 $0.001\ \mathrm{mg/m^3}$ 排放，则湖水不可能被污染。

（2）假设 $v(t)=0.05$，解方程

$$u(t)=0.05(1-\mathrm{e}^{-\frac{1}{10}t})=0.03$$

得到 $t=9.162\ 9$ 年。也就是说，按污染最严重的情况计算，需要 9.162 9 年湖水中这种污染物浓度才能达到 $0.03\ \mathrm{mg/m^3}$。该厂辩称只是最近疏忽才使河水污染的托词是不成立的。

（3）假设该工厂的污染是逐年线性增长的，即 $v(t)=0.05t/20$，代入微分方程（4-1-1）可得

$$u(t)=0.002\ 5(t-10+10\mathrm{e}^{-0.1t})$$

解方程

$$0.002\ 5(t-10+10\mathrm{e}^{-0.1t})=0.03$$

可得 $t=20.743\ 6$ 年。在时间上与 20 年比较吻合，因此该种情况发生的可能性比较大。

思考题

根据本文提供的方法，试着建立微分方程模型解决下列问题：某水池有 $200\ \mathrm{m^3}$ 水，其中含盐 4 kg，以 $8\ \mathrm{m^3/min}$ 的速率向水池中注入含盐率为 $0.35\ \mathrm{kg/m^3}$ 的盐水，同时又以 $4\ \mathrm{m^3/min}$ 的速率从水池流出搅拌均匀的盐水，建立模型，计算该水池内盐水的浓度随时间的变化关系，并且计算池中盐水的含盐率达到 $0.23\ \mathrm{kg/m^3}$ 需要多长时间？（为了简化问题，本题假设某水池的容积充分大）

非线性方程（组）的解、微分方程（组）的解析解的 MATLAB 求解方法

一、非线性方程（组）求解

非线性方程的标准形式为 $f(x)=0$

数值求解函数　fzero、fsolve

格式　x＝fzero(fun,x0)　%用 fun 定义表达式 $f(x)$，x0 为初始解。

　　　x＝fzero(fun,x0,options)

　　　[x,fval]＝fzero(…)　　%fval＝$f(x)$

　　　[x,fval,exitflag]＝fzero(…)

　　　[x,fval,exitflag,output]＝fzero(…)

说明　该函数采用数值解求方程 $f(x)=0$ 的根。

例题 4.1.1　求方程 $0.05(1-e^{-\frac{1}{10}t})=0.03$ 的解。

解：fun =@ (t)0.05*(1-exp(-t/10))-0.03;

z = fzero(fun,2)

运行结果：

z = 9.1629

例题 4.1.2　求方程组的解。

$$\begin{cases} 2x_1 - x_2 = e^{-x_1} \\ -x_1 + 2x_2 = e^{-x_2} \end{cases}$$

解：设初值点为 x0＝[−5　−5]。先建立方程函数文件，并保存为 myfun.m。

function F = myfun(x)

F=[2*x(1)-x(2)-exp(-x(1));-x(1)+2*x(2)-exp(-x(2))];

然后调用求解命令 fsolve

x0＝[-5;-5];　% 初始点

[x,fval]= fsolve(@myfun,x0)

运行结果：

x＝

　　0.5671

　　0.5671

fval＝

　　　1.0e-006 *

　　−0.4059

　　−0.405

符号求解函数　solve

格式　solve(eq)

　　　solve(eq, var)

　　　solve(eq1, eq2, …, eqn)

　　　g＝solve(eq1, eq2, …, eqn, var1, var2, …, varn)

例题 4.1.3　求方程 $0.0025(t-10+10e^{-0.1t})=0.03$ 的解。

解：使用函数 solve 求解时，需要用 double 函数将所得到的结果转化为数值型的解。

代码如下：

t0 = double(solve('0.0025*(t-10+10*exp(-t/10))=0.03','t'))

运行结果:

t0=

    20.7436

例题 4.1.4 请使用函数 solve 求解例题 4.1.2。

解: A= solve('2*x1-x2=exp(-x1)','-x1+2*x2=exp(-x2)')

x1 = double(A.x1)

x2 = double(A.x2)

运行结果:

x1=

    0.5671

x2=

    0.5671

二、微分方程(组)的解析解的求法

求解函数 **dsolve**

格式   dsolve('方程1','方程2',···,'方程n','初始条件','自变量')

例题 4.1.5 请使用函数 dsolve 求解本节"模型求解与分析"中的三个微分方程。

解: y1 = dsolve('Du=(v-u)/10','u(0)=0')

y2 = dsolve('Du=(0.05-u)/10','u(0)=0')

y3 = dsolve('Du=(0.05/20* t-u)/10','u(0)=0')

运行结果:

y1=

    v-v/exp(t/10)

y2=

    1/20-1/(20*exp(t/10))

y3=

    t/400+1/(40*exp(t/10))-1/40

例题 4.1.6 求微分方程的特解。

$$\begin{cases} \dfrac{d^2 y}{dx^2} + 4\dfrac{dy}{dx} + 29y = 0 \\ y(0) = 0, y'(0) = 15 \end{cases}$$

解: y = dsolve('D2y+4*Dy+29*y=0','y(0)=0,Dy(0)=15','x')

运行结果:

y=

  (3*sin(5*x))/exp(2*x)

例题 4.1.7　求微分方程组的解。

$$\begin{cases} \dfrac{\mathrm{d}x}{\mathrm{d}t} = 2x - 3y + 3z \\[2mm] \dfrac{\mathrm{d}y}{\mathrm{d}t} = 4x - 5y + 3z \\[2mm] \dfrac{\mathrm{d}z}{\mathrm{d}t} = 4x - 4y + 2z \end{cases}$$

解: [x,y,z]=dsolve('Dx=2*x-3*y+3*z','Dy=4*x-5*y+3*z','Dz=4*x-4*y+2*z','t')

运行结果:

```
x=
    C14*exp(2*t)+C15/exp(t)
y=
    C14*exp(2*t)+C15/exp(t)+C16/exp(2*t)
z=
    C14*exp(2*t)+C16/exp(2*t)
```

4.2　污水生物处理的单池与双池模型

问题的描述　生物处理又称为生物化学处理,是利用微生物(主要是细菌)的生命活动过程,把废水中的有害有机物转化为简单的无机物形式,通过调查,可知道以下信息。

(1)进入处理池的废水中有害物质初始浓度值为 c_0,$c_{01} \leqslant c_0 \leqslant c_{02}$,其中 $c_{01} = 200$ mg/L,$c_{02} = 250$ mg/L。c_0 可以保持某个定值,也可随时间变化,最坏的情况是 c_0 突然由 c_{01} 突然增至 c_{02}。

(2)废水进入处理池的流量 $Q = 40$ m³/h 为常数。

(3)废水中有害物质的去除速率与微生物浓度成正比,比例系数为 $r_1 = 851.32$ mg/(L·h)。

(4)微生物依靠有机物分解后转化生成的能量而生存,微生物繁殖的速率与有害物质初始浓度成正比,比例系数为 $r_2 = 0.018$ mg/(L·h)。

(5)微生物的自然衰亡率(单位时间的百分比)是常数 $d = 10^{-2}$/h。

(6)环保部门对水质的要求是:有害物质通过处理后排放的浓度不超过 $c_1^* = 10$ mg/L。污水处理厂的要求是:当进入处理池的废水中有害物质初始浓度值 c_0 为定值时,稳态后(即池内有害物质与微生物达到平衡),有害物质的浓度为 $c_2^* = 9.5$ mg/L。

请根据以上条件,在达到既定目标时,设计单池的最小体积 V,以及双池的最小体积 V_1,V_2。进一步考虑最坏的情况,也就是进入处理池的废水中有害物质初始浓度值 c_0 突然由 c_{01} 增至 c_{02} 时,污水处理厂排放超标的时间。

模型的假设

(1) 池内有害物质和微生物在任何时候都是均匀混合的。

(2) 单位时间进入处理池的水量与排出水量相同。

(3) 池内废水量不变,忽略池内水分的蒸发因素,并且近似地设池内水量等于池的体积。

符号说明

V:处理池的体积。

Q:废水进入处理池的流量。

$u(t)$:t 时刻处理池中有害物质的浓度。

$v(t)$:t 时刻处理池中微生物的浓度。

单池模型

用微元法建立模型,根据池内有害物质的质量平衡关系,在$[t,t+\Delta t]$内有害物质的改变量等于进入量减去排出量,再减去分解转化量可得

$$[u(t+\Delta t)-u(t)]V=c_0 Q\Delta t-u(t)Q\Delta t-r_1 u(t)v(t)V\Delta t$$

两端同时除以 Δt,并令 $\Delta t \to 0$,可得

$$\frac{\mathrm{d}u}{\mathrm{d}t}=[c_0-u(t)]\frac{Q}{V}-r_1 uv$$

根据池内微生物的数量平衡关系,在$[t,t+\Delta t]$内微生物的变化量等于繁殖数量减去死亡数量再减去排出量,可得

$$[v(t+\Delta t)-v(t)]V=v(t)Vr_2 u(t)\Delta t-dv(t)V\Delta t-v(t)Q\Delta t$$

类似可得

$$\frac{\mathrm{d}v}{\mathrm{d}t}=\left(r_2 u-d-\frac{Q}{V}\right)v$$

综上可得,污水生物处理的单池模型如下:

$$\begin{cases} \dfrac{\mathrm{d}u}{\mathrm{d}t}=[c_0-u(t)]\dfrac{Q}{V}-r_1 uv \\ \dfrac{\mathrm{d}v}{\mathrm{d}t}=\left(r_2 u-d-\dfrac{Q}{V}\right)v \end{cases} \qquad (4-2-1)$$

此方程组给出了池内有害物质的浓度与微生物浓度的变化规律。这个非线性方程组无法得到解析解,下面我们讨论它的稳态与动态方程。

微分方程组$(4-2-1)$有两个平衡点。

$$P_1: \quad u_*=c_0, \quad v_*=0$$

$$P_2: \quad u_*=\frac{d+Q/V}{r_2}, \quad v_*=\frac{Q(c_0-u_*)}{Vr_1 u_*}=\frac{r_2 Qc_0}{Vr_1(d+Q/V)}-\frac{r_2}{Vr_1}$$

其中,平衡点 P_1 表示微生物全部灭绝了,是一个不稳定的平衡点。当 $u_* < c_0$ 时,$v_* > 0$,此时平衡点 P_2 是一个稳定的平衡点。令

$$u_* = \frac{d + Q/V}{r_2} = \frac{10^{-2} + 40/V}{0.018} = 9.5$$

得 $V = 248.447\,2$。

下面考虑最坏的情况。将 $d = 0.01, r_1 = 853.2, r_2 = 0.018, Q = 40, c_0 = 200, V = 248.447\,2$ 代入平衡点 P_2 的表达式得

$$u_* = 9.5 \quad v_* = 0.003\,8$$

当有害物质初始浓度值 c_0 突然由 c_{01} 增至 c_{02} 时,池内有害物质的浓度与微生物浓度的变化规律为

$$\begin{cases} \dfrac{\mathrm{d}u}{\mathrm{d}t} = \big[c_0 - u(t)\big]\dfrac{Q}{V} - r_1 uv \\[2mm] \dfrac{\mathrm{d}v}{\mathrm{d}t} = \Big(r_2 u - d - \dfrac{Q}{V}\Big)v \\[2mm] u(0) = 9.5, v(0) = 0.003\,8 \end{cases} \tag{4-2-2}$$

通过编程(见例题 4.2.2)求数值解,得到污水处理厂排放的污水中有害物质的浓度图像如图 4-2-1 所示,计算出污水处理厂排放超标的时间为 8.534 小时。

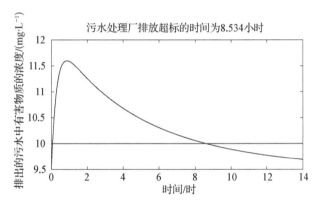

图 4-2-1 污水处理厂排放的污水中有害物质的浓度

 思考题

对于单池处理的模型,考虑最坏的情况(也就是进入处理池的废水中有害物质初始浓度值 c_0 突然由 c_{01} 增至 c_{02}),如果要求污水处理厂排放超标的时间不得超过 6 小时,则应该如何设置处理池的体积 V?

双池模型

污水处理厂生物处理的双池过程如图 4-2-2 所示。进入第 1 个处理池的废水中有害物质初始浓度值为 c_0,流量 Q 为 40 m³/h。同时通过第 1 个

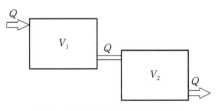

图 4-2-2 双池模型示意图

处理池流入第 2 个处理池的流量 Q 仍为 40 m³/h，流入第 2 个处理池的废水中有害物质和微生物的初始浓度值都与第 1 个处理池中对应的浓度一致。

用 $u_i(t)$，$v_i(t)$ 分别表示第 i 个处理池有害物质的浓度与微生物浓度，用 V_i 表示第 i 个处理池的体积，$i = 1,2$。

显然，第 1 个处理池有害物质的浓度随微生物浓度的变化规律与单池模型相同，所以有

$$
\begin{cases}
\dfrac{\mathrm{d}u_1}{\mathrm{d}t} = [c_0 - u_1(t)]\dfrac{Q}{V_1} - r_1 u_1 v_1 \\[3mm]
\dfrac{\mathrm{d}v_1}{\mathrm{d}t} = \left(r_2 u_1 - d - \dfrac{Q}{V_1}\right)v_1
\end{cases}
$$

注意到流入第 2 个处理池的废水中有害物质初始浓度与第 1 个处理池中对应的浓度一致，类似可得

$$
\frac{\mathrm{d}u_2}{\mathrm{d}t} = [u_1(t) - u_2(t)]\frac{Q}{V_2} - r_1 u_2 v_2
$$

根据池内微生物的数量平衡关系，第 2 个处理池在 $[t, t+\Delta t]$ 内微生物的变化量等于繁殖数量加上流入量，减去死亡数量，再减去排出量，可得

$$
[v_2(t+\Delta t) - v_2(t)]V_2 = v_2(t)V_2 r_2 u_2(t)\Delta t + v_1(t)Q\Delta t - d v_2(t)V_2\Delta t - v_2(t)Q\Delta t
$$

类似可得

$$
\frac{\mathrm{d}v_2}{\mathrm{d}t} = \left(r_2 u_2 - d - \frac{Q}{V_2}\right)v_2 + \frac{Q}{V_2}v_1
$$

综上可得污水生物处理的双池模型如下：

$$
\begin{cases}
\dfrac{\mathrm{d}u_1}{\mathrm{d}t} = [c_0 - u_1(t)]\dfrac{Q}{V_1} - r_1 u_1 v_1 \\[3mm]
\dfrac{\mathrm{d}v_1}{\mathrm{d}t} = \left(r_2 u_1 - d - \dfrac{Q}{V_1}\right)v_1 \\[3mm]
\dfrac{\mathrm{d}u_2}{\mathrm{d}t} = [u_1(t) - u_2(t)]\dfrac{Q}{V_2} - r_1 u_2 v_2 \\[3mm]
\dfrac{\mathrm{d}v_2}{\mathrm{d}t} = \left(r_2 u_2 - d - \dfrac{Q}{V_2}\right)v_2 + \dfrac{Q}{V_2}v_1
\end{cases}
\qquad (4-2-3)
$$

下面考虑微分方程组 $(4-2-3)$ 的有意义的平衡点 $(u_{1*}, v_{1*}, u_{2*}, v_{2*})$。对于第 1 个处理池的平衡点与单池模型相同，所以可以得到有意义的平衡点为

$$
u_{1*} = \frac{d + Q/V_1}{r_2} \qquad v_{1*} = \frac{Q(c_0 - u_{1*})}{V_1 r_1 u_{1*}}
$$

由 $(4-2-3)$ 的第 3 和第 4 个方程可得

$$
v_{2*} = \frac{Q(u_{1*} - u_{2*})}{V_2 r_1 u_{2*}} \qquad \left(r_2 u_{2*} - d - \frac{Q}{V_2}\right)v_{2*} + \frac{Q}{V_2}v_{1*} = 0
$$

因为希望通过第 2 个处理池处理过的水中有害物质浓度的稳定值小于等于 $c_2{}^* = 9.5 \text{ mg/L}$，所以有 $u_{2*} \leqslant 9.5$。

综上分析，可得到求最小体积 V_1, V_2 的非线性规划模型如下：

$$\min V_1 + V_2$$

$$\text{s.t.} \begin{cases} u_{1*} = \dfrac{d + Q/V_1}{r_2} \\[2mm] v_{1*} = \dfrac{Q(c_0 - u_{1*})}{V_1 r_1 u_{1*}} \\[2mm] v_{2*} = \dfrac{Q(u_{1*} - u_{2*})}{V_2 r_1 u_{2*}} \\[2mm] \left(r_2 u_{2*} - d - \dfrac{Q}{V_2}\right) v_{2*} + \dfrac{Q}{V_2} v_{1*} = 0 \\[2mm] u_{2*} \leqslant 9.5 \\[2mm] V_1 \geqslant 0, V_2 \geqslant 0 \end{cases} \tag{4-2-4}$$

将 $d = 0.01, r_1 = 853.2, r_2 = 0.018, Q = 40, c_0 = 200$ 代入，编程（见例题 4.2.4）求得非线性规划模型（4-2-4）的解为

$$V_1 = 52.770\,4 \quad V_2 = 41.596\,8 \quad u_{1*} = 42.666\,7 \quad v_{1*} = 0.003\,3,$$
$$u_{2*} = 9.500\,0 \quad v_{2*} = 0.003\,9$$

如果把 $c_0 = 250$ 代入，其他参数不变，求解非线性规划模型（4-2-4）可得

$$V_1 = 46.927\,6 \quad V_2 = 38.085\,5 \quad u_{1*} = 47.909\,8 \quad v_{1*} = 0.004\,2,$$
$$u_{2*} = 9.500\,0 \quad v_{2*} = 0.005\,0$$

因为希望在任何情况下，从第 2 个处理池流出的水中的有害物质浓度的稳定值都小于等于 $c_2{}^* = 9.5 \text{ mg/L}$，所以

$$V_1 = 52.770\,4 \quad V_2 = 41.596\,8$$

类似的，当有害物质初始浓度值 c_0 突然由 c_{01} 增至 c_{02} 时，池内有害物质的浓度与微生物浓度的变化规律为

$$\begin{cases} \dfrac{\mathrm{d}u_1}{\mathrm{d}t} = [c_0 - u_1(t)] \dfrac{Q}{V_1} - r_1 u_1 v_1 \\[2mm] \dfrac{\mathrm{d}v_1}{\mathrm{d}t} = \left(r_2 u_1 - d - \dfrac{Q}{V_1}\right) v_1 \\[2mm] \dfrac{\mathrm{d}u_2}{\mathrm{d}t} = [u_1(t) - u_2(t)] \dfrac{Q}{V_2} - r_1 u_2 v_2 \\[2mm] \dfrac{\mathrm{d}v_2}{\mathrm{d}t} = \left(r_2 u_2 - d - \dfrac{Q}{V_2}\right) v_2 + \dfrac{Q}{V_2} v_1 \\[2mm] u_1(0) = 42.666\,7, v_1(0) = 0.003\,3 \\[2mm] u_2(0) = 9.500\,0, v_2(0) = 0.003\,9 \end{cases} \tag{4-2-5}$$

通过编程(见例题 4.2.3)求其数值解,得到污水处理厂排放超标的时间为 1.39 小时。污水处理厂排放的污水中有害物质的浓度图像如图 4-2-3 所示。

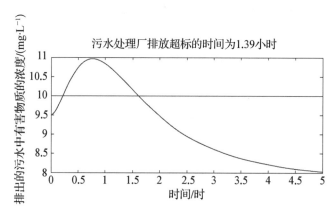

图 4-2-3　污水处理厂排放的污水中有害物质的浓度

注:通过污水处理的单池与双池模型的求解结果可以看出,单池体积由 248.447 2 m³ 变为双池体积 94.367 2 m³,双池体积不仅减小了 62.02%,而且超标时间也由原来的 8.534 h 减小为 1.390 h。分析结果表明,双池比单池有明显的改进,既节省了开挖体积,减少了基建费用,又极大地提高了处理效果。

思考题

(1) 请大家参考双池模型,建立污水处理三池处理模型,通过模型求解分析其与双池模型是否有明显的改进?

(2) 本节考虑有害物质初始浓度值 c_0 突然由 c_{01} 增至 c_{02} 时,污水处理厂排放超标的时间。假设进入处理池的废水中有害物质浓度变化关系如下:

$$c(t)=\begin{cases}200 & t\leqslant 0 \\ 200+50\sin\left(\dfrac{1}{2}t\right) & 0<t\leqslant\pi \\ 250 & t>\pi\end{cases}$$

请计算双池模型的数值解,进一步计算出污水处理厂排放超标的时间,看看有什么发现?

微分方程(组)的解的稳定性理论与数值解的 MATLAB 求解方法

一、微分方程(组)的解的稳定性理论

考虑自治的微分方程(组)

$$\frac{\mathrm{d}X}{\mathrm{d}t} = \boldsymbol{F}(\boldsymbol{X}) \tag{4-2-6}$$

其中 $X = (x_1, x_2, \cdots, x_n)$,

$$\boldsymbol{F}(\boldsymbol{X}) = \begin{bmatrix} f_1(x_1, x_2, \cdots, x_n) \\ f_2(x_1, x_2, \cdots, x_n) \\ \vdots \\ f_n(x_1, x_2, \cdots, x_n) \end{bmatrix}$$

$$\begin{cases} f_1(x_1, x_2, \cdots, x_n) = 0 \\ f_2(x_1, x_2, \cdots, x_n) = 0 \\ \quad\vdots \\ f_n(x_1, x_2, \cdots, x_n) = 0 \end{cases}$$

上述代数方程的实根 $X_0 = (x_{10}, x_{20}, \cdots, x_{n0})$ 称为微分方程(组)(4-2-6)的平衡点(或奇点)。它也是方程(组)(4-2-6)的解(奇解)。如果从所有可能的初始条件出发,方程(组)(4-2-6)的解 $X(t) = [x_1(t), x_2(t), \cdots, x_n(t)]$ 都满足 $\lim_{t \to \infty} X(t) = X_0$,则称平衡点 $X_0 = (x_{10}, x_{20}, \cdots, x_{n0})$ 是稳定的(稳定性理论中称渐近稳定);否则,称 $X_0 = (x_{10}, x_{20}, \cdots, x_{n0})$ 是不稳定的(不渐近稳定)。

如何判定平衡点 $X_0 = (x_{10}, x_{20}, \cdots, x_{n0})$ 是否稳定? 将 $F(X)$ 在 X_0 处泰勒展开,只取一次项,则方程(组)(4-2-6)近似为

$$\frac{\mathrm{d}X}{\mathrm{d}t} = \boldsymbol{A}(X - X_0)$$

其中 $\boldsymbol{A} = \dfrac{\partial F}{\partial X}\Big|_{X=X_0} = \begin{bmatrix} \dfrac{\partial f_1}{\partial x_1} & \dfrac{\partial f_1}{\partial x_2} & \cdots & \dfrac{\partial f_1}{\partial x_n} \\ \dfrac{\partial f_2}{\partial x_1} & \dfrac{\partial f_2}{\partial x_2} & \cdots & \dfrac{\partial f_2}{\partial x_n} \\ \vdots & \vdots & & \vdots \\ \dfrac{\partial f_n}{\partial x_1} & \dfrac{\partial f_n}{\partial x_2} & \cdots & \dfrac{\partial f_n}{\partial x_n} \end{bmatrix}_{(x_1, x_2, \cdots, x_n)=(x_{10}, x_{20}, \cdots, x_{n0})}$,是一个 n 阶常系数矩阵。

定理　设向量场(在平衡点处)的雅可比矩阵 $\boldsymbol{A} = \dfrac{\partial F}{\partial X}\Big|_{X=X_0}$ 的所有特征值是 $\lambda_1, \lambda_2, \cdots, \lambda_n$。当 $\lambda_1, \lambda_2, \cdots, \lambda_n$ 全为负数或有负的实部时,$X_0 = (x_{10}, x_{20}, \cdots, x_{n0})$ 是稳定的平衡点;反之,当存在某个 λ_{i0} 为正数或有正的实部时,$X_0 = (x_{10}, x_{20}, \cdots, x_{n0})$ 是不稳定的平衡点。

🔊 **注**:考虑特殊情况 $n=1$ 时,微分方程(4-2-6)的通解为

$$x(t) = c\,\mathrm{e}^{F'(x_0)t} + x_0$$

显然,若 $F'(x_0)<0$,则 x_0 是微分方程(4-2-6)的稳定的平衡点;若 $F'(x_0)>0$,则 x_0 是不稳定的平衡点。

二、微分方程(组)数值解的 MATLAB 求解方法

在生产和科研中所处理的微分方程往往很复杂且大多得不出解析解。而在实际中对初值问题,一般是要求得到解在若干个点上满足规定精确度的近似值,或者得到一个满足精确度要求的便于计算的表达式。因此,研究常微分方程的数值解法是十分必要的。

求常微分方程的数值解,MATLAB 的命令格式为:

[t,y]= solver('odefun',tspan,y0,options)

其中 solver 选择 ode45 等函数名。常用求数值解的函数如下:

ode45:单步,4/5 阶龙格库塔法,可以用于大部分常微分方程。

ode23:单步,2/3 阶龙格库塔法,快速、精度不高的求解。

ode113:多步,Adams 算法。

ode23t:采用梯形算法,具有一定的刚性特点。

ode15s:多步,反向数值积分法,ode45 失效时可以使用。

ode23s:单步,2 阶 Rosebrock 算法,精度设定较低时,速度快。

ode23tb:采用梯形算法,精度设定较低时,速度快。

odefun 为根据待解方程或方程组编写的 m 文件名;tspan 为自变量的区间 $[t0,tf]$,即准备在哪个区间上求解,如果将 tspan 取成行向量,则可以计算出在指定点的数值解;y0 表示初始值,options 用于设定误差限制。命令格式为:

options= odeset('reltol',rt,'abstol',at)

其中 rt 输入相对误差,at 输入绝对误差。

例题 4.2.1 求下面微分方程的解。

$$\begin{cases} \dfrac{\mathrm{d}^2 x}{\mathrm{d}t^2} - \cos(1+x)\dfrac{\mathrm{d}x}{\mathrm{d}t} + 2x = \sin(t) \\ x(0)=2, x'(0)=0 \end{cases}$$

解:令 $y_1 = x, y_2 = x'$,则微分方程变为一阶微分方程组:

$$\begin{cases} y'_1 = y_2 \\ y'_2 = -2y_1 + \cos(1+y_1)y_2 + \sin(t) \\ y_1(0)=2, y_2(0)=0 \end{cases}$$

建立 m—文件 myfun01.m 如下:

```
function dy = myfun01(t,y)
    dy = zeros(2,1);
    dy(1) = y(2);
    dy(2) = -2*y(1) + cos(1+y(1))*y(2) + sin(t);
```

建立 m—文件,输入命令:

```
[T,Y] = ode15s('myfun01',[0  30],[2  0]);
```

```
plot(T,Y(:,1),'- ','LineWidth',2)
```
运行结果：

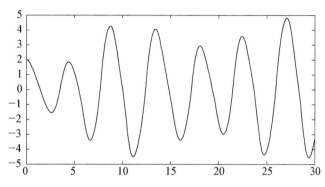

图 4－2－4　例题 4.2.1 中 $x(t)$ 的图像

注意：对于高阶的微分方程,需要把它转化为与之等价的一阶微分方程组,再求其数值解。

在求微分方程(组)的数值解的过程中,首先需要将所要求解的微分方程(组)定义成一个函数文件。如果微分方程(组)含有参数怎么办? 通常的做法是把参数的数值代入后,按例题 4.2.1 的求解步骤来求其数值解。但是参数每变化一个,就需要重新定义一个函数文件,这就太麻烦了。有没有不需要重新定义函数而直接把参数数值代入的方法呢? 答案是肯定的。

含参数形式的微分方程(组)的数值解,MATLAB 的命令格式为:

[t,y]＝solver('odefun',tspan,y0,options,a,b,c)

这里 a,b,c 是微分方程(组)的参数。

例题 4.2.2　(1)求微分方程组(4－2－2)的数值解,并且画出 $u(t)$ 的函数图像。
(2)证明微分方程组(4－2－2)的平衡点是稳定的,并且画出相图。

解：(1)建立 m—文件 myfun02.m 如下:

```
function dy＝myfun02(t,y,c0,d,r1,r2,Q,V)
dy＝zeros(2,1);% c0,d,r1,r2,Q,V 都作为参数
dy(1)＝(c0-y(1))*Q/V-r1*y(1)*y(2);
dy(2)＝(r2*y(1)-d-Q/V)*y(2);
```

建立 m—文件,输入命令:

```
clc;clear; d＝0.01;r1＝853.2;r2＝0.018;Q＝40;c0＝200;cx＝9.5;
V＝Q/(cx*r2-d);u1＝(d+Q/V)/r2;v1＝Q*(c0-u1)/(V*r1*u1);
c0＝250;Options＝odeset('AbsTol', 1e-6, 'RelTol', 1e-6);
[T,Y]＝ode45(@ myfun02,[0:0.001:14],[u1  v1],Options,c0,d,r1,r2,Q,V);
plot(T,Y(:,1),'b- ',T,10*ones(size(T)),'r- ','LineWidth',2);
```

```
set(gca,'Fontsize',18);xlabel('时间')
ylabel('排出的污水中有害物质的浓度')
k = find(Y(:,1)>10);
str=['污水处理厂排放超标的时间为:' num2str(T(k(end))-T(k(1)))    '小时'];
title(str);
```

运行结果见正文。

(2) 建立 m—文件,输入命令:

```
clc;clear;format compact
d = 0.01;r1 = 853.2;r2 = 0.018;Q = 40;c0 = 200;cx = 9.5;
V = Q/(cx*r2-d);u1=(d+Q/V)/r2;v11=Q*(c0-u1)/(V*r1*u1);
syms u  v;a=[u v];
F=[(c0-u)*Q/V-r1*u*v;(r2*u-d-Q/V)*v];% 定义函数,以矩阵的形式
DiffF = jacobian(F,a); %  求取雅可比矩阵,会发现 x 是 sym 类型的
c0 = 250;v1 = Q*(c0-u1)/(V*r1*u1);a0=[u1,v1];
A = subs(DiffF,a,a0);
disp(' 向量场(在平衡点处的雅可比矩阵)特征值为:')
eig(A)
[T,Y]=ode45(@ myfun02,[0  35],[u1  v11],[],c0,d,r1,r2,Q,V);
subplot(2,2,1)
plot(T,Y(:,1),'b- ',T,u1*ones(size(T)),'r- ','LineWidth',2);
xlabel('$ t$ ','interpreter','latex','FontSize',18)
ylabel('$ u(t)$ ','interpreter','latex','FontSize',18)
subplot(2,2,2)
plot(T,Y(:,2),'b- ',T,v1*ones(size(T)),'r- ','LineWidth',2);
xlabel('$ t$ ','interpreter','latex','FontSize',18)
ylabel('$ v(t)$ ','interpreter','latex','FontSize',18)
axis([0 35.1 3.78*10^-3  4.85*10^-3])
subplot(2,2,[3 4])
plot(Y(:,1),Y(:,2),'b- ','LineWidth',2);
xlabel('$ u(t)$ ','interpreter','latex','FontSize',18)
ylabel('$ v(t)$ ','interpreter','latex','FontSize',18)
hold on; plot(u1,v1,'rp','LineWidth',2);
```

运行结果:

向量场(在平衡点处的雅可比矩阵)特征值为

```
ans =
    -4.0654
    -0.1714
```

所有特征值是负数,所以平衡点是稳定的。

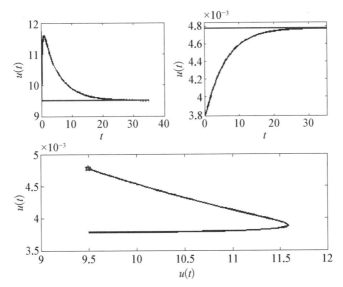

图 4 - 2 - 5　微分方程组(4 - 2 - 2)的数值解图像及其相图

例题 4.2.3　求微分方程组(4 - 2 - 5)的数值解,并且画出 $u(t)$ 的函数图像。

解:建立 m—文件 myfun03.m 如下:

```
function dy = myfun03(t,y,c0,d,r1,r2,Q,V1,V2)
dy = zeros(4,1);% y(1)=u1;y(2)=v1;y(3)=u2;y(4)=v2;
dy(1)=(c0-y(1))*Q/V1-r1*y(1)*y(2);
dy(2)=(r2*y(1)-d-Q/V1)*y(2);
dy(3)=(y(1)-y(3))*Q/V2-r1*y(3)*y(4);
dy(4)=(r2*y(3)-d-Q/V2)*y(4)+Q/V2*y(2);
```

建立 m—文件,输入命令:

```
c0=250;d=0.01;r1=853.2;r2=0.018;Q=40;V1=52.7704; V2=41.5968;
[T,Y]= ode23(@ myfun03,[0:0.001:5],[42.6667, 0.0033,9.5, 0.0039],[],
c0,d,r1,r2,Q,V1,V2);
plot(T,Y(:,3),'b- ',T,10*ones(size(T)),'r- ','LineWidth',2);
set(gca, 'Fontsize', 18);xlabel('时间')
ylabel('排出的污水中有害物质的浓度'); k = find(Y(:,3)>10);
str=['污水处理厂排放超标的时间为:' num2str(T(k(end))-T(k(1)))    '小时'];
title(str);
```

运行结果见正文。

三、非线性规划模型(4 - 2 - 4)的求解程序

例题 4.2.4　非线性规划模型(4 - 2 - 4)的求解程序。

解:建立 m—文件 fun1.m 如下:

```
function f = fun1(x)
f = x(1)+x(2);
```

再建立 m—文件 mycon3.m 如下：

```
function [g,ceq]=mycon3(x)
    d=0.01;r1=853.2;r2=0.018;Q=40;c0=200;
    g=[x(5)-9.5];
    ceq=[ x(3)-(d+Q/x(1))/r2;  x(4)-Q*(c0-x(3))/(x(1)*r1*x(3));
          x(6)-Q*(x(3)-x(5))/(x(2)*r1*x(5)); (r2*x(5)-d-Q/x(2))*x(6)+
Q/x(2)*x(4)];
```

建立 m—文件，输入命令：

```
A=[];b=[]; Aeq=[  ];beq=[];  lb=zeros(1,4);ub=[];
x0=[50  50  40  0.003  9.5  0.003]
[x,fval]=fmincon('fun1',x0,A,b,Aeq,beq,lb, ub,'mycon3')
```

运行结果：

```
x=
   52.7704  41.5968  42.6667  0.0033  9.5000  0.0039
fval =
   94.3672
```

4.3 地中海鲨鱼问题

问题的描述　意大利生物学家 Ancona 曾致力于鱼类种群相互制约关系的研究，从第一次世界大战期间地中海各港口几种鱼类捕获量百分比的资料中，他发现鲨鱼的比例有明显增加（见表 4-3-1），而供其捕食的食用鱼的百分比却明显下降。显然战争使捕鱼量下降，从而食用鱼增加，鲨鱼量也随之增加，但为何鲨鱼的比例大幅增加呢？

表 4-3-1　第一次世界大战期间地中海某港口鲨鱼捕获量百分比

年代	1914	1915	1916	1917	1918
百分比/%	11.9	21.4	22.1	21.2	36.4
年代	1919	1920	1921	1922	1923
百分比/%	27.3	16.0	15.9	14.8	19.7

他无法解释这个现象，于是求助于著名的意大利数学家 V.Volterra，希望建立一个食饵-捕食系统的数学模型，定量地回答这个问题，这就是著名的 Volterra 模型。

模型的假设

（1）捕食者的存在使食饵增长率降低，假设降低的程度与捕食者数量成正比。

（2）食饵为捕食者提供食物，使得其死亡率降低，捕食者因为有了食物，数量也会有所增长，假定增长的程度与食饵数量成正比。

符号说明

$x(t)$:食饵在 t 时刻的数量　　　$y(t)$:捕食者在 t 时刻的数量

r_1:食饵独立生存时的增长率　　r_2:捕食者独自存在时的死亡率

R_1:共存时,食饵的增长率　　　R_2:共存时,捕食者的增长率

γ_1:捕食者掠取食饵的能力　　γ_2:食饵对捕食者的供养能力

e:捕获能力系数

模型的建立　食饵独立生存时的增长率为 r_1。捕食者的存在使得食饵的增长率降低,并且捕食者的数量越大,食饵的增长率降低的程度越大,所以,可以假设食饵的增长率 R_1 是关于捕食者数量 y 的减函数。为了简单起见,用下面的线性函数来刻画增长率 R_1 与 y 的关系:

$$R_1(y) = r_1 - \gamma_1 y$$

其中,$r_1 > 0,\gamma_1 > 0$。利用由增长率的定义,可得

$$\frac{\mathrm{d}x}{\mathrm{d}t} = x(r_1 - \gamma_1 y)$$

其中,γ_1 反映捕食者掠取食饵的能力。

对捕食者而言,独立生存时因为缺少食物必然大量死亡,捕食者独自存在时的死亡率记为 r_2。食饵的存在使得捕食者有了食物而得以生存,并且食饵的数量越大,越有利于捕食者的增长。所以,可以假设捕食者的增长率 R_2 是关于食饵数量 x 的增函数。为了简单起见,用下面的线性函数来刻画增长率 R_2 与 x 的关系:

$$R_2(x) = -r_2 + \gamma_2 x$$

其中,$r_2 > 0,\gamma_2 > 0$。利用由增长率的定义,可得

$$\frac{\mathrm{d}y}{\mathrm{d}t} = y(-r_2 + \gamma_2 x)$$

其中,λ_2 反映食饵对捕食者的供养能力。这样就得到了著名的 Volterra 模型:

$$\begin{cases} \dfrac{\mathrm{d}x}{\mathrm{d}t} = x(r_1 - \gamma_1 y) \\ \dfrac{\mathrm{d}y}{\mathrm{d}t} = y(-r_2 + \gamma_2 x) \end{cases} \qquad (4-3-1)$$

模型$(4-3-1)$反映了在没有人工捕获的自然环境中食饵与捕食者之间的制约关系,没有考虑食饵和捕食者自身的阻滞作用,是 Volterra 提出的最简单的模型。

模型的分析　微分方程组$(4-3-1)$有两个平衡点:

$$P_0:\left(\frac{r_2}{\gamma_2},\frac{r_1}{\gamma_1}\right) \qquad P_1:(0,0) \qquad (4-3-2)$$

微分方程组$(4-3-1)$的向量场 $\boldsymbol{F} = [x(r_1 - \gamma_1 y),y(-r_2 + \gamma_2 x)]^{\mathrm{T}}$ 的雅可比矩阵为

$$J_F = \begin{bmatrix} r_1 - \gamma_1 y & -\gamma_1 x \\ \gamma_2 y & \gamma_2 x - r_2 \end{bmatrix}$$

将 P_1 代入 J_F 求得有两个特征根 $\lambda_1 = r_1 > 0$, $\lambda_2 = -r_2 < 0$, 所以 P_1 是不稳定的平衡点; 将 P_0 代入 J_F 有两个纯虚的特征根 $\lambda_1 = \pm \sqrt{r_1 r_2}\, i$, 所以 P_0 是处于临界状态的。

为了研究微分方程组 (4-3-1) 在平衡点 P_1 处的性质, 从分析相轨线入手。由 (4-3-1) 中消去 dt 可得

$$\frac{dx}{dy} = \frac{x(r_1 - \gamma_1 y)}{y(-r_2 + \gamma_2 x)}$$

分类变量后做积分可得

$$r_1 \ln y - \lambda_1 y + r_2 \ln x - \gamma_2 x = C \qquad (4-3-3)$$

事实上, 对于不同的 C, 由方程组 (4-3-1) 确定的解是一簇以平衡点 P_1 为中心的封闭轨线。食饵和捕食者在平衡点 P_1 的值正好代表了他们的平均数量。

下面考虑人工捕获对系统 (4-3-1) 的影响。设表示捕获能力的系数为 e, 相当于食饵的自然增长率由 r_1 降为 $r_1 - e$, 捕食者的死亡率由 r_2 增为 $r_2 + e$, 则系统 (4-3-1) 变为

$$\begin{cases} \dfrac{dx}{dt} = x[(r_1 - e) - \gamma_1 y] \\ \dfrac{dy}{dt} = y[-(r_2 + e) + \gamma_2 x] \end{cases}$$

设战前捕获能力系数为 e_1, 战争中降为 e_2 ($e_1 < e_2$), 则战前与战争中的模型对应的平衡点分别为

$$P'_0: \left(\frac{r_2 + e_1}{\gamma_2}, \frac{r_1 - e_1}{\gamma_1} \right) \qquad P''_0: \left(\frac{r_2 + e_2}{\gamma_2}, \frac{r_1 - e_2}{\gamma_1} \right) \qquad (4-3-4)$$

平衡点 P'_0, P''_0 的值分别代表了战前与战争中的食饵与捕食者的数量。注意到 $e_1 < e_2$, 可将 P_0, P'_0, P''_0 三个点的位置用图 4-3-1 表示。

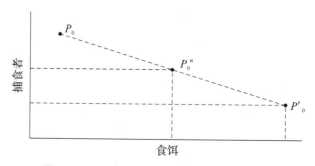

图 4-3-1 捕获能力系数改变对系统的影响

从图 4-3-1 可以看出: 战争期间捕获能力的下降使食用鱼 (食饵) 的数量减少, 而鲨

鱼(捕食者)的数量增加。

Volterra 模型还可以用来解释杀虫剂的使用与人们的愿望正好相反的现象。自然界里有不少以农作物为食的害虫,也有吃害虫的益虫。益虫不吃农作物只吃害虫,相当于捕食者,害虫是它的食饵,于是构成一个食饵-捕食者系统。假如该种杀虫剂在杀死害虫的同时也杀死了益虫,则使用这种杀虫剂就相当于前面讨论的人工捕获鱼类。由式(4-3-2)、式(4-3-4)和图 4-3-1 可以看出:从长期效果看(平均意义下),使用这种杀虫剂将使害虫增多,益虫减少,与使用者的愿望正好相反。杀虫剂厂家如果可以研究出只杀害虫、不杀益虫的杀虫剂才能真正达到杀虫的目的。

 知识拓展 1 　　　　**Volterra 模型中参数应该如何确定?**

通过统计测量,没有人工捕获的自然环境中,某港口食用鱼与鲨鱼的数量如表 4-3-2 所示,请根据提供的数据,推断出 Volterra 模型中的参数。

表 4-3-2　某港口食用鱼与鲨鱼的数量

时间/月	0	1	2	3	4	5
食用鱼/万条	300.045 4	289.714 3	271.044 8	247.532 4	224.673 4	204.224 4
鲨鱼/万条	1.600 9	1.674 1	1.739 0	1.768 0	1.765 7	1.729 7
时间/月	6	7	8	9	10	11
食用鱼/万条	191.539 6	184.784 4	184.673 5	190.841 6	203.596 4	221.312 4
鲨鱼/万条	1.677 2	1.609 2	1.542 1	1.480 8	1.432 4	1.403 8
时间/月	12	13	14	15	16	17
食用鱼/万条	242.065 7	265.245 3	284.856 7	298.233 1	301.048 7	290.687 6
鲨鱼/万条	1.398 7	1.414 0	1.462 2	1.525 6	1.605 1	1.682 7
时间/月	18	19	20	21	22	23
食用鱼/万条	270.859 0	246.067 7	220.769 4	202.142 1	189.519 5	182.825 7
鲨鱼/万条	1.744 6	1.771 5	1.767 7	1.732 3	1.674 7	1.607 3

该问题的实质是运用给定的观测数据,对系统参数进行辨识。首先需要确定能否直接使用 Volterra 模型(4-3-1),利用观测点的数据画出食饵与捕食者的数量的变化曲线以及相图,如图 4-3-2 所示。

从图 4-3-2 可以看出,食用鱼与鲨鱼的数量呈现一定的周期变化,可以使用 Volterra 模型(4-3-1)来刻画,下面问题转化为如何确定参数 $r_1, r_2, \gamma_1, \gamma_2, x_0, y_0$ 使得满足初值条件 $x(0) = x_0, y(0) = y_0$ 方程组(4-3-5)的解与表 4-3-2 在最小二乘法意义下靠得最近。

$$\begin{cases} \dfrac{\mathrm{d}x}{\mathrm{d}t} = x(r_1 - \gamma_1 y) \\ \dfrac{\mathrm{d}y}{\mathrm{d}t} = y(-r_2 + \gamma_2 x) \end{cases} \qquad (4-3-5)$$

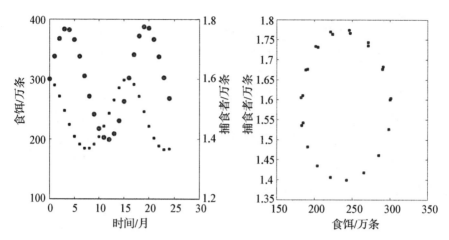

图 4 - 3 - 2 观测值的变化曲线以及相图

用 t_i^0, x_i^0, y_i^0 分别表示表 4 - 3 - 2 中第 i 个观测值的时间、食用鱼和鲨鱼的数量。由式(4 - 3 - 3)得

$$\frac{r_2}{C}\ln x - \frac{\gamma_2}{C}x + \frac{r_1}{C}\ln y - \frac{\lambda_1}{C}y = 1 \qquad (4-3-6)$$

令

$$\beta_1 = \frac{r_1}{C} \qquad \beta_2 = \frac{\lambda_1}{C} \qquad \beta_3 = \frac{r_2}{C} \qquad \beta_4 = \frac{\gamma_2}{C}$$

其中,C 为常数。将 24 个观测点的数值代入式(4 - 3 - 6),可得超定方程:

$$\beta_1 \ln y_i^0 - \beta_2 y_i^0 + \beta_3 \ln x_i^0 - \beta_4 x_i^0 = 1 \quad i = 1, 2, \cdots, 24$$

解上面的超定方程可得

$$\beta_1 = 2.016\ 2 \qquad \beta_2 = 1.277\ 9 \qquad \beta_3 = 0.472\ 4 \qquad \beta_4 = 0.002\ 0$$

则微分方程组(4 - 3 - 5)可化为

$$\begin{cases} \dfrac{\mathrm{d}x}{\mathrm{d}t} = Cx(\beta_1 - \beta_2 y) \\ \dfrac{\mathrm{d}y}{\mathrm{d}t} = Cy(-\beta_3 + \beta_4 x) \end{cases} \qquad (4-3-7)$$

所以,只需要求出 C,即可得出原参数 $r_1, \lambda, r_2, \gamma_2$ 的值。下面通过微分方程的数值解法确定出生物种群数量与待定参数 C 之间的关系式。

具体方法是,先令 $x_0 = 300.045\ 4, y_0 = 1.600\ 9$,以微分方程组(4 - 3 - 5)的数值解与观测值的误差平方和最小为目标函数,在较大的范围内取较大的步长确定出 C 的大概范围,然后逐步缩小搜索范围并减小步长来确定满足精度要求的 C 值。

将搜索范围设定在 $[0, 10]$ 之间,搜索步长取为 0.2,可以首先得到参数 C 的粗略值为 $C = 0.4$。在精确搜索时,根据粗略搜索的结果可将搜索范围设定为 $[0.35, 0.45]$,搜索步长缩小为 0.001,得到 $C=0.405$,此时微分方程组(4-3-5)的数值解与观测值的误差平方和为 13.662 2。具体程序代码参考附录 4.3.1。

事实上,为了得到更好的效果,还可以对 C, x_0, y_0 分别在 0.040 5,300,1.6 附近进行三维搜索,得到

$$C=0.405 0 \quad x_0=300.410 \quad y_0=1.600 0$$

此时数值解与观测值的误差平方和为 12.529 4。此时,得到 Volterra 模型(4-3-1)中的参数为

$$r_1=0.816 6 \quad \lambda_1=0.517 6 \quad r_2=0.191 3 \quad \gamma_2=0.000 8$$

进一步的,画出食用鱼与鲨鱼的数值解与观测值的误差图以及相图如图 4-3-3、图 4-3-4 所示,具体的程序代码见附录 4.3.2。

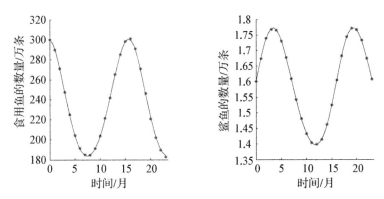

图 4-3-3　方程的数值解与观测值的误差

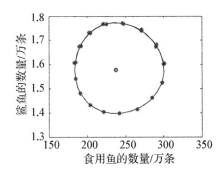

图 4-3-4　数值解的相图

从图 4-3-3 和图 4-3-4 中,可以看出 Volterra 模型(4-3-1)的一些基本性质。例如,食饵和捕食者随着时间呈现周期性变化,方程组(4-3-1)确定的解在相空间是一簇以平衡点为中心的封闭轨线。食饵和捕食者在平衡点处的值正好代表了它们的平均数量。但是 Volterra 模型(4-3-1)也有许多局限性。首先,一般认为自然界里长期存在的呈周期变化的生态平衡系统都应该是结构稳定的,即系统受到不可避免的干扰而偏离原来的周期轨道后,其内部制约作用会使系统自动恢复原状(如恢复原有的周期和振幅)。

而 Volterra 模型的周期变化状态却不是结构稳定的,一旦离开某一条闭轨线,就进入了另一条闭轨线(不同闭轨线的周期和振幅互不相同),不可能恢复原状。其次,许多生态学家指出,绝大多数的食饵-捕食者系统都观察不到 Volterra 模型显示的那种周期振荡,而是趋向于某个平衡状态,即系统存在稳定平衡点。

 知识拓展 2　　　含有竞争项的 Volterra 生态模型

生态学家观察到某个食饵-捕食者系统的种群数量趋于某个平衡,具体的观测数据如下表 4 - 3 - 3 所示。

表 4 - 3 - 3　食饵-捕食者系统的种群数量观测值

时间/天	食饵/千	捕食者/千	时间/天	食饵/千	捕食者/千	时间/天	食饵/千	捕食者/千
0	29.700	1.600	420	209.852	1.232	840	84.646	1.378
30	29.518	1.490	450	208.099	1.326	870	88.499	1.344
60	30.982	1.389	480	197.831	1.419	900	93.700	1.315
90	34.135	1.298	510	180.865	1.502	930	100.039	1.294
120	39.212	1.216	540	161.146	1.567	960	107.249	1.279
150	46.620	1.146	570	141.760	1.609	990	114.903	1.273
180	56.913	1.088	600	124.581	1.628	1 020	122.494	1.274
210	70.790	1.042	630	110.435	1.626	1 050	129.480	1.283
240	88.646	1.012	660	99.432	1.609	1 080	135.307	1.299
270	110.515	0.998	690	91.406	1.579	1 110	139.488	1.320
300	135.560	1.003	720	85.931	1.542	1 140	141.717	1.345
330	161.444	1.029	750	82.753	1.500	1 170	141.917	1.371
360	184.968	1.077	780	81.621	1.458	1 200	140.249	1.397
390	202.138	1.146	810	82.310	1.416			

请根据表 4 - 3 - 3 所提供的数据,建立适当的模型,刻画食饵-捕食者变化规律。

模型的分析建立

首先将观测到的食饵、捕食者的数量用离散点图像画出来,如图 4 - 3 - 5 所示。

从图 4 - 3 - 5 可以看出,食饵、捕食者的数量有趋向于稳定的变化趋势,所以不能直接应用 Volterra 模型(4 - 3 - 1)来刻画,需要重新改进模型(4 - 3 - 1)。应该考虑是什么原因使得食饵、捕食者的数量有趋向于稳定的变化趋势? 一般而言,是种群自身的竞争导致了这种现象,下面建立含有竞争项的 Volterra 生态模型。

用 $x(t), y(t)$ 分别表示食饵和捕食者在 t 时刻的数量。对于食饵而言,在没有天敌的情况下,由于资源环境的限制,可以假设其服从阻滞增长模型(Logistic 模型)。捕食者

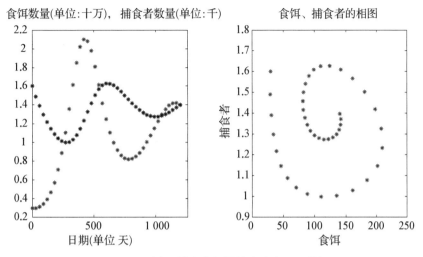

图 4 - 3 - 5　食饵、捕食者数量的离散点图及其相图

的存在使得食饵的增长率降低,并且捕食者的数量越大,食饵的增长率降低的程度越大。所以,可以假设食饵的增长率 R_1 是关于捕食者数量 y 和自身数量的减函数。为了简单起见,用下面的线性函数来刻画增长率 R_1 与 x,y 的关系:

$$R_1(y) = k_1 - k_2 x - k_3 y$$

类似的,对于捕食者而言,独立生存时因为缺少食物必然大量死亡。捕食者独自存在时的死亡率记为 k_4。食饵的存在使得捕食者有了食物而得以生存,并且食饵的数量越大,越有利于捕食者的增长。自身数量越多,种群内部的竞争越激烈,可以假设捕食者的增长率 R_2 是关于食饵的数量 x 的增函数,是关于滋生数量 y 的减函数。为了简单起见,用下面的线性函数来刻画增长率 R_2 与 x,y 的关系:

$$R_2(x) = -k_4 + k_5 x - k_6 y$$

利用增长率的定义,可得到含有竞争项的 Volterra 生态模型:

$$\begin{cases} \dfrac{\mathrm{d}x}{\mathrm{d}t} = x(k_1 - k_2 x - k_3 y) \\ \dfrac{\mathrm{d}y}{\mathrm{d}t} = y(-k_4 + k_5 x - k_6 y) \end{cases} \qquad (4-3-8)$$

其中 $k_i > 0, i = 1,2,\cdots,6$。

下面需要根据表 4 - 3 - 3 确定 $k_1,k_2,\cdots,k_6$ 的取值。由于模型(4 - 3 - 8)不存在首次积分,所以不能按照"知识扩展 1"中的方法来确定参数的值,显然需要把系统(4 - 3 - 8)做离散化处理。

由模型(4 - 3 - 8)中第一个方程可得

$$\frac{\mathrm{d}x}{x\,\mathrm{d}t} = k_1 - k_2 x - k_3 y$$

两边在 $[t_{i-1}, t_i]$ 上积分可得

$$\ln x(t_i) - \ln x(t_{i-1}) = k_1(t_i - t_{i-1}) - k_2 \int_{t_{i-1}}^{t_i} x(t)\mathrm{d}t - k_3 \int_{t_{i-1}}^{t_i} y(t)\mathrm{d}t \quad i = 2, 3, \cdots, n$$

令

$$S_{1i} = \int_{t_{i-1}}^{t_i} x(t)\mathrm{d}t \approx \frac{x(t_i) - x(t_{i-1})}{2}(t_i - t_{i-1})$$

$$S_{2i} = \int_{t_{i-1}}^{t_i} y(t)\mathrm{d}t \approx \frac{y(t_i) - y(t_{i-1})}{2}(t_i - t_{i-1})$$

$$A = \begin{bmatrix} t_2 - t_1 & -S_{11} & -S_{12} \\ t_3 - t_2 & -S_{21} & -S_{22} \\ \vdots & \vdots & \vdots \\ t_n - t_{n-1} & -S_{n1} & -S_{n1} \end{bmatrix} \quad X = \begin{bmatrix} k_1 \\ k_2 \\ k_3 \end{bmatrix} \quad B = \begin{bmatrix} \ln x(t_2) - \ln x(t_1) \\ \ln x(t_3) - \ln x(t_2) \\ \vdots \\ \ln x(t_n) - \ln x(t_{n-1}) \end{bmatrix}$$

得到超定方程 $AX = B$。求解这个超定方程可以得到参数 k_1, k_2, k_3 的值。对模型 (4-3-8) 中第二个方程做类似处理,可以得到参数 k_4, k_5, k_6 的值。

在编程时,值得注意的是,只有当区间 $[t_{i-1}, t_i]$ 的长度很小时,对 S_{1i}, S_{2i} 做近似处理才有效,所以将时间 30 天看成 1 个单位,这样把区间 $[t_{i-1}, t_i]$ 的长度在数值上缩小了,但是意义没有发生变化。编程见附录 4.3.3,可得到

$$k_1 = 0.826\ 7 \qquad k_2 = 7.994\ 4 \times 10^{-4} \qquad k_3 = 0.524\ 1$$
$$k_4 = 0.090\ 7 \qquad k_5 = 8.032\ 2 \times 10^{-4} \qquad k_6 = 0.002\ 8$$

进一步地,画出误差效果图,如图 4-3-6 所示。

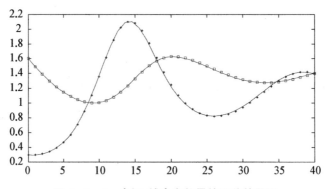

图 4-3-6 食饵、捕食者数量的误差效果图

 思考题

Volterra 模型 (4-3-1) 只考虑了两个种群,如何推广到多个种群,请根据下面的情形分别建立三个种群的生态模型(要考虑种群内部之间的竞争)。

(1) 食物链的情形:种群 A 为食饵,种群 B,C 为捕食者,种群 B 以种群 A 为食,种群

C 只以种群 B 为食。

(2) 种群 A 为食饵,种群 B,C 为捕食者,种群 B 以种群 A 为食,种群 C 以种群 A,B 为食。

(3) 种群 A 为食饵,种群 B,C 为捕食者,种群 B,C 以种群 A 为食,种群 B 与 C 一般不以对方作为捕食对象。

附　录

附录 4.3.1　参数 C 的搜索程序

先建立一个函数文件:

```
function dy = eq1(t,y,k1,k2,k3,k4)
dy=[y(1)*(k1-k2*y(2));y(2)*(-k3+k4*y(1))];
```

再新建 M 文件,输入代码:

```
clc;clear;t0=[0:23];
x0=[300.0454  289.7143  271.0448  247.5324  224.6734  204.2244
191.5396  184.7844  184.6735  190.8416  203.5964  221.3124  242.0657
265.2453  284.8567  298.2331  301.0487  290.6876  270.8590  246.0677
220.7694  202.1421  189.5195  182.8257];
y0=[1.6009  1.6741  1.7390  1.7680  1.7657  1.7297  1.6772  1.6092
1.5421  1.4808  1.4324  1.4038  1.3987  1.4140  1.4622  1.5256  1.6051
1.6827  1.7446  1.7715  1.7677  1.7323  1.6747  1.6073];
A=[log(y0')  -y0' log(x0')-x0'];b = ones(size(x0'));
b = A\b
minz = inf;
for c = 0.38:0.001:0.42% 将搜索范围设定在为 0:0.1:10,根据结果不断修改
    k1 = b(1)*c;k2 = b(2)*c;k3 = b(3)*c;k4 = b(4)*c;
    [t,y]=ode45(@ eq1,[0:23],[300.0454  1.6009],[],k1,k2,k3,k4);
    SumF = norm(x0-y(:,1)')^2 + norm(y0-y(:,2)')^2;
    if SumF<minz
        minz = SumF; C = c;
    end
end
[C minz]
save mydate01  b  C  t0 x0 y0
```

附录 4.3.2　三维搜索及其结果的绘图程序

```
clc;clear;format compact;
load mydate01  b  C t0 x0 y0
minz = inf;
```

```
for c =0.4:0.001:0.41
      k1 = b(1)*c;k2 = b(2)*c;k3 = b(3)*c;k4 = b(4)*c;
      for xc0 = 299:0.01:301
            for yc0 = 1.59:0.01:1.61
                  [t,y]= ode45(@ eq1,[0:23 ],[xc0   yc0 ],[],k1,k2,k3,k4);
                  SumF = norm(x0-y(:,1)')^2 + norm(y0-y(:,2)')^2;
            if SumF<minz
                  minz = SumF; C = c;Cx0y0=[c   xc0   yc0]
            end
              end
          end
    end
    [Cx0y0   minz]
    (b*C)'
    k1 = b(1)*C;k2 = b(2)*C;k3 = b(3)*C;k4 = b(4)*C;
    [t,y]= ode45(@ eq1,[0 23 ],[300.0454   1.6009 ],[],k1,k2,k3,k4);
    figure(1)
    subplot(1,2,1)
    set(gca, 'FontSize', 16);hold on
    plot(t0,x0,'r* ',t',y(:,1)',  'LineWidth',2, 'MarkerSize',10)
    xlabel('时间');ylabel('食用鱼的数量');xlim([0 23.4])
    subplot(1,2,2)
    set(gca, 'FontSize', 16);hold on
    plot(t0,y0,'r* ',t',y(:,2)',  'LineWidth',2, 'MarkerSize',10)
    xlabel('时间');ylabel('食用鱼的数量');xlim([0 23.4])
    figure(2)
     plot(t0,y0,'r* ',t',y(:,2)',  'LineWidth',2, 'MarkerSize',10)
        xlabel('时间');ylabel('鲨鱼的数量')
    plot(x0,y0,'r* ',y(:,1)',y(:,2)',  'LineWidth',2, 'MarkerSize',10)
        set(gca, 'FontSize', 16);hold on
    plot(k3/k4,k1/k2,'ro', 'MarkerFaceColor','g','LineWidth',2,
'MarkerSize',8)
    xlabel('食用鱼的数量') ; ylabel('鲨鱼的数量')
```

运行结果见正文。

附录 4.3.3 参数 C 的搜索程序

先建立一个函数文件：

```
function dx = eq4(t,x,k1,k2,k3,k4,k5,k6)
```

```
dx=[x(1)*(k1-k2*x(1)-k3*x(2));x(2)*(-k4+k5*x(1)-k6*x(2))];
```
再新建 M 文件输入代码：
```
clc;clear;format compact%  把表 4-3-2 拷贝到 data.xlsx 中；
A=xlsread('data.xlsx');t1=A(:,1)/30;x1=A(:,2);y1=A(:,3);
Ax1=[];Ax2=[];bx1=[];bx2=[];
for i=2:length(x1)
    bx1=[bx1;log(x1(i)/x1(i-1))];bx2=[bx2;log(y1(i)/y1(i-1))];
    s1i=(x1(i)+x1(i-1))/2*(t1(i)-t1(i-1));s2i=(y1(i)+y1(i-1))/2*
        (t1(i)-t1(i-1));
    Ax1=[Ax1;t1(i)-t1(i-1)-s1i-s2i];Ax2=[Ax2;-(t1(i)-t1(i-1))  s1i
        -s2i  ];
end
ANS1=Ax1\bx1;k1=ANS1(1);k2=ANS1(2);k3=ANS1(3);
ANS2=Ax2\bx2;k4=ANS2(1);k5=ANS2(2);k6=ANS2(3);
[t,y]=ode45(@ eq4,[t1(1) t1(end)],[x1(1) y1(1)],[],k1,k2,k3,k4,k5,
    k6);
plot(t1,x1/10^2,'r*',t1,y1,'rs',t,y(:,1)/10^2,t,y(:,2));
```

4.4　草原鼠患的治理

问题的描述　在我国的内蒙古大草原,由于各种人为因素对自然生态系统的破坏(如过度放牧、大量消灭草原上的狼群等),造成草原鼠患问题严重,并由此引发了严重的生态问题。表 4-4-1 给出了使用老鼠药前后的老鼠数量,在第 301 天之前,没有使用老鼠药,在第 301 天,使用老鼠药 10 kg。

表 4-4-1　使用老鼠药前后的老鼠数量的变化关系

日期/天	老鼠数量/只	日期/天	老鼠数量/只	日期/天	老鼠数量/只	日期/天	老鼠数量/只	日期/天	老鼠数量/只
0	800	312	72 230	384	68 730	456	90 380	528	98 610
30	1 800	318	65 090	390	70 940	462	91 500	534	98 940
60	4 020	324	60 830	396	73 140	468	92 520	540	99 240
90	8 730	330	58 400	402	75 300	474	93 440	546	99 510
120	17 940	336	57 320	408	77 400	480	94 280	552	99 750
150	33 430	342	57 250	414	79 410	486	95 040	558	99 970
180	53 820	348	57 920	420	81 320	492	95 720	564	100 170
210	73 500	354	59 100	426	83 120	498	96 340	570	100 350

续　表

日期/天	老鼠数量/只	日期/天	老鼠数量/只	日期/天	老鼠数量/只	日期/天	老鼠数量/只	日期/天	老鼠数量/只
240	87 550	360	60 630	432	84 800	504	96 890	576	100 510
270	95 560	366	62 430	438	86 370	510	97 390	582	100 660
300	99 570	372	64 420	444	87 820	516	97 840	588	100 790
306	83 310	378	66 540	450	89 160	522	98 250	594	100 920

请建立数学模型刻画老鼠药的灭鼠效果,请计算老鼠药的有效灭鼠时间和消灭的老鼠量。

模型的假设

(1) 没有使用老鼠药之前,老鼠的数量服从阻滞增长模型。

(2) 老鼠药对老鼠数量的增长起阻滞作用。

(3) 本文仅考虑种群自身竞争因素以及老鼠药对老鼠数量增长的阻滞作用,不考虑其他因素对老鼠数量的影响。

符号说明

$x(t)$:t 时刻的老鼠数量　　　　　　r:老鼠的固有增长率

t_i:表 4-4-1 中观测值的时间节点　　R:老鼠的增长率

x_i:表 4-4-1 中观测到的老鼠数量　　β:老鼠药的阻滞系数

t_0:使用老鼠药的时刻　　　　　　　μ:老鼠药的药量

模型的分析与建立　　画出表 4-4-1 中老鼠数量随时间的观测值图像,如图4-4-1所示。

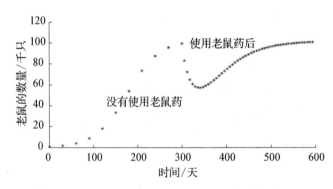

图 4-4-1　中老鼠数量随时间的观测值图像

从图 4-4-1 可以看出,没有使用老鼠药之前,老鼠的数量服从阻滞增长模型;使用老鼠药后,老鼠药对老鼠数量的阻滞作用先很大,后慢慢消失。

没有使用老鼠药之前,老鼠的数量服从阻滞增长模型:

$$\frac{\mathrm{d}x}{\mathrm{d}t} = r\left(1 - \frac{x}{x_m}\right)$$

使用老鼠药后,由于老鼠药对老鼠数量有阻滞作用,因此需要在 Logistics 模型的基

础上引入老鼠药的阻滞系数 β，可设老鼠的增长率 R 的函数为

$$R = r - \frac{r}{x_m}x - \beta(t,\mu)$$

所以有

$$\frac{\mathrm{d}x}{\mathrm{d}t} = r(t,x,\mu)x = x\left(r - \frac{r}{x_m}x - \beta\right)$$

下面需要根据表 4-4-1 和图 4-4-1 推导阻滞系数 β 的形式。

注意到，加入一定量的灭鼠药后，一开始灭鼠效果很明显，后慢慢消失，因此可以推断：阻滞因子 β 关于时间是减函数，并且随着时间趋于零，可以考虑用函数 $\frac{1}{1+t}$，$\frac{1}{1+t^2}$，e^{-t}……来刻画。另一方面，阻滞作用 β 与药量 μ 成正比，因此可以假设阻滞因子 β 具有以下形式：

$$\beta(t,\mu) = \begin{cases} 0 & t < t_0 \\ \dfrac{k\mu}{1+(t-t_0)^{n_0}} & t \geqslant t_0 \end{cases} \tag{4-4-1}$$

其中，n_0 是个待定的常数。

阻滞系数 β 的表达式唯一吗？事实上只要关于时间 t 是减函数，并且随着时间趋于零，这里都可以考虑。阻滞因子 β 的表达式不是唯一的（这个道理形如：对于给定的函数，有各式各样的函数逼近它），一般的，会选择相对比较简单的函数来刻画，最后还取决于模型的效果，即能否反映现实。实践是检验真理的唯一标准。如果模型效果不好，要把 β 的表达式推翻，重新考虑。

因此，可以建立如下微分方程模型：

$$\frac{\mathrm{d}x}{\mathrm{d}t} = x\left(r - \frac{r}{x_m}x - \beta\right) \tag{4-4-2}$$

其中，β 由式(4-4-1)给出。下面根据表 4-4-1 确定模型的参量。

为了方便，设 $k_1 = r, k_2 = \dfrac{r}{x_m}, k_3 = k, m'(t) = \dfrac{\mu}{1+(t-t_0)^2}$，则微分模型转化为

$$\frac{\mathrm{d}x}{\mathrm{d}t} = x[k_1 - k_2 x - k_3 m'(t)]$$

两边在 $[t_{i-1}, t_i]$ 上积分，得

$$\ln x(t_i) - \ln x(t_{i-1}) = k_1(t_i - t_{i-1}) - k_2\int_{t_{i-1}}^{t_i} x(t)\mathrm{d}t - k_3\int_{t_{i-1}}^{t_i} m'(t)\mathrm{d}t$$

令 $s_{i1} = \int_{t_{i-1}}^{t_i} x_2\mathrm{d}t \approx \dfrac{x(t_i)-x(t_{i-1})}{2}(t_i-t_{i-1}), s_{i1} = \int_{t_{i-1}}^{t_i} m(t)\mathrm{d}t,$

$$A = \begin{bmatrix} t_2 - t_1 & -S_{11} & -S_{12} \\ t_3 - t_2 & -S_{21} & -S_{22} \\ \vdots & \vdots & \vdots \\ t_n - t_{n-1} & -S_{n1} & -S_{n2} \end{bmatrix} \qquad X = \begin{bmatrix} k_1 \\ k_2 \\ k_3 \end{bmatrix} \qquad B = \begin{bmatrix} \ln x(t_2) - \ln x(t_1) \\ \ln x(t_3) - \ln x(t_2) \\ \vdots \\ \ln x(t_n) - \ln x(t_{n-1}) \end{bmatrix}$$

则确定参数 k_1, k_2, k_3 转变为求解超定方程 $AX = B$.

只有当区间 $[t_{i-1}, t_i]$ 的长度很小时,对 S_{i1} 做近似处理才有效,所以可将时间 30 天看成 1 个单位,n_0 分别取 $1, 2, 3$,编程见小结,得到模型的数值解与观测值的误差图像如图 $4-4-2$ 所示。

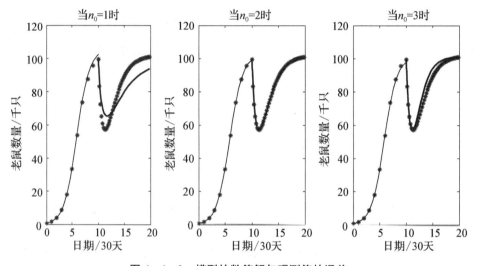

图 $4-4-2$ 模型的数值解与观测值的误差

从效果图 $4-4-2$ 上看,当 $n_0 = 2$ 时,模型的效果是令人满意的,此时

$$r = 0.826\ 1 \qquad x_m = 102.592\ 3 \qquad k = 0.099\ 2$$

从而可得,老鼠药的灭鼠效果模型:

$$\frac{\mathrm{d}x}{\mathrm{d}t} = x \left[0.826\ 1 - \frac{0.826\ 1}{102.592\ 3} x - \beta(t, \mu) \right]$$

其中

$$\beta(t, \mu) = \begin{cases} 0 & t < 10 \\ \dfrac{0.099\ 2\mu}{1 + (t-10)^{n_0}} & t \geqslant 10 \end{cases}$$

进一步计算出有效灭鼠时间为 39.36 天,有效灭鼠量为 42 159 只。

 思考题

问题 1:请进一步给出使用不同老鼠药药量的有效灭鼠时间以及灭鼠量。找出有效

灭鼠时间以及灭鼠量与老鼠药的关系式。

问题 2：表 4-4-2 给出了通过人工牧草（使用草种 1 000 kg）后观测老鼠的数量，试建立数学模型刻画人工牧草对老鼠数量的影响。

表 4-4-2　通过人工牧草（使用草种 1 000 kg）后观测老鼠的数量

日期/天	老鼠数量/只	日期/天	老鼠数量/只	日期/天	老鼠数量/只	日期/天	老鼠数量/只	日期/天	老鼠数量/只
0	6 000	450	203	540	1 390	630	5 719	720	8 857
30	6 517	456	230	546	1 569	636	6 046	726	8 943
60	4 787	462	261	552	1 767	642	6 360	732	9 020
90	3 351	468	296	558	1 984	648	6 659	738	9 088
120	2 417	474	337	564	2 220	654	6 940	744	9 148
150	1 798	480	384	570	2 476	660	7 204	750	9 201
180	1 373	486	437	576	2 751	666	7 449	780	9 522
210	1 069	492	498	582	3 043	672	7 674	810	9 680
240	845	498	568	588	3 352	678	7 880	840	9 759
270	676	504	647	594	3 674	684	8 068	870	9 800
300	546	510	737	600	4 007	690	8 238	900	9 822
330	444	516	839	606	4 348	696	8 391	930	9 837
360	363	522	954	612	4 693	702	8 528	960	9 847
390	298	528	1 083	618	5 039	708	8 651	990	9 855
420	246	534	1 228	624	5 382	714	8 760	1 020	9 863

提示：通过人工牧草后观测到的老鼠的数量图像如图 4-4-3 所示。

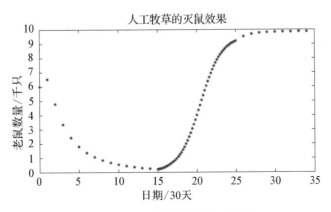

图 4-4-3　老鼠的数量的观测图

从图 4-4-3 中可以看出：0～450 天，是草场形成期，人工牧草阻滞作用慢慢变大，可以推导出阻滞因子关于时间是单调增函数；450 天以后，可能是草场退化期，人工牧草阻滞作用慢慢消失，可以推导出阻滞因子关于时间是单调减函数。读者可以参考本文提供的方法，选择适当阻滞因子建立模型。

小　结

通过本案例学习，大家应该掌握机理与数据（测试）分析相结合的数学建模方法。所谓机理分析，就是根据对客观事物特性的认识，找出反映内部机理的数量规律；而数据分析是将对象看作"黑箱"，通过对测量数据的统计分析，找出与数据拟合最好的模型。通常用机理分析建立模型结构，用数据分析确定模型参数。另外，连续系统离散化也是比较常用的数学建模方法。

大家在数学建模课程的学习中，要学习、分析、评价、改进别人做过的模型，例如，在经典的阻滞增长模型中，融入阻滞因子用来刻画老鼠药和人工牧草对老鼠数量的影响，取得了比较好的建模效果。

下面附上本节用到的程序代码，以供读者参考。

（1）新建 M 文件 eq1.m

```
function dx = eq1(t,x,k1,k2)
        dx = x*(k1-k2*x);
```

（2）新建 M 文件 eq1.m

```
    function dx = eqbs1(t,x,k1,k2,k3,n0)
      dx = x*(k1-k2*x-k3*10/(1+(t-10)^n0));
```

（3）建立 M 文件，输入主程序

```
clc;clear;format compact
A = xlsread('Data2.xlsx');t1 = A(:,1)/30;x1 = A(:,2)/10^3;
  SS=[];
  for n0 = 1:3
      syms t; STR=['当 n_0= ' num2str(n0)  '时'];
      f =@ (t)10./(1+(t-10).^n0);n = length(t1);
      b=[];A=[];
for i = 2:n
    b=[b;log(x1(i)/x1(i-1))]; c = quad(f,t1(i-1),t1(i));
    if i<=11
        A=[A; t1(i)-t1(i-1)  -(x1(i)+x1(i-1))/2*(t1(i)-t1(i-
          1)) 0];
    else
        A=[A; t1(i)-t1(i-1)  -(x1(i)+x1(i-1))/2*(t1(i)-t1(i-
          1))  -c];
```

```
        end
    end
        A([11 12],:)=[];b([11 12])=[];
        ANS=A\b;k1=ANS(1);k2=ANS(2);k3=ANS(3);
        r=k1;xm=k1/k2;k=k3;SS=[SS;n0  k1,k2,k3,xm];
        [t01,y01]=ode15s(@ eq1,[0  10],[x1(1)],[],k1,k2);
        [t02,y02]=ode15s(@ eqbs1,[10  t1(end)],[99.570],[],k1,k2,k3,n0);
        subplot(1,3,n0)
        plot(t1,x1,'r* ',t01,y01,'b- ',t02,y02,'b- ','LineWidth',
1.5,'MarkerSize', 9);
        xlabel('日期(单位 30 天)');ylabel('老鼠数量(单位 千只)'); title(STR)
    end
    disp('n0  k1  k2  k3  xm')
    SS
    %%%  下面计算有效灭鼠时间和消灭的老鼠量
    n0=2;k1=SS(2,2);  k2=SS(2,3);  k3=SS(2,4);
    [tx,yx]=ode15s(@ eqbs1,[10:0.0001:t1(end)],[99.570],[],k1,k2,k3,n0);
    [ymin k]=min(yx);
fprintf('有效灭鼠时间为:% 0.4f 天,有效灭鼠量为% 0.4f 千只\n', (tx(k)-10)*30,
yx(1)-ymin)
```

运行结果:

```
n0  k1  k2  k3  xm
SS=
    1.0000  0.8210  0.0077  0.0858  106.1183
    2.0000  0.8261  0.0081  0.0992  102.5923
    3.0000  0.8259  0.0082  0.0951  101.3095
```

有效灭鼠时间为 39.360 0 天,有效灭鼠量为 42.158 5 千只。

4.5　导弹的攻击问题

问题的描述　现假设我方军舰在 A 点位置发现东南方向 O 点处有一艘敌方导弹驱逐舰,距离为 $L=190$ km,具体方位信息如图 4-5-1 所示。

假定我方军舰对准敌舰发射了一枚导弹,导弹头始终对准敌舰,如果敌舰以最大速度 $v_1=0.1$ 马赫(即音速 340 米/秒的 0.1 倍)向南直线逃逸。

(1) 若导弹的速度是 $v_2=0.9$ 马赫。请建立适当的模型,回答当 $\theta=45°$ 和 $\theta=130°$ 时,导弹何时何地能命中敌舰,并且画出导弹和敌舰的运动线路图。

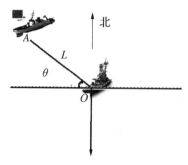

图 4-5-1　导弹与敌舰位置信息图

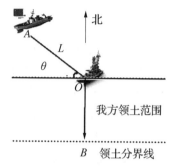

图 4-5-2　领土分界线位置图

（2）在 O 点正南方、距离 O 点 $H=30$ km 处为 B 点，B 点所在位置水平虚线为领土分界点，分界点上侧为我方领土范围，如图 4-5-2 所示。当敌方军舰以 $v_1=0.1$ 马赫的速度向正南方向逃逸时，如果导弹速度太小，则不能保证能够在我方领土范围内击中敌方军舰，请建立适当的模型，找出导弹击中敌舰的最小速度和角度 θ 的关系。

（3）现在假设导弹速度保持 $v_2=0.9$ 马赫不变，我方希望在领土范围内击中敌舰。若军舰离敌艇的距离 L 较近时，发射导弹比较容易在我方领土范围内击中敌舰；如果 L 较大，则不能保证。试画出我方军舰能在我国领土范围内击中敌舰的区域。

模型的假设

（1）导弹和敌舰的速度大小保持不变，敌舰以最大速度向南方直线逃逸。

（2）导弹头始终对准敌舰。

符号说明

$x(t), y(t)$：导弹 t 时刻所在的位置　　　$x_d(t), y_d(t)$：敌舰 t 时刻所在的位置

v：导弹的速度　　　　　　　　　　　　v_d：敌舰的速度

L：初始时刻导弹离敌舰的距离　　　　　θ：图 4-5-1 中标注的角度，单位为度

模型的建立与求解

问题一

以敌舰的初始位置为原点，正东方向为 x 轴正方向，建立直角坐标系，则敌舰的运动轨迹为

$$x_d(t)=0 \qquad y_d(t)=-v_d t$$

由物理知识，$\dfrac{dx}{dt}$ 表示导弹沿 x 轴方向的速度，则有

$$\frac{dx}{dt}=v\cos(\alpha)=v\,\frac{x_d(t)-x}{\sqrt{(x_d-x)^2+(y_d-y)^2}}$$

其中，α 表示导弹速度向量的倾斜角。同理可得

$$\frac{dy}{dt}=v\sin(\alpha)=v\,\frac{y_d(t)-y}{\sqrt{(x_d-x)^2+(y_d-y)^2}}$$

故而导弹的初值为

$$x(0) = -L\cos(\theta) \quad y(0) = L\sin(\theta)$$

综上所述,可以得到一个导弹追踪敌舰的微分方程模型:

$$\begin{cases} \dfrac{\mathrm{d}x}{\mathrm{d}t} = v \dfrac{0-x}{\sqrt{(0-x)^2+(-v_\mathrm{d}t-y)^2}} \\ \dfrac{\mathrm{d}y}{\mathrm{d}t} = v \dfrac{-v_\mathrm{d}t-y}{\sqrt{(0-x)^2+(-v_\mathrm{d}t-y)^2}} \\ x(0) = -L\cos(\theta), y(0) = L\sin(\theta) \end{cases} \quad (4-5-1)$$

编程求其数值解,得到当 $\theta = 45°$ 时,导弹击中敌舰所用的时间为 678.07 秒,位置坐标为 $(0, -23.054\,3)$;当 $\theta = 130°$ 时,导弹击中敌舰所用的时间为 682.19 秒,位置坐标为 $(0, -23.194\,3)$,坐标轴单位为千米。导弹和敌舰的运动线路图如图 4-5-3 所示。

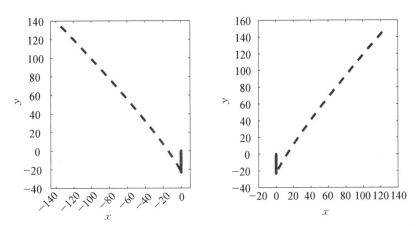

图 4-5-3　导弹和敌舰的运动线路图(左:角度为 45 度时,导弹和敌舰的运动线路图;右:角度为 130 度时,导弹和敌舰的运动线路图)

问题二

在该问题中,如果导弹速度太小,则不能保证在我方领土范围内击中敌方军舰,如何求出导弹击中敌舰的最小速度呢? 一般有以下两种方法。

一是一维搜索,即让导弹的速度由小到大逐步变化,直到找到正好在我方领土范围内 B 点(即领土分界点)处击中敌舰时对应的导弹速度,这就是所要求的最小速度。一维搜索原理简单易懂,但是搜索时间比较长,一般要分两步:第一步粗略搜索,即搜索步长取大一点,得到导弹速度的大致范围;第二步精细搜索,以第一步中找到的速度为中心,搜索步长取小一点,从而提高答案的精度。

二是二分法搜索,大致的算法思路如下。

第 1 步:赋初值,给出精度要求 ε,计算敌舰行驶至边界点的时间 T_0,给出导弹与敌舰初始位置等信息;取 $v_1 = 40$(此时对应击中敌舰的位置在 B 点的下方);取 $v_1 = 900$(此时对应击中敌舰的位置在 B 点的上方)。

第 2 步:计算

$$v_* = \frac{v_1 + v_2}{2}$$

将导弹速度 v_* 代入模型 $(4-5-1)$，在 $[0, T_0]$ 上求数值解。

第 3 步：根据数值解判定击中敌舰的位置；如果击中敌舰的位置在 B 点的下方，令 $v_1 = v_*$ ；如果击中敌舰的位置在 B 点的上方，令 $v_2 = v_*$ 。

第 4 步：如果 $|v_1 - v_2| > \varepsilon$ ，转到第 2 步；如果 $|v_1 - v_2| \leqslant \varepsilon$ ，此时达到精度要求，输出结果最小速度为

$$v_* = \frac{v_1 + v_2}{2}$$

按照问题二的二分法思想，当角度 θ 从 0 度开始，步长为 10，取到 350 度，得到对应的击中敌方军舰导弹的最小速度见表 4-5-1。

表 4-5-1 不同角度对应的击中敌方军舰导弹的最小速度

角度/度	0	10	20	30	40	50	60	70	80
最小速度/(米/秒)	220.58	226.07	231.17	235.77	239.78	243.15	245.83	247.77	248.94
角度/度	90	100	110	120	130	140	150	160	170
最小速度/(米/秒)	249.37	248.94	247.77	245.83	243.15	239.78	235.77	231.17	226.07
角度/度	180	190	200	210	220	230	240	250	260
最小速度/(米/秒)	220.58	214.80	208.89	202.99	197.37	192.16	187.72	184.27	182.08
角度/度	270	280	290	300	310	320	330	340	350
最小速度/(米/秒)	181.35	182.08	184.27	187.72	192.16	197.37	202.99	208.89	214.80

根据表 4-5-1，画出角度 θ 与击中敌舰所需导弹最小速度的离散点图像如图 4-5-4 所示。

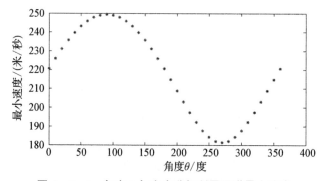

图 4-5-4 角度 θ 与击中敌舰所需导弹最小速度

从图 4-5-4 可以看出，角度 θ 与击中敌舰所需导弹最小速度 $v_{\min}$ 的曲线类似正弦曲线，因此可以采用以下形式的曲线进行拟合：

$$v_{\min} = A\sin(k\theta + B) + C$$

其中，A, B, C 为待定的参数。

通过非线性拟合，得到角度 θ 与击中敌舰所需导弹最小速度 $v_{\min}$ 的关系为

$$v_{\min} = 33.604\,9\sin(1.002\,1\theta - 0.163\,0) + 218.103\,4$$

从拟合效果图 4-5-5 看，拟合效果并不好。为了达到更好的拟合效果，可以考虑依

118

据角度 θ 分成两段拟合,即第一段角度 θ 为 0 度到 180 度,第二段角度 θ 为 180 度到 360 度,得到

$$v_{\min}(\theta) = \begin{cases} 49.954\,4\sin(0.721\,4\theta + 25.077\,7) + 199.394\,4 & 0° \leqslant \theta \leqslant 180° \\ 25.711\,0\sin(1.343\,8\theta - 92.825\,0) + 207.212\,6 & 180° < \theta < 360° \end{cases}$$

拟合效果见图 4-5-6。

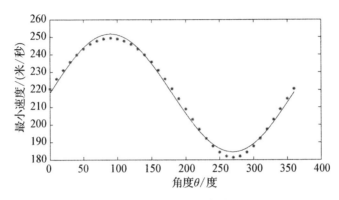

图 4-5-5　整体拟合效果

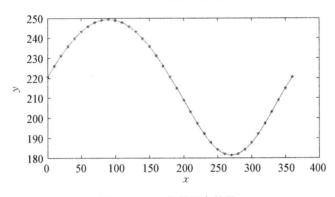

图 4-5-6　分段拟合效果

问题三

现在假设导弹速度保持 $v_2 = 0.9$ 马赫不变。如图 4-5-2 所示,如果 L 较大,无法在领土范围内击中敌舰;如果 L 较小,则可以在领土范围内击中敌舰。这样,对于不同的 θ,可以用二分法找到临界值 L^*(对应正好在 B 点击中敌舰),该算法的思路类似于问题二,在此不再赘述。通过二分法编程,可以得到不同角度对应的临界值 L^*,具体数据见表 4-5-2。

表 4-5-2　不同角度对应的临界值 L^*

角度/度	0	10	20	30	40	50	60	70	80
L^*/千米	266.66	261.62	256.90	252.63	248.89	245.75	243.26	241.46	240.37
角度/度	90	100	110	120	130	140	150	160	170
L^*/千米	240.00	240.37	241.46	243.26	245.75	248.89	252.63	256.90	261.62

角度/度	180	190	200	210	220	230	240	250	260
L^*/千米	266.66	271.92	277.22	282.34	287.20	291.50	295.06	297.76	299.43
角度/度	270	280	290	300	310	320	330	340	350
L^*/千米	300.00	299.43	297.76	295.06	291.48	287.18	282.34	277.20	271.92

由表 $4-5-2$ 可以得出所求区域边界上的点。画出边界上的点,发现所求区域是一个长轴平行于 x 轴的椭圆区域,所以可设该区域的边界为

$$x^2 + Ax + By^2 + Cy + D = 0$$

通过最小二乘法拟合得出

$$A = -0.006\,3 \qquad B = 0.987\,7 \qquad C = 59.263\,1 \qquad D = -7.111\,2 \times 10^4$$

因此,我方军舰能在我国领土范围内击中敌舰的区域为

$$\frac{(x - 0.003\,1)^2}{268.351\,1^2} + \frac{(y + 30.001\,6)^2}{270.021\,6^2} \leqslant 1$$

进一步画出拟合效果图,如图 $4-5-7$ 所示。

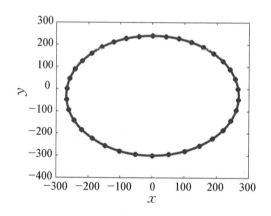

图 $4-5-7$　军舰能在我国领土范围内击中敌舰的区域

 思考题

请根据本文的建模思想,思考下面的问题。

有一只猎狗在 A 点位置发现了一只兔子在距离 110 米的 O 处,此时兔子开始以 12 米/秒的速度向距离 60 米的洞口 B 全速跑去,具体方位信息如图 $4-5-8$ 所示。

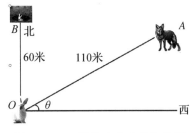

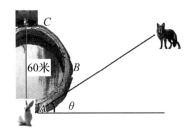

图 4-5-8 猎狗与兔方位信息图   图 4-5-9 猎狗与兔方位信息图

假设猎狗在追赶兔子的时候始终朝着兔子的方向全速奔跑,请按要求回答下列问题:

(1) 请建立适当的微分方程模型,回答当 $\theta=-45°$,$\theta=0°$ 和 $\theta=45°$ 时,猎狗能追上兔子的最小速度是多少? 猎狗跑过的路程是多少? 画出猎狗追赶兔子奔跑的曲线图,并找到猎狗能追上兔子的最小速度与 θ 的关系。

(2) 假设猎狗的速度是兔子的两倍,请画出猎狗在什么区域兔子是安全的。

(3) 如果兔子与巢穴之间有一个直径为 60 米的圆形水池,如图 4-5-9 所示,兔子沿着圆弧 ABC 奔跑,在此条件下,请重新考虑问题 1。

小 结

通过本节案例学习,大家应该学会以下三个方面的知识。

第一,遇到追逐问题,如题目中有关键字眼"速度方向始终对准……",此类问题都可以从"位移关于时间的导数是速度"这个物理常识入手建立微分方程模型。

第二,要学会根据具体问题确定微分方程数值解有意义的范围。例如,本节模型(4-5-1)中,如果单从方程的角度讲,自变量 t 可以从 0 取到无穷大,但是从具体问题出发,从导弹击中敌舰开始,后面的时间已经没有意义了,所以大家应该学会从数值解确定导弹击中敌舰的时刻。

第三,学会使用二分法,特别是当穷举算法效果不好时,二分法可能是最好的选择。例如游戏:我写下一个 1 万以内的整数你来猜猜,你给出答案后,我只负责答"猜大了""猜小了""猜对了",那么你最多猜几次就知道答案呢? 如果按穷举算法猜答案,运气不好的话可能真要猜 1 万次。但使用二分法的思想,首先猜 5 000,如果大了,那么这个数肯定就在 0 到 4 999 范围内,下一次再猜 2 500,依次类推,最多 14 次肯定猜到答案。二分法在每次搜索时能把搜索范围缩小一半,因此效率比较高。

下面附上本节用到的程序代码,以供读者参考。

问题一的程序代码:

(1) 先建立 DanD.M,输入代码

```
function dydt = DanD(t,y,vb,vs)
dydt=[ vb*(0-y(1))/sqrt((0-y(1))^2 +(-vs*t-y(2))^2);
vb*(-vs*t-y(2))/sqrt((0-y(1))^2 +(-vs*t-y(2))^2)];
```

（2）再建立 M 文件，输入代码

```
vd = 0.9*340;vs = 0.1*340;L = 190*10^3;TTT=[];DDD=[];n0 = 1;
for JU=[45 130]
Y0=[-L*cosd(JU)   L*sind(JU)];
[T,Y]=ode45(@ DanD,[0 900],Y0,[],vd,vs);
AA=[T, Y  zeros(size(T))  -vs*T];
Dist1 = sqrt((AA(:,2)-AA(:,4)).^2 +(AA(:,3)-AA(:,5)).^2);
Dist2=[Dist1(2:end) ;0]; kc = find(Dist1<Dist2)'
k = kc(1);tf = T(k);subplot(1,2,n0);n0 = n0 + 1;set(gca, 'Fontsize',
14);  plot(0,-vs*T(1:k)/10^3,'r* ',Y(1:k,1)/10^3,Y(1:k,2)/10^3,'b--',
'LineWidth',5,'MarkerSize', 5)
    STR=['角度为' num2str(JU) '度时,导弹和敌舰的运动线路图'];
    title(STR);xlabel('x');ylabel('y');TTT=[TTT tf];Dd = Y(k,:);DDD=
[DDD;Dd];
end
DDD = DDD/10^3
fprintf('追上敌舰的所用的 T1 =% 0.2f,地点 1 =(% 0.2f,% 0.2f); T2 =% 0.2f,地
点 2 =(% 0.2f,% 0.2f);  \n',TTT(1), DDD(1,1),DDD(1,2), TTT(2), DDD(2,1),
DDD(2,2))
```

问题二的程序代码：

（1）先建立 dw21.M，输入代码

```
function VB = dw21(JU)
L1 = 30*10^3;L2 = 190*10^3;vs = 34;
% L1 的长度;  L2  导弹距离敌舰的初始距离
T0 = L1/vs; % 敌舰行驶至边界点的时间
AD=[-L2*cosd(JU)   L2*sind(JU)]; % 导弹初始位置
A=[L1,0]; Vb1 = 40;Vb2 = 900;es1 = 0.0008; es = 0.01;
while 1
        Vb3 =(Vb1 + Vb2)/2;
        [T,Y]=ode45(@ DanD,[0 T0],AD,[],Vb3,vs);
        AA=[T, Y  zeros(size(T))  -vs*T];
        Dist1 = sqrt((AA(:,2)-AA(:,4)).^2 +(AA(:,3)-AA(:,5)).^2);
        Dist2=[Dist1(2:end) ;0];
        kc = find(Dist1<Dist2)';
    if isempty(kc)
        Vb1 = Vb3;
    else
        Vb2 = Vb3;
```

```
        end
        if abs(Vb1-Vb2)<es
            break
        end
    end
    VB=(Vb1+Vb2)/2;
```

(2) 建立 curvefun1.m 文件,输入代码

```
function f=curvefun1(x,t)
    f=x(1)*sind(x(2)*t+x(3))+x(4);
```

(3) 再建立 m 文件,输入代码

```
clc;clear;vs=34;VBS=[];
for JD=0:10:360;
    vb=dw21(JD);vbs=[JD;vb];
    VBS=[VBS  vbs];
end
save mydateVBS  VBS
plot(VBS(1,:),VBS(2,:),'r* ','LineWidth',1.5,'MarkerSize', 9)
```

(4) 再建立 m 文件,输入代码

```
clc;format compact;load mydateVBS  VBS
t0=VBS(1,:);cdata=VBS(2,:);
figure(1);set(gca, 'Fontsize', 18)
plot(t0,cdata,'r* ','LineWidth',1.5,'MarkerSize', 9);hold on;
  x0=[ 33  1    0   210];
  disp('整体拟合的参数为:');x=lsqcurvefit ('curvefun1',x0,t0 ,cdata )
  t=0:0.01:360;f=curvefun1(x,t);plot(t,f,'b','LineWidth',1.5);
 xlabel('角度θ');ylabel('最小速度');
figure(2);set(gca, 'Fontsize', 18)
plot(t0,cdata,'r* ','LineWidth',1.5,'MarkerSize', 9);hold on;
x0=[50.2741    1  25.3159  199.0672];k=1:19;
disp('第1段参数为:');x=lsqcurvefit ('curvefun1',x0,t0(k),cdata(k))
t=0:0.01:180;f=curvefun1(x,t);plot(t,f,'m- ','LineWidth',1.5);k
=19:37;
disp('第2段参数为:');x=lsqcurvefit ('curvefun1',x0,t0(k),cdata(k))
t=180:0.01:360;f=curvefun1(x,t);plot(t,f,'b- ','LineWidth',1.5);
xlabel('x');ylabel('y');% title('分两段拟合')
```

问题三的程序代码:

(1) 先建立 dw31.M,输入代码

```
function L2=dw31(JU)
```

```
L1 = 30*10^3; vd = 0.9*340; vs = 0.1*340; T0 = L1/vs;
  L21 = 1000; L22 = 2*T0*vd + L1; es = 0.01;
  if   JU==270
         L2 = T0*vd + L1;
  elseif JU==90;
         L2 = T0*vd - L1;
  else
     while 1
         L2 = (L21 + L22)/2;
         AD=[-L2*cosd(JU)  L2*sind(JU)];
         switch JU
           case {0,180,190,200,220,230,350,360}
               [T,Y]=ode15s(@ DanD,[0 T0],AD,[],vd,vs);
               otherwise
               [T,Y]=ode45(@ DanD,[0 T0],AD,[],vd,vs);
         end
         AA=[T, Y  zeros(size(T))  -vs*T];
           Dist1 = sqrt((AA(:,2)-AA(:,4)).^2 + (AA(:,3)-AA(:,5)).^2);
           Dist2=[Dist1(2:end) ;0]; kc = find(Dist1<Dist2)';
           if isempty(kc)
               L22 = L2;
           else
               L21 = L2;
           end
            if abs(L21-L22)<es
                 break
            end
     end
    L2 = (L21 + L22)/2
end
```

（2）再建立 M 文件，输入代码

```
clc; clear; L2S=[];
for JD = 0:10:360;
    L2 = dw31(JD)/10^3; L2S=[L2S L2];
end
    JD = 0:10:360 ; X0=[L2S.*cosd(180-JD)]'; Y0=[L2S.*sind(JD)]';
A=[X0  Y0.^2  Y0  ones(size(X0))]; b=[-X0.^2];
X = A\\b
```

```
plot(X0,Y0,'r* ','LineWidth',3,'MarkerSize', 7);hold on
x0 = -X(1)/2
y0 = -X(3)/(2*X(2))
c0 = x0^2 + y0^2-X(4)
a = sqrt(c0)
b = sqrt(c0/X(2))
t = linspace(0,2*pi,600);
RX = a*cos(t) + x0;RY = b*sin(t) + y0;hold on
 plot(RX,RY,'LineWidth',3)
```

习　题

1. 一个较热的物体置于室温为 18 ℃的房间内,该物体最初的温度是 60 ℃,3 分钟以后降到 50 ℃。试问它的温度降到 30 ℃需要多少时间? 10 分钟以后它的温度是多少?

2. 一个室温为 8 ℃的房间内发现一具尸体,测得尸体温度为 20 ℃(由中国刑事警察学院提供:在死亡最初 2 小时,体温下降了 2 ℃)。请推断其死亡时间。

3. 生活在阿拉斯加海滨的鲑鱼服从 Malthus 增长模型

$$\frac{\mathrm{d}p(t)}{\mathrm{d}t} = 0.003p(t)$$

其中,t 以分钟计。在 $t=0$ 时一群鲨鱼来到此水域定居,开始捕食鲑鱼。鲨鱼捕杀鲑鱼的速率是 $0.001p^2(t)$,其中 $p(t)$ 是 t 时刻鲑鱼总数。此外,由于在它们周围出现意外情况,平均每分钟有 0.002 条鲑鱼离开此水域。

(1) 考虑以上两种因素,试修正 Malthus 模型。

(2) 假设在 $t=0$ 时存在 100 万条鲑鱼,试求鲑鱼总数 $p(t)$,并问 $t \rightarrow \infty$ 时会发生什么情况?

4. 用具有放射性的 ^{14}C 测量古生物年代的原理是宇宙射线轰击大气层产生中子,中子与氮结合产生 ^{14}C。植物吸收二氧化碳时吸收了 ^{14}C,动物食用植物从植物中得到 ^{14}C。在活组织中 ^{14}C 的吸收速率恰好与 ^{14}C 的衰变速率平衡。但一旦动植物死亡,它就停止吸收 ^{14}C,于是 ^{14}C 的浓度随衰变而降低。由于宇宙线轰击大气层的速度可视为常数,动物刚死亡时 ^{14}C 的衰变速率与现在取的活组织样本(刚死亡)的衰变速率是相同的。若测得古生物标本现在 ^{14}C 的衰变速率,由于 ^{14}C 的衰变系数已知,即可决定古生物的死亡时间。试建立用 ^{14}C 测古生物年代的模型(^{14}C 的半衰期为 5 568 年),请确定下述古迹的年代。

(1) 1950 年从法国 Lascaux 古洞中取出的碳的放射性计数率为 0.97 计数(g・min),而活树木样本的计数为 6.68 计数(g・min),试确定该洞中绘画的年代。

(2) 1950 年从某古巴比伦城市的屋梁中取得碳标本测得计数率为 4.09 计数(g・min),活数标本为 6.68 计数(g・min),试估计该建筑的年代。

5. 只考虑人口的自然增长,不考虑人口的迁移和其他因素,纽约人口满足方程:

$$\frac{\mathrm{d}N}{\mathrm{d}t}=\frac{1}{25}N-\frac{1}{25\cdot10^6}N^2$$

若每年迁入人口6 000人,而每年约有4 000人被谋杀,试求出纽约的未来人口数,并讨论长时间后纽约的人口状况。

6. 一个慢跑者在平面上沿椭圆以恒定速度 $v=2$ 跑步,设椭圆方程为 $x=10+40\cos t$, $y=20+15\sin t$。突然有一只狗攻击他。这只狗从原点出发,以恒定速率 w 跑向慢跑者,狗的运动方向始终指向慢跑者。分别求出 $w=20$,$w=5$ 时狗的运动轨迹。

7. 设位于坐标原点的甲舰向位于 x 轴上点 $A(10,0)$ 处的乙舰发射导弹,导弹头始终对准乙舰。如果乙舰以最大的速度 v_0 沿平行于 y 轴的直线行驶,导弹的速度是 $5v_0$,求导弹运行的曲线方程。乙舰行驶多远时,导弹会将它击中?

8. 有一个几何形状不规则的水塔(如图1所示),可以看成是曲线 ABC 绕垂线 z 旋转而成,水塔高12米,上顶圆的半径为9米,下底圆的半径为3米,测得水面高度 h 与水平截面圆的半径 r 的关系如表1所示。试回答下面问题:

(1) 利用表1中的数据,拟合出曲线 ABC 满足的方程,并且计算该水塔的容积是多少?

(2) 该水塔装满了水,以后不再向水塔中放水。在底部有一个截面为0.02平方米的小孔,测得假设水流速度 v 与水面高度 h 如表2所示,试给出水流完需要多长时间?

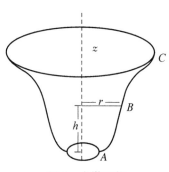

图1 水塔形状

表1 水面高度 h 与水平截面圆的半径 r 的关系 单位:米

h	0	1	2	3	4	5	6	7	8	9	10	11	12
r	3	3.005	3.001	3.015	3.08	3.225	3.48	3.875	4.44	5.205	6.2	7.445	9

表2 水面高度 h 与水流速度 v 的关系 单位:立方米/小时

h	12	11	10	9	8	7	6	5	4	3	2	1
v	15.34	14.68	14	13.28	12.52	11.71	10.84	9.90	8.85	7.67	6.26	4.43

9. 美国原子能委员会(现为核管理委员会)处理浓缩放射性废物的方法是将废物放入密封性能很好的圆桶中,然后扔到水深92米的海里,圆桶至多能承受12米/秒的冲撞速度,他们这种做法安全吗?

第5章　差分方程模型

差分方程反映的是离散变量的取值与变化规律。差分方程模型在现实生活中有着广泛的应用,只要牵涉变量的规律、性质,就可以适当地用差分方程模型来表现与分析求解。本章着重介绍一些经典的差分方程模型的基本理论及其应用。

5.1　一年生植物的繁殖

问题的描述　一年生植物春季发芽、夏天开花、秋季产种,不考虑腐烂和被人为掠取。这些种子如果可以活过冬天,其中一部分能在第 2 年春季发芽,然后开花、产种;另一部分虽未能发芽,但如又能活过一个冬天,则其中一部分可在第 3 年春季发芽,然后开花、产种,如此继续。一年生植物只能活 1 年,而近似地认为,种子最多可以活过两个冬天。

在一片空地上种上若干棵某种植物。记一棵植物春季产种的平均数为 c,种子能活过一个冬天的(1 岁种子)比例为 b,活过一个冬天没有发芽又活过一个冬天的(2 岁种子)比例仍为 b,1 岁种子发芽率 a_1,2 岁种子发芽率 a_2。设 $c=10,a_1=0.5,a_2=0.25$ 为固定,b 是变量,试建立数学模型研究这种植物数量变化的规律及它能一直繁殖下去的条件。

模型的假设

(1) 记第 k 年植物数量仅与前 2 年的植物数量有关。

(2) 发芽率与种子的存活率保持不变,不考虑其他不可控因素对植物数量的影响。

模型的分析与建立　记第 k 年植物数量为 x_k,显然 x_k 与 x_{k-1},x_{k-2} 有关,由 x_{k-1} 决定的部分(1 岁种子)是 $x_{k-1}cba_1$,由 x_{k-2} 决定的部分(2 岁种子)是 $x_{k-2}cb(1-a_1)a_2$,从而可得

$$x_k = a_1 bc x_{k-1} + a_2 b(1-a_1)bc x_{k-2} \qquad (5-1-1)$$

将 $c=10,a_1=0.5,a_2=0.25$ 代入得

$$x_k = 5b x_{k-1} + 1.25b^2 x_{k-2} \qquad (5-1-2)$$

有两种方法可以得出它能一直繁殖下去的存活率 b 满足的条件。

127

方法一:数值模拟法　不妨取 $x_0=1, b$ 在0.18到2之间变化,步长取0.01,找到刚好使得它一直繁殖下去 b 对应的数值,从而得到一直繁殖下去的条件为

$$b > 0.19$$

方法二:理论分析法　考虑差分方程(5-1-2)对应的特征方程为

$$\lambda^2 - 5b\lambda - 1.25b^2 = 0$$

解上面的特征方程得

$$\lambda_1 = \frac{5 - \sqrt{30}}{2}b \qquad \lambda_2 = \frac{5 + \sqrt{30}}{2}b$$

方程(5-1-1)的解可以表示为

$$x_k = c_1\lambda_1^k + c_2\lambda_2^k$$

其中,c_1, c_2 由初值条件 x_0, x_1 决定。显然,如果 $|\lambda_{1,2}| < 1$,则 $x_k \to 0(k \to \infty)$;如果 $|\lambda_{1,2}| > 1$,则 $x_k \to \infty(k \to \infty)$。取 $b = \dfrac{2}{5 + \sqrt{30}} \approx 0.1909, x_0 = 1, x_1 = 5bx_0 = \dfrac{10}{5 + \sqrt{30}}$,则方程(5-1-1)的解为

$$x_k = 0.0436(-0.0455)^k + 0.9564$$

因此,得到一直繁殖下去的条件为

$$b \geqslant \frac{2}{5 + \sqrt{30}} \approx 0.1909$$

 思考题

问题1: 如果3岁种子发芽率 $a_3 = 0.115$,请重新建立数学模型研究这种植物数量变化的规律及它能一直繁殖下去的条件。

问题2: 设现有一笔 M 万元的商业贷款,如果贷款期是 n 年,年利率是 r,今采用月还款的方式逐月偿还,请建立数学模型计算每月的还款数是多少。

差分方程常用解法与性质分析(一)

一、常系数线性差分方程的解

方程

$$a_0 x_{n+k} + a_1 x_{n+k-1} + \cdots + a_k x_n = b(n) \qquad (5-1-3)$$

称为常系数线性差分方程,其中 $a_0, a_1, \cdots, a_k$ 为常数。方程

$$a_0 x_{n+k} + a_1 x_{n+k-1} + \cdots + a_k x_n = 0 \qquad (5-1-4)$$

为方程$(5-1-3)$对应的齐次方程。方程

$$a_0\lambda^k + a_1\lambda^{k-1} + \cdots + a^{k-1}\lambda + a_k = 0 \qquad (5-1-5)$$

为方程$(5-1-3)$和方程$(5-1-4)$的特征方程。

定理 若方程$(5-1-5)$有k个不同的实根,则方程$(5-1-4)$有通解:

$$x_n = c_1\lambda_1^n + c_2\lambda_2^n + \cdots + c_k\lambda_k^n$$

若方程$(5-1-5)$有m重根λ,则通解中有构成项:

$$(k_0 + k_1 n + \cdots + k_{m-1}n^{m-1})\lambda_n$$

若方程$(5-1-5)$有一对单复根$\lambda = \alpha \pm i\beta$,令$\lambda = \rho e^{\pm i\varphi}$,其中$\rho = \sqrt{\alpha^2 + \beta^2}$,$\phi = \arctan\dfrac{\beta}{\alpha}$,则方程$(5-1-4)$的通解中有构成项:

$$\bar{c}_1\rho\cos\phi n + \bar{c}_2\rho^n\sin\phi n$$

若方程$(5-1-5)$有m重复根$\lambda = \alpha \pm i\beta$,令$\lambda = \rho e^{\pm i\varphi}$,其中$\rho = \sqrt{\alpha^2 + \beta^2}$,$\phi = \arctan\dfrac{\beta}{\alpha}$,则方程$(5-1-4)$的通解中有构成项:

$$(k_0 + k_1 n + \cdots k_{m-1}n^{m-1})\rho^n\cos\phi n + (k_0' + k_1' n + \cdots k_{m-1}'n^{m-1})\rho^n\sin\phi n$$

定理 如果能得到方程$(5-1-3)$的一个特解x_n^*,则方程$(5-1-3)$必有通解:

$$\bar{x}_n = x_n + x_n^*$$

其中,x_n为对应的齐次方程$(5-1-4)$的通解。

注意:方程$(5-1-3)$的特解可通过待定系数法来确定。如果$b(n) = b^n p_m(n)$,其中$p_m(n)$为n的m次多项式,则当b不是特征根时,可设成形如$b^n q_m(n)$的特解,其中$q_m(n)$为m次多项式;如果b是r重根时,可设特解为$b^n n^r q_m(n)$,将其代入方程$(5-1-3)$中确定出系数即可。

若常数x_*是差分方程$(5-1-3)$的解,即

$$a_0 x_* + a_1 x_* + \cdots + a_k x_* = b(n)$$

则称x_*是差分方程$(5-1-3)$的平衡点。若差分方程$(5-1-3)$的任意由初始条件确定的解$x_n = x(n)$都有$x_n \to x_*$,$n \to \infty$,则称这个平衡点x_*是稳定的。

定理 k阶常系数线性差分方程$(5-1-3)$的解稳定的充分必要条件是它对应的特征方程$(5-1-5)$所有的特征根λ_i满足$|\lambda_i| < 1$,$i = 1, 2 \cdots, k$。

一阶非线性差分方程

$$x_{n+1} = f(x_n) \qquad (5-1-6)$$

的平衡点 x_* 由方程 $x_* = f(x_*)$ 决定,将 $f(x_n)$ 在点 x_* 处展开为泰勒形式:

$$f(x_n) = f'(x_*)(x_n - x_*) + x_*$$

故当 $|f'(x_*)| \leqslant 1$ 时,方程(5-1-6)的解 x_* 是稳定的;当 $|f'(x_*)| > 1$ 时,方程(5-1-6)的平衡点 x_* 是不稳定的。

例题 5.1.1 设差分方程 $x_{n+2} + 3x_{n+1} + 2x_n = 6n + 5$,求 x_n 的通解。

解:特征方程为 $\lambda^2 + 3\lambda + 2 = 0$,求得根为 $\lambda_1 = -1, \lambda_2 = -2$。设原方程有特解 $x_n^* = an + b$,将其代入原方程得

$$a(n+2) + b + 3[a(n+1) + b] + 2(an + b) = 6n + 5$$

即 $6an + 5a + 6b = 6n + 5$,对照两边系数可得 $6a = 6, 5a + 6b = 5$,所以 $a = 1, b = 0$。因此原方程通解为

$$x_n = c_1(-1)^n + c_2(-2)^n + n$$

5.2 政党的投票趋势

问题的描述 在西方国家的政治生活中,选举是件大事。现有三个政党参加选举,每次参加的选民人数基本保持不变。由于社会、经济、各政党的主张等因素的影响,原来投某个政党的选民,可能会改投其他政党。为此,做如下假设:每次投 A 党的选民,下次投票时,分别有 60%,25%,15% 的选民投 A,B,C 三个政党;每次投 B 党的选民,下次投票时,分别有 20%,50%,30% 的选民投 A,B,C 三个政党;每次投 C 党的选民,下次投票时,分别有 15%,45%,40% 的选民投 A,B,C 三个政党。试分析选举的趋势是怎样的。

模型的假设

(1) 假设从一次选举到下一次选举的趋势保持不变。

(2) 每次参加的选民人数保持不变,总人数看成1。

符号说明

x_n:第 n 次选举 A 党的选民数量。

y_n:第 n 次选举 B 党的选民数量。

z_n:第 n 次选举 C 党的选民数量。

模型的分析与建立 由题意,可以得到

$$\begin{cases} x_{n+1} = 0.6x_n + 0.2y_n + 0.15z_n \\ y_{n+1} = 0.25x_n + 0.5y_n + 0.45z_n \\ z_{n+1} = 0.15x_n + 0.3y_n + 0.4z_n \end{cases} \quad (5-2-1)$$

找出差分方程(5-2-1)的平衡点,令

$$x_{n+1} = x_n = x \qquad y_{n+1} = y_n = y \qquad z_{n+1} = z_n = z$$

代入方程(5-2-1)得到

$$\begin{cases} -0.4x + 0.2y + 0.15z = 0 \\ 0.25x - 0.5y + 0.45z = 0 \\ 0.15x + 0.3y - 0.6z = 0 \end{cases}$$

该方程有无穷多个解。令 $z=1$,得 $x=1.1$,$y=1.45$。把总的选民数量看成1,得到三个政党所占的比例为

$$x \approx 0.309\,9 \qquad y \approx 0.408\,4 \qquad z \approx 0.281\,7$$

用数值模拟的方法验证差分方程(5-2-1)的平衡点(0.309 9,0.408 54,0.281 7)的稳定性。选取不同初始值,用数值模拟分析选举的趋势,得到表 5-2-1。

表 5-2-1　不同初始值时,用数值模拟分析选举的趋势

n	情形 1			情形 2			情形 3		
	A	B	C	A	B	C	A	B	C
0	1.000 0	0.000 0	0.000 0	0.500 0	0.300 0	0.200 0	0.400 0	0.100 0	0.500 0
1	0.600 0	0.250 0	0.150 0	0.390 0	0.365 0	0.245 0	0.335 0	0.375 0	0.290 0
2	0.432 5	0.342 5	0.225 0	0.343 8	0.390 3	0.266 0	0.319 5	0.401 8	0.278 8
3	0.361 8	0.380 6	0.257 6	0.324 2	0.400 8	0.275 0	0.313 9	0.406 2	0.280 0
4	0.331 8	0.396 7	0.271 5	0.315 9	0.405 2	0.278 9	0.311 5	0.407 5	0.280 9
5	0.319 2	0.403 5	0.277 4	0.312 4	0.407 1	0.280 5	0.310 6	0.408 1	0.281 4
6	0.313 8	0.406 3	0.279 9	0.310 9	0.407 9	0.281 2	0.310 2	0.408 3	0.281 5
7	0.311 5	0.407 6	0.280 9	0.310 3	0.408 2	0.281 5	0.310 0	0.408 4	0.281 6
8	0.310 6	0.408 1	0.281 4	0.310 1	0.408 3	0.281 6	0.309 9	0.408 4	0.281 7
9	0.310 2	0.408 3	0.281 6	0.309 9	0.408 4	0.281 7	0.309 9	0.408 4	0.281 7
10	0.310 0	0.408 4	0.281 6	0.309 9	0.408 4	0.281 7	0.309 9	0.408 4	0.281 7
11	0.309 9	0.408 4	0.281 7	0.309 9	0.408 4	0.281 7	0.309 9	0.408 4	0.281 7

通过选取不同的初值发现,差分方程(5-2-1)的解都趋于平衡点(0.309 9,0.408 54,0.281 7),所以该平衡点是稳定的。得出选举的趋势是 30.99% 的选民选举 A 党,40.85% 的选民选举 B 党,28.17% 的选民选举 C 党。

 思考题

某高校设有四个食堂,学生可以在任意一处就餐,假设现在学校准备在四个食堂中挑选一处增开阅报栏,主要挑选依据是选择就餐人数最多的食堂增开阅报栏。假设学生前后两次就餐转移率如表 5-2-2 所示。

表 5-2-2　前后两次就餐的转移率

		上次就餐			
		第1食堂	第2食堂	第3食堂	第4食堂
本次就餐	第1食堂	0.60	0.25	0.10	0.10
	第2食堂	0.20	0.50	0.20	0.15
	第3食堂	0.15	0.10	0.55	0.20
	第4食堂	0.05	0.15	0.15	0.55

请为学校增开阅报栏选址建立差分方程数学模型,并根据此模型指出四个食堂的学生就餐人数的分布趋势,选择最合适的阅报栏地址。

差分方程常用解法与性质分析(二)

常系数线性差分方程组的解

考虑常系数非齐次差分方程组

$$X(n+1) = AX(n) + f(n) \qquad n \geqslant 1 \qquad (5-2-2)$$

其中 $X(n) = [x_1(n), x_2(n), \cdots x_k(n)]^T$, $f(n) = [f_1(n), f_2(n), \cdots, f_k(n)]^T$, $A = (a_{ij})_{k \times k}$ 为常系数矩阵。称

$$X(n+1) = AX(n) \qquad (5-2-3)$$

为方程(5-2-2)对应的齐次差分方程组。

定理　若 A 有 k 个不同的特征值 $\lambda_1, \lambda_2, \cdots, \lambda_k$,则方程(5-2-3)有通解:

$$x_n = c_1 T_1 \lambda_1{}^n + c_2 T_2 \lambda_2{}^n + \cdots + c_k T_k \lambda_k{}^n$$

其中 $c_1, c_2, \cdots, c_k$ 为常数,T_i 为特征值 λ_i 对应的特征向量。

定理　设 λ 为矩阵 A 的 m 重特征值,则通解中有构成项:

$$(R_0 + R_1 n + \cdots + R_{m-1} n^{m-1}) \lambda_n$$

其中,数值向量 R_j 可以用如下方法依次求出:

$$
\begin{cases}
(A - \lambda E) m R_0 = 0 \\
\lambda R_1 = (A - \lambda E) R_0 \\
2\lambda R_2 = (A - \lambda E) R_2 \\
\quad \vdots \\
(m-1)\lambda R_{m-1} = (A - \lambda E) R_{m-2}
\end{cases}
$$

定理　如果能得到方程(5-2-2)的一个特解 X_n^*,则方程(5-2-2)必有通解:

$$\overline{X}_n = X_n + X_n^*$$

其中,X_n 为对应的齐次方程(5-2-3)的通解。

5.3　基于 Leslie 模型的中国人口总量与年龄结构预测

问题的描述　表 5 - 3 - 1 给出了 2010 年全国人口普查数据,请根据 2010 年的全国人口普查数据,对我国人口总量与年龄结构进行预测。

表 5 - 3 - 1　2010 年的全国人口普查数据

年　龄	总人口/人		死亡率/‰		生育率/‰
	男	女	男	女	
0—4 岁	41 062 566	34 470 044	1.31	1.27	
5—9 岁	38 464 665	32 416 884	0.36	0.23	
10—14 岁	40 267 277	34 641 185	0.37	0.22	
15—19 岁	51 904 830	47 984 284	0.52	0.25	5.93
20—24 岁	64 008 573	63 403 945	0.70	0.30	69.47
25—29 岁	50 837 038	50 176 814	0.84	0.37	84.08
30—34 岁	49 521 822	47 616 381	1.11	0.50	45.84
35—39 岁	60 391 104	57 634 855	1.59	0.71	18.71
40—44 岁	63 608 678	61 145 286	2.37	1.11	7.51
45—49 岁	53 776 418	51 818 135	3.50	1.68	4.68
50—54 岁	40 363 234	38 389 937	5.48	2.81	
55—59 岁	41 082 938	40 229 536	8.04	4.29	
60—64 岁	29 834 426	28 832 856	13.02	7.49	
65—69 岁	20 748 471	20 364 811	21.26	13.06	
70—74 岁	16 403 453	16 568 944	37.02	24.36	
75—79 岁	11 278 859	12 573 274	59.13	40.89	
80—84 岁	5 917 502	7 455 696	98.56	73.98	
85—89 岁	2 199 810	3 432 118	146.53	115.29	
90—94 岁	530 872	1 047 435	211.66	180.24	
95—99 岁	117 716	252 263	212.07	219.46	
100 岁及以上	8 852	27 082	507.28	436.34	

模型的假设

(1) 按年龄大小,每隔 5 岁分为一组,共 21 个年龄组。

(2) 时间离散为时段,长度与年龄组区间相等,即 5 年为一段,记 $k=1,2\cdots$

(3) 死亡率和生育率在一定时期保持不变。

符号说明

$x_i(k)$:第 k 时段、第 i 年龄组的女性人口数量。

$y_i(k)$:第 k 时段、第 i 年龄组的男性人口数量。

s_i^1:第 i 年龄组女性人口在 1 个时段内的存活率。

s_i^2:第 i 年龄组男性人口在 1 个时段内的存活率。

b_i:第 i 年龄组一个女性人口在 1 个时段内的繁殖率。

模型的分析与建立 以 5 岁为年龄段长度将人口分成 21 组,第一年龄段为刚出生到不满 5 周岁的婴儿,第二年龄段为满 5 周岁不满 10 周岁的幼儿,以此类推,最后一年龄段为 100 岁及以上的。

第 i 年龄段女性在第 k 时段的人口数为 $x_i(k)$,到第 $k+1$ 时段,第一年龄段女性人口数量等于在 $[k,k+1]$ 时段内出生的女性婴儿的总数。假定出生婴儿性别比例为 $1:1$,女性婴儿人口数即为总出生婴儿数的一半,表达式为

$$x_1(k+1) = \frac{1}{2} \sum_{i=1}^{21} b_i x_i(k)$$

到 $k+1$ 时段期间,第 $i+1(i \geqslant 1)$ 年龄段妇女的数量 $x_{i+1}(k+1)$ 等于第 k 时段第 i 时段年龄段的妇女的数量 $x_i(k)$ 乘以存活率 s_i^1,表达式为

$$x_{i+1}(k+1) = s_i^1 x_i(k) \quad i=2,3,\cdots,20$$

到 $k+1$ 时段期间,最后一个年龄段妇女的人口数 $x_{21}(k+1)$ 等于第 k 时段即第 20 年龄段的妇女的数量 $x_{20}(k)$ 乘以存活率 s_{20}^1,再加上第 k 时段即第 21 年龄段的妇女的数量 $x_{21}(k)$ 乘以存活率 s_{21}^1:

$$x_{21}(k+1) = s_{20}^1 x_{20}(k) + s_{21}^1 x_{21}(k)$$

类似的,对于男性人口,同样有

$$y_1(k+1) = \frac{1}{2} \sum_{i=1}^{21} b_i x_i(k)$$

$$y_{i+1}(k+1) = s_i^2 y_i(k) \quad i=2,3,\cdots,20$$

$$y_{21}(k+1) = s_{20}^2 y_{20}(k) + s_{21}^2 y_{21}(k)$$

综上所述,建立差分方程:

$$\begin{cases} x_1(k+1) = \dfrac{1}{2} \sum_{i=1}^{21} b_i x_i(k) \\[2mm] x_{i+1}(k+1) = s_i^1 x_i(k) \quad i=2,3,\cdots,20 \\[2mm] x_{21}(k+1) = s_{20}^1 x_{20}(k) + s_{21}^1 x_{21}(k) \\[2mm] y_1(k+1) = \dfrac{1}{2} \sum_{i=1}^{21} b_i x_i(k) \\[2mm] y_{i+1}(k+1) = s_i^2 y_i(k) \quad i=2,3,\cdots,20 \\[2mm] y_{21}(k+1) = s_{20}^2 y_{20}(k) + s_{21}^2 y_{21}(k) \end{cases} \qquad (5-3-1)$$

令

$$Z(k)=\begin{pmatrix} x_1(k) \\ x_2(k) \\ \vdots \\ x_{21}(k) \\ y_1(k) \\ y_2(k) \\ \vdots \\ y_{21}(k) \end{pmatrix}, L=\begin{pmatrix} \frac{1}{2}b_1 & \frac{1}{2}b_2 & \cdots & \frac{1}{2}b_{20} & \frac{1}{2}b_{21} & & & & & \\ s_1^1 & & & & & & & & & \\ & s_2^1 & & & & & & & & \\ & & \ddots & & & & & & & \\ & & & s_{20}^1 & s_{21}^1 & & & & & \\ \frac{1}{2}b_1 & \frac{1}{2}b_2 & \cdots & \frac{1}{2}b_{20} & \frac{1}{2}b_{21} & & & & & \\ & & & & & s_1^2 & & & & \\ & & & & & & s_2^2 & & & \\ & & & & & & & \ddots & & \\ & & & & & & & & s_{20}^2 & s_{21}^2 \end{pmatrix}$$

则差分方程(5-3-1)变成

$$Z(k+1)=LZ(k)$$

把表 5-3-1 的数据代入,可以得到我国人口总量和年龄结构如图 5-3-1 所示。从图 5-3-1 中可以看出:我国 2010～2050 年的人口总量先增后减,到 2035 年增长到最大值 1.383×10^9。从 2010 年,劳动力人口比重逐步下降,老年人人口比重逐步上升。

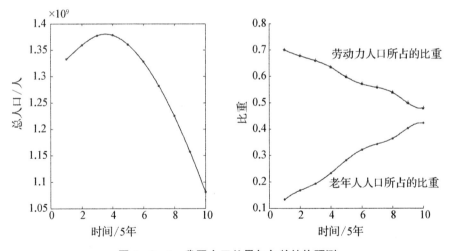

图 5-3-1　我国人口总量与年龄结构预测

 思考题

中国逐渐步入老龄化社会,为了改善我国人口结构,在开展了"二孩"政策之后,于 2021 年 5 月 31 日,中央正式宣布放开"三孩"政策。请建立模型分析现行的新政策将对人口的数量、结构产生怎样的影响。

经典 Leslie 模型的介绍以及本节程序代码

经典 Leslie 模型是按年龄分组的种群增长模型,一般的,以雌性个体数量为对象,将种群按年龄大小等分为 n 个年龄组,记 $i=1,2,\cdots,n$;时间离散为时段,长度与年龄组区间相等,记 $k=1,2\cdots$;第 i 年龄组 1 雌性个体在 1 时段内的繁殖率为 b_i;第 i 年龄组在 1 时段内的死亡率为 d_i,存活率为 $s_i=1-d_i$。

记 $x_i(k)$ 为时段 k 第 i 年龄组的种群数量,则可以建立差分方程

$$x_1(k+1)=\sum_{i=1}^{n}b_i x_i(k)$$
$$x_{i+1}(k+1)=s_i x_i(k) \qquad i=1,2,\cdots,n-1 \qquad (5-3-2)$$

令 $\boldsymbol{x}(\boldsymbol{k})=[x_1(k),x_2(k),\cdots,x_n(k)]^{\mathrm{T}}$,

$$\boldsymbol{L}=\begin{bmatrix} b_1 & b_2 & \cdots & b_{n-1} & b_n \\ s_1 & 0 & & 0 & 0 \\ & & \ddots & & \\ & s_2 & & 0 & \vdots \\ & & \ddots & & \\ 0 & & & s_{n-1} & 0 \end{bmatrix}$$

则方程(5-3-2)可以写成

$$\boldsymbol{x}(k+1)=\boldsymbol{L}\boldsymbol{x}(k)$$

所以有

$$\boldsymbol{x}(k)=\boldsymbol{L}^k\boldsymbol{x}(0)$$

定义   如果 $b_i\geqslant 0(i=1,2,\cdots,n)$, $s_i>0(i=1,2,\cdots,n-1)$,则称矩阵 $\boldsymbol{L}$ 为 Leslie 矩阵。设矩阵 $\boldsymbol{L}$ 的特征值为 $\lambda_0,\lambda_1,\cdots,\lambda_n$,将它们的模按从大到小的顺序排列,不妨设 $|\lambda_0|\geqslant|\lambda_1|\geqslant\cdots\geqslant|\lambda_n|$,则称 λ_0 为矩阵的主特征值,如果 $|\lambda_0|>|\lambda_1|$,则称 λ_0 为严格主特征值。

Leslie 矩阵 $\boldsymbol{L}$ 具有以下的性质:

(1) 矩阵 $\boldsymbol{L}$ 特征多项式为

$$f(\lambda)=\lambda^n-b_1\lambda^n-(s_1 b_2)\lambda^{n-1}-(s_1 s_2 b_3)\lambda^{n-2}-\cdots-(s_1 s_2\cdots s_{n-1}b_n)$$

$\boldsymbol{L}$ 存在唯一一个正的单特征根 λ_1,且为主特征值(也就是 $|\lambda_k|<\lambda_1,k=2,3,\cdots,n$)。

(2) 如果 λ 为矩阵 $\boldsymbol{L}$ 的一个非零特征值,则对应的特征向量为

$$\boldsymbol{\alpha}_\lambda=\left[1,\frac{s_1}{\lambda},\frac{s_1 s_2}{\lambda^2},\cdots,\frac{s_1 s_2\cdots s_{n-1}}{\lambda^{n-1}}\right]^{\mathrm{T}}$$

(3) 如果矩阵 L 第一行有两个相邻元素非零,则有 $|\lambda_k| < \lambda_1, k = 2, 3, \cdots, n$,并且

$$\lim_{k \to \infty} \frac{x(k)}{\lambda_1^k} = c\boldsymbol{\alpha}_{\lambda_1} \tag{5-3-3}$$

其中,c 是由 b_i,s_i,$x(0)$ 决定的常数。

注:由式 (5-3-3) 可得 $x(k) \approx c\lambda_1^k x^* x(k) = c\lambda_1^k \alpha_{\lambda_1}$,因此种群按年龄组的分布趋向稳定,$\alpha_{\lambda_1}$ 称稳定分布,与初始分布无关;各年龄组种群数量按同一倍数增减,λ_1 称固有增长率。如果 $\lambda_1 = 1$,则 $x(k+1) \approx x(k) \approx c\alpha_{\lambda_1}$,各年龄组种群数量不变。

本节程序代码

```
clc;clear all;format compact;
Data=xlsread('Data01.xls');
PB=Data(:,1);PG=Data(:,2);
AliveB=1-5*Data(:,3)/1000;AliveG=1-5*Data(:,4)/1000;
k=find(AliveB<0);AliveB(k)=0;k=find(AliveG<0);AliveG(k)=0;
Birth=5*Data(:,5)/1000;k=find(isnan(Birth)==1);Birth(k)=0;
b1=[zeros(19,1);AliveG(end)];b2=[zeros(19,1);AliveB(end)];
A11=[1/2*Birth'; diag(AliveG(1:end-1))  b1];A12=zeros(21);
A21=[1/2*Birth'; zeros(20,21)]; A22=[zeros(1,21);diag(AliveB(1:
end-1))  b2];
L=[A11 A12;A21 A22];n0=10;
Per=zeros(42,n0);Per(:,1)=[PG;PB];
for i=2:n0
    Per(:,i)=L*Per(:,i-1);
end
subplot(1,2,1)
sumz=sum(Per);set(gca,'Fontsize', 16)
xi=0:0.1:n0-1;yi=interp1(0:n0-1,sumz,xi,'spline')
plot(0:n0-1,sumz,'r* ',xi,yi,'LineWidth',2, 'MarkerSize', 5)
xlabel('时间,单位:5 年');ylabel('总人口');
subplot(1,2,2)
% 15~ 59 劳动力人口 (%   老年人人口 60 岁以上
set(gca, 'Fontsize', 16)
workingP=sum(Per([4:12 25:33],:))./sumz;
ElderlyP=sum(Per([13:21  34:42],:))./sumz;
yw1=interp1(0:n0-1,workingP,xi,'spline');
```

```
yw2 = interp1(0:n0-1,ElderlyP,xi,'spline');hold on;
hx = plot(xi,yw1,'b- ',xi,yw2,'r- ',0:n0-1,workingP,'bp',0:n0-1,
ElderlyP,'r* ','LineWidth',2, 'MarkerSize', 5)
legend('劳动力人口所占的比重 ','老年人人口所占的比重 ')
xlabel('时间,单位:5 年');ylabel('比重');
```

5.4　最优捕鱼策略

问题的描述　（本题来源:1996 年全国大学生数学建模竞赛 A 题）

为了保护人类赖以生存的自然环境,可再生资源(如渔业、林业资源)的开发必须适度。一种合理、简化的策略是:在实现可持续收获的前提下,追求最大的产量或最佳效益。考虑对某种鱼的最优捕捞策略。

假设这种鱼分 4 个年龄组,称 1 龄鱼,……,4 龄鱼。各年龄组每条鱼的平均重量分别为 5.07 克、11.55 克、17.86 克、22.99 克,各年龄组的鱼每年的自然死亡率为 0.8,这种鱼为季节性集中产卵繁殖,平均每条 4 龄鱼的产卵量为 1.109×10^5 个,3 龄鱼的产卵量为 4 龄鱼产卵量的一半,2 龄鱼和 1 龄鱼不产卵,产卵和孵化期为每年的最后 4 个月,卵孵化并成活为 1 龄鱼,成活率(1 龄鱼条数与产卵总量 n 之比)为

$$\frac{1.22 \times 10^{11}}{1.22 \times 10^{11} + n}$$

渔业管理部门规定,每年只允许在产卵孵化期前的 8 个月内进行捕捞作业。如果每年投入的捕捞能力(如渔船数、下网次数等)固定不变,这时单位时间捕捞量将与各年龄组鱼群条数成正比,比例系数不妨称捕捞强度系数。通常使用 13 mm 网眼的拉网,这种网只能捕捞 3 龄鱼和 4 龄鱼,两个捕捞强度系数之比为 0.42∶1。渔业上称这种方式为固定努力量捕捞。

(1) 建立数学模型分析如何实现可持续捕获(即每年开始捕捞时渔场中各年龄组鱼群条数不变),并且在此前提条件下得到最高的年收获量(捕捞总重量)。

(2) 某渔业公司承包这种鱼的捕捞业务 5 年,合同要求 5 年后鱼群的生产能力不能受到太大破坏。已知承包时每个年龄组鱼群的数量分别为 122,29.7,10.1,3.29(单位:10^9 条),如果仍用固定努力量的捕捞方式,该公司应采取怎样的策略才能使总收获量最高。

模型的假设

(1) 渔场不与其他水域发生关系,构成一个独立的生态群。

(2) 鱼的自然死亡可在一年内任何时间发生,产卵可在后四个月内任何时间发生,两者在各自的时间段内是均匀分布的。

(3) 每年的捕捞强度系数保持不变,且捕捞只在前八个月进行。

符号说明

$x_i^k(t)$:第 k 年 t 时刻第 i 龄鱼的数(初始时刻记 $t=0,0 \leqslant t \leqslant 1$)

x_{i0}^k：第 k 年年初第 i 龄鱼的数

x_{i1}^k：第 k 年年底第 i 龄鱼的数

α_i：对 i 龄鱼的捕捞强度系数（可设 $\alpha_4 = \alpha$，$\alpha_3 = 0.42\alpha$）

Q：表示所捕捞鱼的重量　　　　m_i：第 i 龄鱼的平均重量

r：鱼的自然死亡率　　　　　　M：第 3，4 龄鱼的年捕捞总重量

问题一　模型的建立与求解

设第 k 年初各龄鱼群数量分别为 $(x_{10}^k, x_{20}^k, x_{30}^k, x_{40}^k)$，设 r 为各年龄鱼的自然死亡率（表示单位时间内死亡的鱼的数量与鱼的总量之比），根据死亡率的定义，有

$$\frac{x_i^k(t) - x_i^k(t + \Delta t)}{x_i^k(t)\Delta t} = r \quad (i = 1, 2)$$

令 $\Delta t \to 0$ 得

$$\frac{\mathrm{d}x_i^k}{\mathrm{d}t} = -rx_i^k$$

积分得

$$x_i^k(t) = x_{i0}^k \mathrm{e}^{-rt} \quad (0 \leqslant t \leqslant 1, i = 1, 2) \tag{5-4-1}$$

对于 3 龄鱼和 4 龄鱼，每年前 8 个月内进行捕捞作业，类似可得

$$\frac{\mathrm{d}x_i^k}{\mathrm{d}t} = -(r + \alpha_i)x_i^k$$

积分可得，在有捕捞作业的情况下，

$$x_i^k(t) = x_{i0}^k \mathrm{e}^{-(r+\alpha_i)t} \quad (0 \leqslant t \leqslant 2/3, i = 3, 4) \tag{5-4-2}$$

在 9～12 月，3 龄鱼和 4 龄鱼数量变化关系为

$$x_i^k(t) = x_{i0}^k \mathrm{e}^{-\frac{2}{3}\alpha_i} \mathrm{e}^{-rt} \quad (2/3 \leqslant t \leqslant 1, i = 3, 4) \tag{5-4-3}$$

将 $\alpha_4 = \alpha$，$\alpha_3 = 0.42\alpha$ 代入上式，可得年底各龄鱼群数量为

$$x_{11}^k = x_{10}^k \mathrm{e}^{-0.8} \quad x_{21}^k = x_{20}^k \mathrm{e}^{-0.8} \quad x_{31}^k = x_{30}^k \mathrm{e}^{-\left(0.8+0.42\alpha\times\frac{2}{3}\right)} \quad x_{41}^k = x_{40}^k \mathrm{e}^{-\left(0.8+\frac{2}{3}\alpha\right)}$$

1～8 月为捕捞季节，设其捕捞总重量（一年内）为

$$M^k = m_3 \int_0^{2/3} 0.42\alpha x_{30}^k \mathrm{e}^{-(r+0.42\alpha)t}\,\mathrm{d}t + m_4 \int_0^{2/3} \alpha x_{40}^k \mathrm{e}^{-(r+\alpha)t}\,\mathrm{d}t$$

$$= \frac{0.42m_3\alpha}{0.8 + 0.42\alpha}(1 - \mathrm{e}^{-2(0.8+0.42\alpha)/3})x_{30}^k + \frac{m_4\alpha}{0.8 + \alpha}(1 - \mathrm{e}^{-2(0.8+\alpha)/3})x_{40}^k$$

$$\tag{5-4-4}$$

设每条 4 龄鱼的产卵量为 $\beta = 1.109 \times 10^5$，每条 3 龄鱼的产卵量为 $\frac{1}{2}\beta$，则 3 和 4 龄鱼在 9 ～ 12 月的总产卵量为

$$n^k = \frac{\beta}{1/3}\int_{\frac{2}{3}}^{1}\left[\frac{x_3(t)}{2}+x_4(t)\right]dt = \frac{15(e^{\frac{4}{15}}-1)}{4e^{\frac{4}{5}}}\left(\frac{1}{2}x_{30}^k e^{-0.42\alpha\times\frac{2}{3}}+x_{40}^k e^{-\frac{2}{3}\alpha}\right)\beta$$

第 $k+1$ 年年初的 1 龄鱼数量是由卵孵化并成活下来的那部分卵子转化而成,即

$$x_{10}^{k+1}=\frac{1.22\times 10^{11} n^k}{1.22\times 10^{11}+n^k}$$

第 $k+1$ 年年初的 2 龄鱼、3 龄鱼数量分别由上一年末 1 龄鱼、2 龄鱼转化而成,即

$$x_{20}^{k+1}=x_{11}^k=x_{10}^k e^{-0.8} \qquad x_{30}^{k+1}=x_{21}^k=x_{20}^k e^{-0.8}$$

第 $k+1$ 年年初的 4 龄鱼数量分别由上一年末 3 龄鱼、4 龄鱼转化而成,从而有

$$x_{40}^{k+1}=x_{31}^k+x_{41}^k=x_{30}^k e^{-(0.8+0.42\alpha\times\frac{2}{3})}+x_{40}^k e^{-(0.8+\frac{2}{3}\alpha)}$$

要实现可持续捕获,即每年开始捕捞时渔场中各年龄组鱼群条数不变,也就是 $x_{i0}^{k+1}=x_{i0}^k=x_{i0}$ $(i=1,2,3,4)$,$n^k=n$。以年内捕捞总重量最大为目标函数,有以下模型:

$$\max_{\alpha}\quad M(\alpha)=\frac{0.42m_3\alpha}{0.8+0.42\alpha}(1-e^{-2(0.8+0.42\alpha)/3})x_{30}+\frac{m_4\alpha}{0.8+\alpha}(1-e^{-2(0.8+\alpha)/3})x_{40}$$

$$\begin{cases}x_{10}=\dfrac{1.22\times 10^{11} n}{1.22\times 10^{11}+n},x_{20}=x_{10}e^{-0.8}\\[2mm] x_{30}=x_{20}e^{-0.8}\\[2mm] x_{40}=x_{30}e^{-(0.8+0.42\alpha\times\frac{2}{3})}+x_{40}e^{-(0.8+\frac{2}{3}\alpha)}\end{cases} \tag{5-4-5}$$

其中,$n=\dfrac{15(e^{\frac{4}{15}}-1)}{4e^{\frac{4}{5}}}\left(\dfrac{1}{2}x_{30}e^{-0.42\alpha\times\frac{2}{3}}+x_{40}e^{-\frac{2}{3}\alpha}\right)\beta$。

当给定捕捞强度系数 α,就可求解出方程(5-4-5)得到 4 个年龄段鱼的数量,代入方程(5-4-4)得到一年内捕捞总重量。以年内捕捞总重量为指标,关于捕捞强度系数进行一维搜索,得到捕捞强度系数与年捕捞总重量的图像如图 5-4-1 所示。从图像中,可以看出:年捕捞总重量 M 是捕捞强度系数 α 的单峰函数,随着 α 的增大,年捕捞总重量 M 先增后减,当 $\alpha\geqslant 30.927$ 时,将导致种群灭绝。

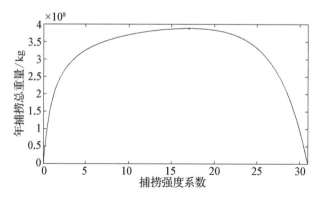

图 5-4-1 捕捞强度系数与年内捕捞总重量的关系

当 $\alpha=17.02$ 时,年捕捞总重量达到最大值 $M_{max}=3.8767\times 10^8$ kg,此时 1 龄鱼、2 龄

鱼、3 龄鱼、4 龄鱼的数量分别为

$$x_{10} = 1.195\ 2 \times 10^{11} \qquad x_{20} = 5.370\ 2 \times 10^{10}$$
$$x_{30} = 2.413\ 0 \times 10^{10} \qquad x_{40} = 9.235\ 2 \times 10^7$$

问题二　模型的建立与求解

某渔业公司承包这种鱼的捕捞业务 5 年,假设 5 年期间都采取固定的捕捞强度系数 α。由问题 1 的分析,以 5 年捕捞总重量最大为目标函数,可以得到

$$\max \quad \frac{0.42 m_3 \alpha}{0.8 + 0.42 \alpha}[1 - \mathrm{e}^{-2(0.8+0.42\alpha)/3}]\sum_{k=1}^{5} x_{30}^k + \frac{m_4 \alpha}{0.8 + \alpha}[1 - \mathrm{e}^{-2(0.8+\alpha)/3}]\sum_{k=1}^{5} x_{40}^k$$

$$\begin{cases} x_{10}^{k+1} = \dfrac{1.22 \times 10^{11} n^k}{1.22 \times 10^{11} + n^k}, x_{20}^{k+1} = x_{10}^k \mathrm{e}^{-0.8}, x_{30}^{k+1} = x_{20}^k \mathrm{e}^{-0.8} \\ x_{40}^{k+1} = x_{30}^k \mathrm{e}^{-\left(0.8 + 0.42\alpha \times \frac{2}{3}\right)} + x_{40}^k \mathrm{e}^{-\left(0.8 + \frac{2}{3}\alpha\right)} \end{cases}$$

其中,$x_{10}^1 = 122 \times 10^9, x_{20}^1 = 29.7 \times 10^9, x_{30}^1 = 10.1 \times 10^9, x_{40}^1 = 3.29 \times 10^9$

$$n^k = \frac{15(\mathrm{e}^{\frac{4}{15}} - 1)}{4\mathrm{e}^{\frac{4}{5}}}\left(\frac{1}{2} x_{30}^k \mathrm{e}^{-0.42\alpha \times \frac{2}{3}} + x_{40}^k \mathrm{e}^{-\frac{2}{3}\alpha}\right)\beta$$

已知第 1 年初各龄鱼群数量分别为 $(x_{10}^1, x_{20}^1, x_{30}^1, x_{40}^1)$,当给定捕捞强度系数 α,代入递推式,可以得出第 k 年初各龄鱼群数量分别为 $(x_{10}^k, x_{20}^k, x_{30}^k, x_{40}^k)$ $(k=2,3,4,5)$,从而计算出 5 年捕捞总重量。

类似于问题一,当给定捕捞强度系数 α,以 5 年内捕捞总重量最大为搜索指标,关于捕捞强度系数进行一维搜索,得到了捕捞强度系数与 5 年捕捞总重量的图像如图 5-4-2 所示。

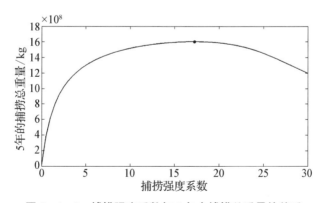

图 5-4-2　捕捞强度系数与 5 年内捕捞总重量的关系

当 $\alpha = 17.250\ 0$ 时,5 年内捕捞总重量为 $1.601\ 2 \times 10^9$,每年捕鱼量分别为 $2.339\ 7 \times 10^8$ kg,$2.144\ 3 \times 10^8$ kg,$3.953\ 7 \times 10^8$ kg,$3.764\ 4 \times 10^8$ kg,$3.809\ 6 \times 10^8$ kg。第 6 年年初(第 5 年末)1 龄鱼、2 龄鱼、3 龄鱼、4 龄鱼的数量分别为

$$x_{10}^6 = 1.193\ 0 \times 10^{11} \qquad x_{20}^6 = 5.359\ 3 \times 10^{10}$$
$$x_{30}^6 = 2.410\ 8 \times 10^{10} \qquad x_{40}^6 = 8.498\ 5 \times 10^7$$

为了验证 5 年后鱼群的生产能力没有受到太大破坏,首先求出天然平衡点(即没有捕捞的情形下),即令 $\alpha = 0$,求解模型(5-4-5)得

$$x_{10}^* = 1.219\,9 \times 10^{11} \qquad x_{20}^* = 5.481\,5 \times 10^{10}$$
$$x_{30}^* = 2.463\,0 \times 10^{10} \qquad x_{40}^* = 2.009\,7 \times 10^7$$

以第 6 年年初 1 龄鱼、2 龄鱼、3 龄鱼、4 龄鱼的数量为初值,在没有捕捞的情形下,鱼群的恢复趋势如表 5-4-1 所示。

表 5-4-1　在没有捕捞的情形下,鱼群的恢复趋势　　　单位:×10^{11}条

	1 龄鱼	2 龄鱼	3 龄鱼	4 龄鱼
1 年后	1.219 8	0.536 1	0.240 8	0.108 7
2 年后	1.219 9	0.548 1	0.240 9	0.157 0
3 年后	1.219 9	0.548 1	0.246 3	0.178 8
4 年后	1.219 9	0.548 1	0.246 3	0.191 0
平衡点	1.219 9	0.548 1	0.246 3	0.201 0

从表 5-4-1 中可以看出,4 年后,鱼群基本上恢复到平衡点,所以对鱼群的生产能力没有造成破坏。

思考题

某渔业公司承包这种鱼的捕捞业务 5 年,如果每年的捕捞强度系数可以改变(但是同一年的捕捞强度系数保持一致),该公司应采取怎样的策略才能使总收获量最高,要求 5 年后鱼群的生产能力不能受到太大破坏。

本节程序代码

一、问题一的程序

(1) 首先建立 myfun.m 文件输入代码:

```
function F = myfun(x)
global a
n = 15 * (exp (4/15) - 1)/(4 * exp (4/5)) * 1.109 * 10^5 * (1/2 * x (3) *
exp(-0.42*a*2/3) + x(4) *exp(-a*2/3));
F=[ 1.22*10^11*n/(1.22*10^11 + n)-x(1);
    x(1)*exp(-0.8)-x(2);
    x(2)*exp(-0.8)-x(3);
    x(3)*exp(-(0.8 + 0.42*a*2/3)) + x(4) *exp(-(0.8 + a*2/3))-x(4)];
```

(2) 建立主程序文件,输入代码:

```
global a
```

```
m3 = 17.86*10^-3;m4 = 22.99*10^-3;% 3,4 鱼的平均重量
x0=[122, 29.7, 10.1, 3.29]*10^9; % 初始点
ac = 0:0.1:30.9276;
M = zeros(size(ac))
for i = 1:length(ac);    % 初步搜索
    a = ac(i);x = fsolve(@ myfun,x0);
    M(i) = 0.42*m3*a/(0.8 + 0.42*a)*(1-exp(-2*(0.8 + 0.42*a)/3))
*x(3)+...
    m4*a/(0.8 + a)*(1-exp(-2*(0.8 + a)/3))*x(4);
end
set(gca, 'Fontsize', 16);plot(ac,M,'LineWidth',2);hold on;
[m k]=max(M);
a0 = ac(k)
Mz = M(k)
aa = a0-1:0.01:a0 + 1;Ma = zeros(size(aa))
for i = 1:length(aa); % 精细搜索
    a = aa(i);x = fsolve(@ myfun,x0);
    Ma(i) = 0.42*m3*a/(0.8 + 0.42*a)*(1-exp(-2*(0.8 + 0.42*a)/
3))*x(3)+...
    m4*a/(0.8 + a)*(1-exp(-2*(0.8 + a)/3))*x(4);
end
[m k]=max(Ma);
a0 = aa(k)
Mz = Ma(k)
plot(aa,Ma,'LineWidth',2);hold on;
plot(aa(k),Ma(k),'ro','LineWidth',2,'MarkerSize',5)
xlabel('捕捞强度系数');ylabel('年捕捞总重量:单位 kg')
a = a0;x = fsolve(@ myfun,x0)
xlim([0  31])
```

二、问题二的程序

(1) 首先建立 myfun01.m 文件输入代码：

```
function X = myfun02(x,a)
n = 15*(exp(4/15)-1)/(4*exp(4/5))*1.109*10^5*(1/2*x(3)*
exp(-0.42*a*2/3)+x(4)*exp(-a*2/3));
    X(1) = 1.22*10^11*n/(1.22*10^11 + n);
    X(2) = x(1)*exp(-0.8);
    X(3) = x(2)*exp(-0.8);
    X(4) = x(3)*exp(-(0.8 + 0.42*a*2/3))+x(4)*exp(-(0.8 + a*2/3));
```

（2）建立主程序文件，输入代码：

```
clc;clear;format compact;
m3 = 17.86*10^-3;m4 = 22.99*10^-3;% 3,4 鱼的平均重量
x0=[122, 29.7, 10.1, 3.29]*10^9; % 初始点
ac = 0:0.5:30;
M = zeros(size(ac));
for i = 1:length(ac);    % 初步搜索
    a = ac(i);x = x0;Mi=[];
    for k = 1:5
        mk =0.42*m3*a/(0.8 + 0.42*a)*(1-exp(-2*(0.8 + 0.42*a)/3))*
            x(3)+...m4*a/(0.8 + a)*(1-exp(-2*(0.8 + a)/3))*x(4);
        Mi=[Mi mk];x = myfun02(x,a);
    end
    M(i) = sum(Mi);
end
set(gca, 'Fontsize', 16);plot(ac,M,'LineWidth',2);hold on;
[m k]= max(M);a0 = ac(k);
  aa = a0-1:0.01:a0 + 1;Ma = zeros(length(aa),6 + 4);
for i = 1:length(aa);  % 精细搜索
        a = aa(i);x = x0;Mi=[];
    for k = 1:5
        mk =0.42*m3*a/(0.8 + 0.42*a)*(1-exp(-2*(0.8 + 0.42*a)/3))*
            x(3)+...m4*a/(0.8 + a)*(1-exp(-2*(0.8 + a)/3))*x(4);
        Mi=[Mi mk];x = myfun02(x,a);
    end
    Ma(i,:)=[sum(Mi)  Mi  x];
end
[m k]= max(Ma(:,1));a0 = aa(k);
fprintf(' 当捕捞强度系数为% 0.4f 时,5 年的捕捞总重量达到最大值% 0.4f kg.\n',a0,m);
    disp('第 6 年年初(第 5 年末)1,2,3,4 龄鱼的数量分别为:')
    nc = Ma(k,[7:10])
    plot(aa,m,'LineWidth',2);hold on;
    plot(aa(k),Ma(k),'r.','LineWidth',2,'MarkerSize',30)
    xlabel('捕捞强度系数');ylabel('5 年的捕捞总重量:单位 kg')
    disp('求出天然平衡点(即没有捕捞的情形下),1,2,3,4 龄鱼的数量分别为:')
    global a
    a = 0; Equilibriumpoint = fsolve(@ myfun,x0)
```

```
nc1 = myfun02(nc,0);nc2 = myfun02(nc1,0);
nc3 = myfun02(nc2,0);nc4 = myfun02(nc3,0);
S=[nc1;nc2;nc3;nc4;Equilibriumpoint ]
```

 习 题

1. 设某种动物种群最高年龄为 30,按 10 岁为一段将此种群分为 3 组。设初始时三组中的动物数量为 $(1\,500,1\,800,1\,200)^T$,相应的 Leslie 矩阵为

$$L = \begin{pmatrix} 0 & 3 & 0 \\ \dfrac{1}{6} & 0 & 0 \\ 0 & \dfrac{1}{2} & 0 \end{pmatrix}$$

试求 10 年、20 年、30 年后各年龄组的动物数,并求该种群的稳定年龄分布,指出该种群的发展趋势。

2. 假定一个植物园要培育一片作物,它由三种可能基因型 AA、Aa 及 aa 的某种分布组成,植物园的管理者要求采用的育种方案是:子代总体中的每种作物总是用基因型 AA 的作物来授粉,子代基因型的分布如表 1。问:在任何一个子代总体中三种可能基因型的分布表达式如何表示?

表 1　基因型的分布

		亲代的基因型					
		AA - AA	AA - Aa	AA - aa	Aa - Aa	Aa - aa	aa - aa
子代的基因型	AA	1	1/2	0	1/4	0	0
	Aa	0	1/2	1	1/2	1/2	0
	aa	0	0	0	1/4	1/2	1

3. 一家汽车租赁公司在 3 个相邻的城市运营,为方便顾客,公司承诺,在一个城市租赁的汽车可以在任意一个城市归还。根据经验估计和市场调查,一个租赁期内在 A 市租赁的汽车在 A,B,C 市归还的比例分别为 0.6,0.3,0.1;在 B 市租赁的汽车归还比例 0.2,0.7,0.1;C 市租赁的汽车归还比例分别为 0.1,0.3,0.6。若公司开业时将 600 辆汽车平均分配到 3 个城市,建立运营过程中汽车数量在 3 个城市间转移的模型,并讨论时间充分长以后的变化趋势。

4. 现有一笔 80 万元的商业贷款,如果贷款期是 20 年,年利率是 4.25%,采用月还款的方式逐月偿还,请建立数学模型计算每月的还款数是多少。

5. 养老保险是保险中的一种重要险种,假设每月交费 200 元至 60 岁开始领取养老金,男子若 25 岁起投保,届时养老金每月 2 282 元;如 35 岁起保,届时月养老金 1 056 元;假设男性平均寿命为 75 岁,试求出保险公司为了兑现保险责任,每月至少应有多少投资

收益率?

6. 管理者在一块面积为 10^8 平方米的草场安排放羊。现经调查有如下的背景材料:

(1) 本地环境下这一品种草的日生长率如表 2 所示。

表 2 草的日生长率

季节	冬	春	夏	秋
日生长率/(g/m²)	0	3	7	4

(2) 草的需求量 成年羊和羊羔在各个季节每天需要的草的数量(kg)如表 3 所示。

表 3 草的需求量

季节	冬	春	夏	秋
成年羊/kg	2.05	2.40	1.15	1.30
羊羔/kg	0	1.00	1.65	0

为了解决冬季羊群对草的需求,需要夏季贮存一定的草供冬季之用。

(3) 羊的繁殖率 每只母羊的平均繁殖率如表 4 所示。

表 4 羊的繁殖率

年龄	0~1	1~2	2~3	3~4	4~
产羊羔数/只	0	1.8	2.4	2.0	1.8

(4) 羊的存活率 不同年龄段的羊的自然存活率(指存活一年)如表 5 所示。

表 5 羊的存活率

年龄	0~1	1~2	2~3	3~4	4~5
存活率	0.6	0.98	0.95	0.80	0.7

(5) 一般在秋季把成年羊卖掉,不同年龄段的羊重量不一样,因此价格不一样,表 6 给出不同年龄段的每只羊的价格。

表 6 羊的价格

年龄	0~1	1~2	2~3	3~4	4~
价格/元	400	600	900	1 300	1 500

一般满 5 岁的羊在秋季全部卖掉。为了保持羊群的繁殖,要求成年公羊在成年羊中所占比重不低于 0.1。

管理者在这片草场如何安排放羊使得 10 年的收益最大?

第6章 数学建模中的统计分析方法

大数据背景下,许多实际问题都需要从庞大的数据信息中提炼规律,并给出合理解释。统计分析方法是分析处理数据、解决这类问题的强有力工具。本章重点介绍常用的多元统计分析方法,包括主成分分析、因子分析、聚类分析、判别分析和回归分析,以及层次分析法。

6.1 数据的预处理与主成分分析

问题的描述 （本题来源:2012 年高教社杯全国大学生数学建模竞赛 A 题）

确定葡萄酒质量的一般方法是聘请一批有资质的评酒员进行品评。每个评酒员在对葡萄酒进行品尝后对其分类指标打分,然后求和得到总分,从而确定葡萄酒的质量。酿酒葡萄的好坏与所酿葡萄酒的质量有直接关系,而酿酒葡萄检测的理化指标会在一定程度上反映葡萄的质量。根据酿酒葡萄的理化指标,对这些酿酒葡萄的品质进行综合分析。

酿酒葡萄的
理化指标

问题的分析 本题给出了红葡萄与白葡萄的 30 个理化指标,指标数目较多,而样本量较少,有的信息还发生重叠。以红葡萄为例先对数据进行初步处理,包括以多次测量的指标取平均值作为该指标的测量值,用数据标准化方法消除数据量纲。然后找出与葡萄酒质量密切相关的酿酒葡萄综合理化指标。可采用主成分分析方法,因为主成分分析方法能够将多指标问题转化为较少的综合指标问题,使得各综合指标之间不相关,且能很好地反映原多指标的信息。接下来,以红葡萄为例说明具体做法。

模型的建立 第一步,数据的标准化。由于各个理化指标的单位并不完全相同,为消除单位量纲的影响,建立数据标准化模型如下:

$$z_{ij} = \frac{x_{ij} - \overline{x}_j}{s_j} \qquad i = 1, 2, \cdots, n \qquad j = 1, 2, \cdots, m \qquad (6-1-1)$$

其中,$\overline{x}_j$ 是第 j 个理化指标的样本均值,s_j 是第 j 个理化指标的样本标准差。

第二步,根据酿酒葡萄的 30 个主要理化指标(标准化后),包括氨基酸总量 z_1,蛋白质

总量 z_2，VC 含量 z_3，花色苷 z_4，……，出汁率 z_{26}，果皮质量 z_{27}，果皮颜色 L^* z_{28}，果皮颜色 a^* z_{29}，果皮颜色 b^* z_{30}，建立主成分分析模型如下：

$$\begin{cases} T_1 = a_{11}z_1 + a_{12}z_2 + \cdots + a_{1,30}z_{30} \\ T_2 = a_{21}z_1 + a_{22}z_2 + \cdots + a_{2,30}z_{30} \\ \qquad\qquad \cdots \\ T_{30} = a_{30,1}z_1 + a_{30,2}z_2 + \cdots + a_{30,30}z_{30} \end{cases} \qquad (6-1-2)$$

其中，第 k 个主成分的系数 $a_{kj}(j=1,2,\cdots,30)$ 是标准化后样本相关系数矩阵的特征值所对应的单位化特征向量。将相关系数矩阵的 30 个特征值从大到小排列，得到 $\lambda_{(1)} \geqslant \lambda_{(2)} \geqslant \cdots \geqslant \lambda_{(30)}$，计算累计贡献率 $\dfrac{\sum\limits_{k=1}^{s}\lambda_{(k)}}{\sum\limits_{k=1}^{30}\lambda_{(k)}}$。通常采用累计贡献率达到 85% 以上的前 s 个主成分作为新的综合指标，并用这 s 个指标来对酿酒葡萄进行评价。

模型的求解 这里建立的模型涉及数据的标准化、指标之间的相关系数，以及求解样本主成分，对应的 MATLAB 函数分别为 zscore、corr 以及 princomp（最近版本的 MATLAB 该函数命令调整为 pca）。根据程序输出结果，选择前 9 个样本主成分作为新的葡萄综合指标，其系数见表 6-1-1。这 9 个主成分的累计贡献率达到 86.34%，已经包含了原样本的大部分信息。

表 6-1-1 相关系数矩阵的前 9 个特征值及其对应特征向量

特征值	6.97	4.94	3.74	2.84	2	1.74	1.42	1.27	0.96
分量 1	0.14	0.24	0.01	-0.27	-0.17	0.22	0.14	0.01	0.11
分量 2	0.23	-0.22	0.09	-0.16	0.14	0.1	0.07	0.11	0
分量 3	-0.05	-0.18	0.05	0.01	-0.39	-0.1	-0.02	-0.14	0.63
分量 4	0.32	-0.05	-0.05	0.18	0.07	-0.15	-0.08	-0.06	0.03
分量 5	0.14	0.04	0.19	-0.23	0.22	0.11	0.17	0.46	0.08
分量 6	0.15	0.14	0.09	0.39	0.06	-0.28	-0.1	-0.1	0.01
分量 7	0.12	0.09	0.21	0.22	0.25	0.05	0.25	0.38	0.22
分量 8	0.12	0.04	-0.11	0.35	0.17	0.26	-0.01	-0.15	-0.07
分量 9	0.23	-0.04	0.03	0.42	-0.01	0.04	-0.07	-0.1	0.11
分量 10	0.29	-0.21	-0.01	-0.13	-0.02	-0.09	0.18	-0.1	-0.22
分量 11	0.33	-0.08	-0.09	-0.13	-0.01	-0.14	-0.01	-0.08	-0.24
分量 12	0.29	-0.07	-0.15	0.04	-0.12	-0.19	0.2	0.05	0.08
分量 13	0.27	-0.13	-0.1	-0.17	0.02	-0.23	0.1	-0.05	-0.28
分量 14	0.02	-0.03	0.42	-0.04	-0.15	-0.13	0.25	-0.26	0.02
分量 15	0.21	0.01	0.01	0.04	-0.12	0.38	0.4	-0.19	0.1
分量 16	0.1	0.35	-0.08	-0.15	0.07	0.03	-0.06	-0.26	0.04

特征值	6.97	4.94	3.74	2.84	2	1.74	1.42	1.27	0.96
分量 17	0.03	0.35	−0.06	−0.08	0.08	0.08	−0.04	−0.06	0.12
分量 18	0.09	0.34	−0.16	−0.09	0.09	0.04	−0.02	−0.24	−0.02
分量 19	0.1	−0.13	0.1	−0.41	0.09	0.09	−0.24	−0.21	0.2
分量 20	−0.11	0.21	−0.31	0	−0.23	−0.17	0.25	0.12	−0.02
分量 21	0.15	−0.02	0.22	0	0.38	0.08	−0.27	−0.2	0.1
分量 22	0.14	0.39	−0.1	−0.06	0.07	0.02	0.05	−0.03	0.1
分量 23	−0.13	−0.21	−0.11	−0.04	0.42	−0.03	0.19	−0.08	0.24
分量 24	−0.2	−0.16	−0.24	−0.05	0.19	−0.11	0.19	−0.17	−0.01
分量 25	0.22	−0.1	0.09	0.13	−0.29	0.31	0.07	−0.04	−0.05
分量 26	0.21	−0.08	−0.14	−0.1	0.01	−0.3	−0.12	−0.01	0.37
分量 27	−0.1	−0.11	−0.32	0.07	0.23	0.06	0.4	−0.2	0.14
分量 28	−0.21	−0.15	0.16	0.02	0.04	0.23	0.06	−0.31	−0.15
分量 29	−0.13	0.13	0.38	−0.03	−0.01	−0.22	0.22	−0.19	−0.08
分量 30	−0.05	0.22	0.31	0.01	0.13	−0.34	0.25	−0.08	−0.01

直观解释　原数据共给出酿酒葡萄的 30 个理化指标。先对数据做标准化处理,再利用主成分分析方法构造这 30 个指标的不相关的线性组合,之后根据累计贡献率确定前 9 个主成分作为接下来进一步分析的指标,所得新的综合指标反映了原样本的信息。前两个主成分的分析如下:

$$T_1 = 0.14z_1 + 0.23z_2 - 0.05z_3 + 0.32z_4 + 0.14z_5 + 0.15z_6 + 0.12z_7 + 0.12z_8 + 0.23z_9 +$$
$$0.29z_{10} + 0.33z_{11} + 0.29z_{12} + 0.27z_{13} + 0.02z_{14} + 0.21z_{15} + 0.10z_{16} + 0.03z_{17} +$$
$$0.09z_{18} + 0.10z_{19} - 0.11z_{20} + 0.15z_{21} + 0.14z_{22} - 0.13z_{23} - 0.20z_{24} + 0.22z_{25} +$$
$$0.21z_{26} - 0.10z_{27} - 0.21z_{28} - 0.13z_{29} - 0.05z_{30}$$

第一主成分 T_1 在花色苷、DPPH 自由基、总酚、单宁、葡萄总黄酮上有比较接近的大的正载荷,说明这些标准化变量对 T_1 的重要性都差不多,而 VC 含量、白芦藜醇、还原糖、果皮颜色 b* 在第一主成分中所起作用就比较微弱。

$$T_2 = 0.24z_1 - 0.22z_2 - 0.18z_3 - 0.05z_4 + 0.04z_5 + 0.14z_6 + 0.09z_7 + 0.04z_8 - 0.04z_9 -$$
$$0.21z_{10} - 0.08z_{11} - 0.07z_{12} - 0.13z_{13} - 0.03z_{14} + 0.01z_{15} + 0.35z_{16} + 0.35z_{17} +$$
$$0.34z_{18} - 0.13z_{19} + 0.21z_{20} - 0.02z_{21} + 0.39z_{22} - 0.21z_{23} - 0.16z_{24} - 0.10z_{25} -$$
$$0.08z_{26} - 0.11z_{27} - 0.15z_{28} + 0.13z_{29} + 0.22z_{30}$$

第二主成分 T_2 中花色苷、DPPH 自由基、总酚、单宁、葡萄总黄酮的系数载荷均为负值,且绝对值大大降低,说明这几类物质在第二主成分中的作用比较低,而总糖、还原糖、可溶性固形物、干物质含量所起作用就比较大,第二主成分 T_2 反映了理化指标的另一个重要特征。

思考题

根据酿酒葡萄理化指标中的数据,采用主成分分析方法提取白葡萄理化指标的主成分。

酿酒葡萄的
理化指标

主成分分析及 MATLAB 软件求解

在当前大数据背景下,人们通过观测事物的多个指标获得了庞大的数据集。大数据提供了丰富的样本信息,但涉及的观测变量非常多,且这些观测变量之间很可能存在相关性。单独对这些指标进行分析会得到片面的结论,盲目减少指标更不可取。主成分分析方法(principal component analysis)能够在减少分析指标的同时,尽量降低样本信息的损失,是一种有效降低观测指标维数的统计分析方法。

主成分分析的数学模型具有如下的标准形式:

$$\begin{cases} T_1 = a_{11}z_1 + a_{12}z_2 + \cdots + a_{1,m}z_m \\ T_2 = a_{21}z_1 + a_{22}z_2 + \cdots + a_{2,m}z_m \\ \qquad \cdots \\ T_m = a_{m,1}z_1 + a_{m,2}z_2 + \cdots + a_{m,m}z_m \end{cases} \qquad (6-1-3)$$

需满足:(1)各个主成分之间不相关,即 $\mathrm{cov}(T_k, T_{k'}) = 0, k \neq k'$。

(2) 每个主成分的系数平方和为1,即 $a_{k1}^2 + a_{k2}^2 + \cdots + a_{km}^2 = 1, k = 1, 2, \cdots, m$。

在 MATLAB 6.0 以上的版本中,主成分分析使用函数 princomp 函数求解,具体用法如下:

[COEFF,SCORE]＝princomp(X) ％ **X** 是 $n \times p$ 样本观测值矩阵,每一列对应一个变量。输出参数 **COEFF** 是 p 个主成分分析的系数矩阵,第 i 列对应第 i 个主成分的系数向量,其本质就是样本自相关系数矩阵的第 i 个特征值所对应的特征向量。**SCORE** 是 n 个样品的 p 个主成分的得分矩阵。

[COEFF,SCORE,latent]＝princomp(X) ％ **latent** 为 p 个特征值构成的列向量,其中特征值按降序排列。

[COEFF,SCORE,latent,tsquare]＝princomp(X) ％ **tsquare** 为 n 个元素的列向量,它是第 i 个观测数据对应的霍特林统计量,表述了第 i 个观测与数据集(样本观测矩阵)中心之间的距离,可用来寻找远离中心的极端数据。

需要注意的是,在 2020 年以后的 MATLAB 版本中,主成分分析的函数名调整为 pca。

例题 6.1.1 求解主成分分析模型(6-1-2)。

解:本例中首先需要读取红葡萄的理化指标数据,然后再进行主成分分析。

编写 MATLAB 程序代码如下:

```
[X,textdata]=xlsread('example 6_1.xls');
X=X(2:28,:);
```

```
X(:,any(isnan(X)))=[];
XZ = zscore(X);
XZ = XZ(:,[1,4,7,11,12,13,14,18,22,26,30,34,38,39,40,44,45,51,55,59,63,
67,71,75,79,83,87,91,95,99]);
```

运行结果(只显示前 9 个特征值及相应累计贡献率):

```
latent =
        6.9662
        4.9400
        3.7371
        2.8400
        1.9988
        1.7424
        1.4185
        1.2701
        0.9609
cum =
    0.2322
    0.3969
    0.5214
    0.6161
    0.6827
    0.7408
    0.7881
    0.8304
    0.8625
```

因此,本例中只需选取前 9 个主成分即可。

6.2　因子分析

问题的描述　(本例来源:2011 年全国大学生数学建模竞赛 A 题)

随着城市经济快速发展和城市人口不断增加,人类活动对城市环境质量的影响日益突出。如何应用对城市土壤地质环境异常查证获得的海量数据资料开展城市环境质量评价,以及研究人类活动影响下城市地质环境的演变模式,日益成为人们关注的焦点。按照功能划分,城区一般可分为生活区、工业区、山区、主干道路区及公园绿地区等,分别记为 1 类区、2 类区……5 类区,不同的区域环境受人类活动影响的程度不同。现对某城市城区土壤地质环境进行调查。为此,将所考察的城区划分为间距 1 千米左右的网格子区域,按照每平方千米 1 个采样点对表层土(0~10 厘米深度)进行取样、编号,并用 GPS 记录采样点的位置。应用专门仪器测试分析,获得了每个样本所含的多种化学元素的浓度数据。再按照 2 千米的间距在那些远离人群及工业活动的自然区取样,将其作为该城区表层土壤中元素的背景值。根据 8 种主要重金属元素在采样点处的浓度建立数学模型,说明重金属污染的主要原因。

问题的分析 本例要通过重金属的采样浓度数据,说明重金属污染的主要原因,也就是要寻找造成重金属污染的公共因子,然后通过公共因子解释造成污染的原因。这些公共因子可能不会被直接观测到,但是它们能反映出 8 种重金属污染的主要信息。因子分析方法就是通过可显变量提取公共潜在变量的方法,使用几个少数的抽象的公共变量表示原来多变量的数据。从本质上说,它也是一种降维的方法,但是与上一节介绍的主成分分析方法又有区别。下面以城市生活区的重金属污染为例说明因子分析的方法。

模型的建立 首先对数据进行标准化处理。由于 8 种重金属浓度的单位并不完全相同,为消除单位量纲的影响,对数据进行标准化。记标准化后的 8 种重金属分别为 z_1,z_2,$\cdots$,z_8,建立因子分析模型如下:

$$\begin{cases} z_1 = b_{11}F_1 + b_{12}F_2 + \cdots + b_{1m}F_m + \varepsilon_1 \\ z_2 = b_{21}F_1 + b_{22}F_2 + \cdots + b_{2m}F_m + \varepsilon_2 \\ \qquad\qquad\cdots \\ z_8 = b_{81}F_1 + b_{82}F_2 + \cdots + b_{8m}F_m + \varepsilon_8 \end{cases} \qquad (6-2-1)$$

其中,F_1,F_2,$\cdots$,F_m 为公共因子;ε_1,ε_2,$\cdots$,ε_8 为特殊因子。也就是说每种重金属都可以表示成公共因子的线性组合与特殊因子之和,而公共因子与特殊因子之间是不相关的,各个公共因子之间、各个特殊因子之间也是不相关的。此外,出于降维的目的,公共因子的个数 m 应该小于重金属的数目 8,即 $m < 8$。

$$\text{Cov}(\varepsilon_j, F_{j'}) = 0 \qquad j, j' = 1, 2, \cdots, m \qquad (6-2-2)$$

$$\text{Cov}(F_j, F_{j'}) = \text{Cov}(\varepsilon_j, \varepsilon_{j'}) = 0 \qquad j \neq j' \qquad j, j' = 1, 2, \cdots, m$$

模型的求解 公共因子的个数 m 事先并不能确定,需要多次尝试。取 $m = 4$,编写 MATLAB 程序,得到的输出结果如表 6-2-1 所示。

表 6-2-1 因子载荷矩阵

金属元素	因子 1	因子 2	因子 3	因子 4
As	0.284 8	0.944 9	−0.054 2	0.134 5
Cd	0.801 1	0.147 3	0.246 0	0.198 3
Cr	0.241 4	0.215 8	0.632 3	0.001 8
Cu	0.427 5	0.442 4	0.243 8	0.032 0
Hg	0.199 0	0.120 3	0.118 1	0.962 8
Ni	0.023 5	0.659 2	0.596 4	0.059 2
Pb	0.860 7	0.212 8	0.228 4	0.121 0
Zn	0.219 1	−0.069 0	0.610 7	0.140 2

　　这个 8×4 矩阵称为因子分析的载荷矩阵,它的第 i 行、第 j 列元素反映了第 i 种重金属与第 j 个公共因子的相关性,该元素的绝对值越大,两者相关性越高。从载荷矩阵的每一列元素看,每列元素绝对值之间的差异越大,越容易对该公共因子做出清晰的解释。

　　四个因子的方差累计贡献率达到 72.37%（>70%）,所以生活区所选因子为 4 个。因子 1 的方差贡献率为 23%,可以猜测因子 1 是生活区重金属污染的主要来源。为进一步拉大载荷矩阵列元素绝对值的差异,以便更好地分析因子对重金属的影响,计算旋转后因子载荷矩阵,发现结果与表 6-2-1 所差无几。由因子载荷矩阵可知:因子 1 支配的变量为 Cd 和 Pb,因子 2 支配的变量为 As 和 Ni,因子 3 支配的变量为 Cr 和 Zn,因子 4 支配的变量为 Hg。

　　因此,生活区的主要重金属污染是 Cd 和 Pb,Cd 的来源可能是污水灌溉和农药的使用,Pb 则来源于各种交通运输工具尾气的排放,如汽车尾气排放,就会把含 Pb 的化合物排入大气,使得生活区产生 Pb 污染。因此,生活区重金属污染最主要的原因是农业活动和交通因素。

　　直观解释　因子分析的前提是观测变量间有较强的相关性,能够提取公共因子。可以通过不断尝试找出最为合理的公共因子的个数,公共因子累计贡献率达到 70% 以上可以作为判断标准之一。还可以计算原数据的相关系数矩阵,取该矩阵大于 1 的特征值个数作为公共因子个数。

　　载荷矩阵每列元素绝对值之间的差异越大越好,因子旋转能使同一列上的载荷尽可能地向靠近 1 和靠近 0 两极分离,这时就突出了每个公共因子和其载荷较大的那些变量之间的联系,给出该公共因子更为合理的解释。MATLAB 程序只需一行命令就可以输出因子旋转的结果。

　　海伍德现象:当变量标准化后,每个变量的方差都是 1,由模型可知共性方差（公共因子线性组合的方差）与特殊方差（特殊因子的方差）和应该为 1。也就是共性因子、特殊因子的方差都应该介于 0 与 1 之间。但实际估计时,可能会出现共性方差的和大于或等于 1,当等于 1 时称为海伍德现象,当超过 1 时称为超海伍德线性。这些都说明分析方法是有问题的,原因可能是公共因子过多或过少,也可能是因子分析模型根本就不适合该数据。本例中特殊因子的方差估计值都在 0 和 1 之间,没有出现海伍德现象。

 思考题

　　根据 8 种主要重金属元素在采样点处的浓度,建立因子分析模型,说明城市工业区、山区、主干道路区及公园绿地区这四块区域重金属污染的主要原因。

因子分析及其 MATLAB 软件求解

　　因子分析（factor analysis）最早由英国心理学家斯皮尔曼提出。他发现一门科目成绩好的学生,往往其他科目的成绩也比较好,也就是说学生的各科目成绩之间存在着一定的相关性,从而猜测是否存在某些假想的共性变量影响着学生的学习成绩。原始变量可以观测,而假想变量是不能被直接观测的,称为因子。比如,人的智力水平、语言能力、运动耐力、爆发力,商店的环境状况和服务水平等,这些都是潜在的因子。

因子分析模型为

$$
\begin{cases}
z_1 = b_{11}F_1 + b_{12}F_2 + \cdots + b_{1m}F_m + \varepsilon_1 \\
z_2 = b_{21}F_1 + b_{22}F_2 + \cdots + b_{2m}F_m + \varepsilon_2 \\
\qquad\qquad \cdots \\
z_p = b_{p1}F_1 + b_{p2}F_2 + \cdots + b_{pm}F_m + \varepsilon_p
\end{cases}
\qquad (6-2-3)
$$

其中,$F_1,F_2,\cdots,F_m$ 为公共因子;$\varepsilon_1,\varepsilon_2,\cdots,\varepsilon_p$ 为特殊因子,且满足下列条件:

$$
\begin{aligned}
&m \leqslant p \\
&\mathrm{Var}(F_j) = 1 \qquad j = 1,2,\cdots,m \\
&\mathrm{Cov}(\varepsilon_j, F_{j'}) = 0 \qquad j,j' = 1,2,\cdots,m \\
&\mathrm{Cov}(F_j, F_{j'}) = \mathrm{Cov}(\varepsilon_j, \varepsilon_{j'}) = 0 \qquad j \neq j' \qquad j,j' = 1,2,\cdots,m
\end{aligned}
$$

$$
(6-2-4)
$$

因子分析与主成分分析的不同之处在于:因子分析是用潜在的公共因子与特殊因子的线性组合表示原始变量,而主成分分析是用原始变量的线性组合表示新的综合变量;因子分析中公共因子的数目是事先不确定的,而主成分分析中综合因子的数目与原始变量是一致的。

MATLAB 统计工具箱提供了 factoran 函数解决因子分析的问题,调用格式如下:

lambda=factoran(X,m)　%　X 是 $n \times p$ 样本观测值矩阵,每一列对应一个变量。m 为公共因子数目。Lambda 返回载荷矩阵

[lambda,psi]=factoran(X,m)　%　psi 返回特殊因子方差的极大似然估计

[lambda,psi,T]=factoran(X,m)　%　T 返回旋转矩阵

[lambda,psi,T,stats]=factoran(X,m)　%　stats 返回模型检验的信息,包括 stats.loglike 表示对数似然的最大值;stats.def 表示误差自由度;stats,chisq 表示近似卡方检验统计量;stats.p 表示检验的 p 值。

[lambda,psi,T,stats,F]=factoran(X,m)　%　F 返回公共因子的得分矩阵

例题 6.2.1　求解模型(6-2-1)。

解: 在 MATLAB 中编写程序,

```
[X,textdata]=xlsread('example6.2.1.xls');
XZ = zscore(X);
eig(corr(XZ));
[lambda,psi,T,stats,F]= factoran(XZ,4)
Contribut = 100* sum(lambda.^2)/8
CumCont = cumsum(Contribut)
rotatefactors(lambda, 'method', 'varimax')
```

运行结果(为简洁起见,只显示部分结果):

lambda=

```
    0.2848    0.9449   -0.0542   0.1345
    0.8011    0.1473    0.2460   0.1983
    0.2414    0.2158    0.6323   0.0018
    0.4275    0.4424    0.2438   0.0320
    0.1990    0.1203    0.1181   0.9628
    0.0235    0.6592    0.5964   0.0592
    0.8607    0.2128    0.2284   0.1210
    0.2191   -0.0690    0.6107   0.1402
psi=
    0.0050
    0.2366
    0.4953
    0.5610
    0.0050
    0.2057
    0.1471
    0.5546
F=
   -0.2356    1.3360   -0.8841   0.7479
   -0.5193   -0.1305    0.3250   0.2641
    5.8689    0.7676   -0.6275  -0.1322
   -0.0454    0.6059   -0.2360   1.1734
    1.1947    1.0197    4.3664  -0.2776
    0.4335   -0.5715   -0.6771   0.1751
   -0.5176    1.8500    1.6220  -0.4348
   -0.2870   -0.9686   -0.8586  -0.4928
Contribut=
   22.4115   20.6988   16.4693  12.7905
CumCont=
   22.4115   43.1103   59.5795  72.3700
```

6.3　聚类分析

问题的描述　为评价中国 36 个主要城市的经济发展状况,搜集了 2018 年这些城市的五个经济指标,分别是国民生产总值(亿元)、在岗职工平均工资(元)、商品房平均销售价格(元)、城乡居民储蓄年度余额(亿元)、社会商品销售总额(亿元),如表 6-3-1 所示。根据这些经济数据对城市进行分类。

表 6 - 3 - 1   2018 年中国 36 个城市的经济指标数据

城市	国内生产 总值/亿元	在岗职工平均 工资/元	商品房平均 销售价格/元	城乡居民储蓄 年度余额/亿元	社会商品销售 总额/亿元
北京	30 319.98	149 843	34 142.89	34 018.96	11 747.7
天津	18 809.64	103 931	16 054.64	10 746.17	5 533
石家庄	6 082.62	75 114	10 452.42	6 473.25	3 274.4
太原	3 884.48	80 825	11 058.6	4 767.46	1 811.9
呼和浩特	2 903.5	71 387	8 345.54	2 174.09	1 603.2
沈阳	6 292.4	82 067	8 892.07	7 288.14	4 051.2
大连	7 668.48	87 592	11 546.3	6 039.97	3 880.1
长春	7 175.71	80 425	8 245.16	4 993.24	3 003.6
哈尔滨	6 300.48	71 771	9 208.3	5 394.26	4 125.1
上海	32 679.87	142 983	26 890.08	27 071.74	12 668.7
南京	12 820.4	111 071	22 379.87	6 914.84	5 832.5
杭州	13 509.15	106 709	23 917.29	9 981.24	5 715.3
宁波	10 745.46	102 325	15 142.05	6 561.26	4 154.9
合肥	7 822.91	89 022	12 146.95	4 003.41	2 976.7
福州	7 856.81	83 175	13 530.3	5 053.29	4 666.5
厦门	4 791.41	85 166	20 906.93	2 610.18	1 542.4
南昌	5 274.67	82 672	8 560.79	3 132.05	2 131.6
济南	7 856.56	91 651	11 930	5 008.08	4 404.5
青岛	12 001.52	90 840	12 624.12	5 913.71	4 842.5
郑州	10 143.32	80 963	8 442.62	7 157.32	4 268.1
武汉	14 847.29	88 327	13 108.25	7 728.5	6 843.9
长沙	11 003.41	93 293	8 206.49	5 692.08	4 765
广州	22 859.35	111 839	20 013.6	16 042.06	9 256.2
深圳	24 221.98	111 709	54 132.44	13 478.94	6 168.9
南宁	4 026.91	83 452	7 782.17	3 542.83	2 214.7
海口	1 510.51	77 632	13 233.06	1 706.5	757.6
重庆	20 363.19	81 764	8 066.86	15 907.23	7 977
成都	15 342.77	88 011	9 866.6	13 141.47	6 801.8
贵阳	3 798.45	82 685	9 360.76	2 835.74	1 299.5
昆明	5 206.9	80 253	10 472.2	4 882.51	2 787.4

城市	国内生产 总值/亿元	在岗职工平均 工资/元	商品房平均 销售价格/元	城乡居民储蓄 年度余额/亿元	社会商品销售 总额/亿元
拉萨	540.78	126 936	10 800	461.42	295.4
西安	8 349.86	87 125	10 171.01	8 360.33	4 658.7
兰州	2 732.94	85 575	7 923.93	3 244.08	1 352.1
西宁	1 286.41	84 071	7 313.46	1 436.77	564.4
银川	1 901.48	87 291	5 874.82	1 664.8	552.7
乌鲁木齐	3 099.77	85 990	8 357.46	2 871.11	1 354

问题的分析　这个问题要按照五个经济指标的观测数据对 36 个城市进行分类,类似的城市应该具有相近的经济指标。聚类分析就是按照城市多方面的特征来进行综合分类的统计方法,按照"物以类聚"的原则将类似的城市归为同一类,而这当中最关键的是如何衡量各类别之间的接近程度。常用的聚类分析方法有谱系聚类法和 k-均值聚类法,接下来分别建立模型进行讨论。

模型的建立

模型 1　谱系聚类法

该方法是在城市之间定义距离,将城市之间的相似度按照距离大小逐一归类,距离小的聚到较小的一类,距离大的聚到较大一类。

第一步,设 36 个城市的五元观测数据为 $\boldsymbol{x}_i = (x_{i_1}, x_{i_2}, \cdots, x_{i_5})^{\mathrm{T}}, i = 1, 2, \cdots, 36$,这样每个城市就可以看作是 5 维空间中的一个点。任意两个城市之间的距离 $d(x_i, x_j)$ 可以用向量之间的距离来衡量。常用的向量距离有欧氏距离、绝对距离、马氏距离等。它们的定义如下:

欧氏距离　$d(x_i, x_j) = \sqrt{\sum_{k=1}^{5} (x_{ik} - x_{jk})^2}$

绝对距离　$d(x_i, x_j) = \sum_{k=1}^{5} |x_{ik} - x_{jk}|$

马氏距离　$d(x_i, x_j) = \sqrt{(x_i - x_j)^{\mathrm{T}} \sum^{-1} (x_i - x_j)}$,$\sum$ 为样本的协方差矩阵

第二步,当得到城市之间的两两距离之后,就可以将距离最近的城市聚为小类,再将已经聚合的小类按照类与类之间的相似度进行下一步的聚合。如此不断重复,最终将所有的城市聚成一个大类。类与类之间的相似度仍然通过类中各个城市之间的距离来定义,常用的有最短距离、最长距离和类平均距离。

最短距离　$D_{pq} = \min_{i \in G_p, j \in G_q} (d_{ij})$

最长距离　$D_{pq} = \max_{i \in p, j \in q} (d_{ij})$

类平均距离　$D_{pq} = \frac{1}{n_p n_q} \sum_{i \in G_p, j \in G_q} d_{ij}$

要注意的是,采用不同的距离定义,得到的城市之间、类与类之间的相似度可能会存在差异。

模型2 k-均值聚类法

该方法与谱系聚类法正好相反,首先给定聚类的数目,对数据进行粗糙分类,然后依据样本之间的距离按照一定规则对分类进行调整,直至不能调整为止。该方法特别适用样本量比较大的情形。要注意的是,聚类的数目对结果影响比较大,在使用时要选择多个聚类数目,再从中挑选最优的结果。

第一步,给定聚类数目 k,从样本中随机挑选 k 个初始的聚点 $\{x_1^{(0)}, x_2^{(0)}, \cdots, x_k^{(0)}\}$,按照样本之间的距离远近准则实施初始聚类:

$$G_i^{(0)} = \{x : d(x, x_i^{(0)}) \leqslant d(x, x_j^{(0)})\} \qquad j = 1, 2, \cdots, k \qquad i \neq j$$

得到初始聚类 $\{G_1^{(0)}, G_2^{(0)}, \cdots, G_k^{(0)}\}$。

第二步,选取每个类 $G_i^{(0)}$ 的重心(均值)作为新的聚点 $\{x_1^{(1)}, x_2^{(1)}, \cdots, x_k^{(1)}\}$,重新聚类,依次不断进行,直至 k 个聚点不再发生变化。

模型的求解

模型1 以类平均距离为例,得到聚类谱系图如图 6-3-1 所示。

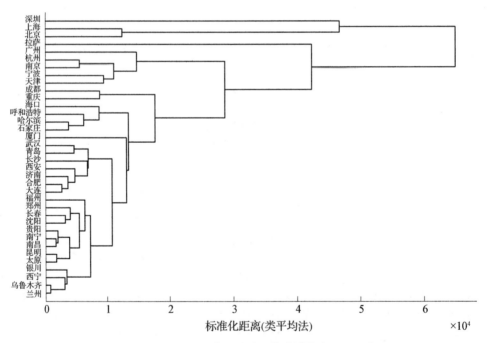

图 6-3-1 类平均法下的谱系聚类图

可以看到,若将这 36 个城市分成 3 类的话,深圳自成一类,北京、上海为一类,其余 33 个城市为一类。

模型2 取聚类数目 $k=3$,聚类结果如图 6-3-2 所示,图中的横、纵坐标分别是每个城市经济数据的前两个分量。该模型将北京、上海归为第一类,天津、南京、杭州、宁波、广州、深圳、拉萨为第二类,其余城市为第三类。

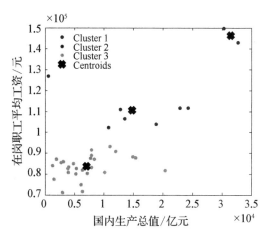

图 6 - 3 - 2　k-均值聚类方法所得聚类图

直观解释

模型 1　聚类的数目没有统一的标准。可以通过样本散点图初步确定分类数目,也可以根据谱系图确定分类数目,比如各类重心间的距离必须很大,在合理的前提下分类数目尽量小等。从谱系图看,若将样本分成 4 类,则拉萨将单独成为一类。

模型 2　从图像上看,分成 3 类还是比较合理的。聚类散点图右上角为第一类,对应城市分别为北京和上海。图像中间部分代表的城市为天津、南京、杭州、宁波、广州、深圳、拉萨,这些均为仅次于北京和上海的大城市,图像左下角则是中等城市。

在使用 k-均值聚类方法时,首先要选定分类数目 k。可以采用 6.1 节介绍的主成分分析方法将数据降维,投影到二维平面上,观察二维散点图来确定分类数目。本例中三类城市已经能够被清晰地分开,那么每一小类还能不能再进行细分呢?可以尝试不同的分类数目,在每个分类数目下,分别计算每个类间所有点与该类重心点距离之和,然后做分类数目 k 关于该分类数目下分类距离之和的折线图(见图 6 - 3 - 3)。随着 k 值的增加,曲线会逐渐下降,当曲线不再"急剧"下降时,就是合适的 k 值。因此本例中 k＝3 还是比较合理的。

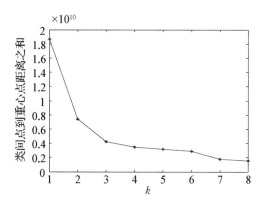

图 6 - 3 - 3　分类数目 k 关于该分类数目下分类距离之和的折线图

思考题

调查得46个国家和地区2006年婴儿死亡率和出生时平均预期寿命数据。请先根据数据散点图初步判断分类数目,然后分别用谱系聚类法和k-均值聚类法对这些国家和地区进行合理分类(注:谱系聚类法可以采用不同的距离定义,对比采用不同的距离定义时,所得分类结果的差异)。

表6-3-2　46个国家2006年婴儿死亡率和出生时平均预期寿命

国家和地区	婴儿死亡率/‰	出生时平均预期寿命/岁	国家和地区	婴儿死亡率/‰	出生时平均预期寿命/岁
中　　国	20.1	72	埃　　及	28.9	71
中国香港	1.4	81.6	尼日利亚	98.6	46.8
孟加拉国	51.6	63.7	南　　非	56	50.7
文　　莱	8	77.1	加拿大	4.9	80.4
柬埔寨	64.8	58.9	墨西哥	29.1	74.5
印　　度	57.4	64.5	美　　国	6.5	77.8
印度尼西亚	26.4	68.2	阿根廷	14.1	75
伊　　朗	30	70.7	巴　　西	18.6	72.1
以色列	4.2	80	委内瑞拉	17.7	74.4
日　　本	2.6	82.3	白俄罗斯	11.8	68.6
哈萨克斯坦	25.8	66.2	捷　　克	3.2	76.5
朝　　鲜	42	67	法　　国	3.6	80.6
韩　　国	4.5	78.5	德　　国	3.7	79.1
老　　挝	59	63.9	意 大 利	3.5	81.1
马来西亚	9.8	74	荷　　兰	4.2	79.7
蒙　　古	34.2	67.2	波　　兰	6	75.1
缅　　甸	74.4	61.6	俄罗斯联邦	13.7	65.6
巴基斯坦	77.8	65.2	西班牙	3.6	80.8
菲律宾	24	71.4	土耳其	23.7	71.5
新加坡	2.3	79.9	乌克兰	19.8	68
斯里兰卡	11.2	75	英　　国	4.9	79.1
泰　　国	7.2	70.2	澳大利亚	4.7	81
越　　南	14.6	70.8	新 西 兰	5.2	79.9

聚类分析及其 MATLAB 软件求解

聚类分析(clustering analysis)是指通过某种准则将相似的对象归到同一类,不同类中的对象则具有较大的差异。进行聚类之前,人们并不知道要划分成几个类,每个类具有什么样的特征。该方法通常可以作为数据的预处理手段之一。

MATLAB 提供了 cluster analysis 工具箱来处理聚类分析问题,当中包括 clusterdata,kmeans 这两个常用的聚类分析函数,下面分别介绍这两个函数的用法。

谱系聚类分析使用 clusterdata 函数求解,具体的用法如下:

T=clusterdata(X,cutoff) ％ X 是 $n \times p$ 样本观测值矩阵,每一列对应一个变量,cutoff 为距离的阈值,取值为正实数。默认对象之间距离为欧式距离,类之间距离为最短距离。

k-均值聚类使用 kmeans 函数求解,具体的用法如下:

IDX=kmeans(X,k) ％ X 是 $n \times p$ 样本观测值矩阵,每一列对应一个变量,k 是分类数目。IDX 返回每个对象的分类标号。

[IDX,C]=kmeans(X,k) ％ C 返回每个类的重心。

[IDX,C,sumd]=kmeans(X,k) ％ sumd 返回类间所有点与该类重心距离之和。

[IDX,C,sumd,D]=kmeans(X,k) ％ D 返回每个对象与所有重心的距离。

例题 6.3.1 分别用谱系聚类法和 k-均值聚类法,根据 2006 年婴儿死亡率和出生时平均预期寿命数据,对 46 个国家和地区进行合理分类。

解:本例中首先需要对观测数据进行标准化处理,然后再进行聚类分析。编写 MATLAB 程序代码如下:

```
[X,textdata]=xlsread('example6.3.1.xls');
XZ=zscore(X);
% 谱系聚类法
obslabel=textdata(2:end,1);
Taverage=clusterdata(X,'linkage','average','maxclust',3);
obslabel(Taverage==1)
obslabel(Taverage==2)
obslabel(Taverage==3)
y=pdist(X);
Z=linkage(y,'average')
obslabel=textdata(2:end,1);
H=dendrogram(Z,0,'orientation','right','labels',obslabel);
set(H,'LineWidth',2,'Color','k');
xlabel('类平均法')
    k-均值聚类法
    k=3;
[IDX,C,sumd,D]=kmeans(X,k)
```

```
cityname = textdata(2:end,1);
cityname(IDX==1)
cityname(IDX==2)
cityname(IDX==3)
plot(X(IDX==1,1),X(IDX==1,2),'r.','MarkerSize',14)
hold on
plot(X(IDX==2,1),X(IDX==2,2),'b.','MarkerSize',14)
hold on
plot(X(IDX==3,1),X(IDX==3,2),'g.','MarkerSize',14)
plot(C(:,1),C(:,2),'kx','MarkerSize',14,'LineWidth',4)
plot(C(:,1),C(:,2),'kx','MarkerSize',14,'LineWidth',4)
plot(C(:,1),C(:,2),'kx','MarkerSize',14,'LineWidth',4)
% 判断最优 k 值
dist=[1.8705e10,7.3717e9,4.2425e9,3.4567e9,3.1906e9,2.9215e9,
1.7986e9,1.5419e9];
k=[1,2,3,4,5,6,7,8];
    figure
plot(k,dist,'* - ')
xlabel('k')
ylabel('cluster distance to centroid')
```

运行结果前文已有说明,这里不再赘述。

6.4 判别分析

问题的描述 （本题来源:2000 年全国大学生数学建模竞赛 A 题）

2000 年 6 月,人类基因组计划中 DNA 全序列草图完成,预计 2001 年可以完成精确的全序列图,此后人类将拥有一本记录着自身生老病死及遗传进化全部信息的"天书"。这本大自然写成的"天书"是由 4 个字符 A,T,C,G 按一定顺序排成的长约 30 亿的序列,其中没有"断句",也没有标点符号,除了这 4 个字符表示 4 种碱基以外,人们对它包含的"内容"知之甚少,难以读懂。破译这部世界上信息量最大的"天书"是二十一世纪最重要的任务之一。在这个目标中,研究 DNA 全序列具有什么结构,由这 4 个字符排成的看似随机的序列中隐藏着什么规律,是解读这部天书的基础,也是生物信息学(Bioinformatics)最重要的课题之一。

虽然人类对这部"天书"知之甚少,但也发现了 DNA 序列中的一些规律和结构。例如,在全序列中有一些是用于编码蛋白质的序列片段,即由这 4 个字符组成的 64 种不同的 3 字符串,其中大多数用于编码构成蛋白质的 20 种氨基酸。又例如,在不用于编码蛋白质的序列片段中,A 和 T 的含量特别多,于是以某些碱基特别丰富作为特征去研究

DNA 序列的结构也取得了一些结果。此外,利用统计的方法还发现序列的某些片段之间具有相关性,等等。这些发现让人们相信,DNA 序列中存在着局部的和全局性的结构,充分发掘序列的结构对理解 DNA 全序列是十分有意义的。目前在这项研究中最普通的思想是省略序列的某些细节,突出特征,然后将其表示成适当的数学对象。这种被称为粗粒化和模型化的方法往往有助于研究 DNA 全序列的规律性和结构。

作为研究 DNA 序列结构的尝试,提出以下对序列集合进行分类的问题:下面有 20 个已知类别的人工制造的序列,其中序列标号 1~10 为 A 类,11~20 为 B 类。请从中提取特征,构造分类方法,并用这些已知类别的序列,衡量该方法是否足够好。然后用你认为满意的方法,对另外 20 个未标明类别的人工序列(标号 21~40)进行分类。

问题的分析　DNA 序列中蕴含的信息十分丰富,首先需要从生物学的角度提取 DNA 序列的特征。如何提取特征、提取哪方面的特征并不是本书的研究内容,所以下面仅以四种碱基 A,T,C,G 在序列中所占的百分比作为该序列的特征。每个序列都会与一个四维的向量相对应,而这个向量各分量之和为 1,因此独立的变量其实只有三个。也就是说,可以用一个三维向量来代表一个 DNA 序列。

视已知类别的 DNA 序列为训练样本,共有 20 个训练样本。问题是怎样利用已知分类的训练样本构造准则,判别新样本属于哪一类。直观地看,新样本离哪一类训练样本较近,那么它就应该归属于那一类。这个想法有点类似 6.3 节聚类分析的思想,通过距离远近来判断新样本归属。不同的是聚类分析中人们事先并不知道样本的分类情况,而本例中已经知道训练样本的具体分类。判别分析方法,是根据新样本的各项指标对其进行分类的一种多元统计分析方法。

模型的建立与求解　常用的建立判别准则的方法有距离判别与 Fisher 判别,下面分别建立模型进行讨论。

模型 1　距离判别

距离判别的基本思想是:样本离哪个总体的距离最近,就判断其属于哪个总体。通常采用马氏距离来定义某个样本 x 到总体 G 的距离。

$$d(x,G) = (x-\mu)^{\mathrm{T}} \sum{}^{-1} (x-\mu)$$

其中,μ 和 $\sum$ 分别为总体 G 的均值和协方差阵。

现在训练样本中有两个总体 A 和 B,分别记它们的均值为 μ_1 和 μ_2,协方差阵为 $\sum_1$ 和 $\sum_2$,记 $x = (x_1, x_2, x_3)^{\mathrm{T}}$ 为代表某个新样本的三维变量,建立判别准则如下:

$$\begin{cases} x \in A, & 如果 \ d(x,A) \leqslant d(x,B) \\ x \in B, & 如果 \ d(x,A) > d(x,B) \end{cases}$$

借助数理统计知识,可以得到 μ_1, μ_2 和 $\sum_1, \sum_2$ 的估计。

对训练样本的距离判别结果如表 6-4-1 所示。

表 6 - 4 - 1

A类	1	2	3	5	6	7	8	9	10	
B类	11	12	13	14	15	16	17	18	19	20

唯一出现误判的只有第 4 个样本,误判率为 1/20＝0.05。运用该方法对 21～40 号新样本进行分类,结果如表 6 - 4 - 2 所示。

表 6 - 4 - 2

A类	22	23	25	27	29	32	34	35	36	37
B类	21	24	26	28	30	31	33	38	39	40

模型 2 Fisher 判别

Fisher 判别的基本思想是:先把数据投影到一维直线上,使得投影后不同类别之间的差距最大,而同一类中的样本尽可能地接近。然后再按照距离远近构造判别准则。本例中线性判别函数为 $y=c_1x_1+c_2x_2+c_3x_3$,则分属于 A,B 两类的训练样本投影为

$$y^{(A)}=c_1x_{i1}^{(A)}+c_2x_{i2}^{(A)}+c_3x_{i3}^{(A)} \qquad i=1,2,\cdots,10$$
$$y^{(B)}=c_1x_{i1}^{(B)}+c_2x_{i2}^{(B)}+c_3x_{i3}^{(B)} \qquad i=1,2,\cdots,10$$

为使 A,B 两类的差异尽量大,投影后两个类的均值 $\bar{y}^{(A)}$ 与 $\bar{y}^{(B)}$ 之间的差异应该尽量大,由此可以确定线性判别函数中的系数 c_1,c_2,c_3。

记 y 为新样本 x 投影后的值,建立 Fisher 判别准则为

$$\begin{cases} x\in A,如果 \mid y-\bar{y}^{(A)} \mid \leqslant \mid y-\bar{y}^{(B)} \mid \\ x\in B,如果 \mid y-\bar{y}^{(A)} \mid > \mid y-\bar{y}^{(B)} \mid \end{cases}$$

对训练样本的距离判别结果如表 6 - 4 - 3 所示。

表 6 - 4 - 3

A类	1	2	3	5	6	7	8	9	10	
B类	11	12	13	14	15	16	17	18	19	20

唯一出现误判的还是只有第 4 个样本,误判率为 1/20＝0.05。运用 Fisher 判别方法对 21～40 号新样本进行判别,结果如表 6 - 4 - 4 所示。

表 6 - 4 - 4

A类	22	23	25	27	29	32	34	35	36	37
B类	21	24	26	28	30	31	33	38	39	40

模型的评价

(1) 距离判别分析准则的假设前提是总体服从正态分布。严格来说,使用距离判别分析之前必须对总体正态性进行检验。而 Fisher 判别准则对总体分布则不做任何要求。

（2）只有当总体之间有明显差异时，判别分析才有意义。

（3）根据训练样本建立的判别准则并不唯一，并且会出现误判，可以根据训练样本的误判率来比较各个判别准则的优劣，再选择误判率较低的判别准则判断新样本的类别。

 思考题

问题 1： 在 DNA 判别的例子中，只提取了 DNA 的三个特征。虽然也解决了 DNA 的分类问题，但是提取的特征比较少，所得结果比较粗糙。请提取更多的 DNA 信息，比如碱基的排列顺序等，重新建立距离判别模型和 Fisher 判别模型，对 20 个新样本进行判别。

问题 2： 在计算误判率时，采用的是对训练样本进行判断，用误判的个数除以样本总数的方法，这一计算误判率的方法并不稳定。"刀切法"是从训练样本中依次踢掉一个样本，用剩下的样本建立判断准则，判断被踢样本的分类，然后用总的误判个数除以训练样本总数，得到误判率。试用"刀切法"来重新计算上题中两个判断准则的误判率。

判别分析及其 MATLAB 软件求解

判别分析（discriminant analysis）是判别样本所属总体的一种统计分析方法，通过已知总体的样本（训练样本）来建立判别模型，判断未知样本属于哪个总体。MATLAB 统计工具箱提供了 classify 函数进行距离判别，使用格式如下：

[class,err] = classify(sample,training,group,′type′,prior)　%*sample* 为未知待分类的样本矩阵，*training* 为已知分类的训练矩阵，它们有相同的列数；*group* 为训练样本的分类标记向量，指明训练样本的每一行属于哪个类，并与之具有相同的行数；class 返回 sample 中对应元素的分类结果；err 返回模型误判率。

MATLAB 并没有直接提供 Fisher 判别函数，下面为以两分类为例编写的 Fisher 判别函数。

```
function y = fisher(x1,x2,sample)
r1 = size(x1,1);r2 = size(x2,1);
r3 = size(sample,1);
a1 = mean(x1)';a2 = mean(x2)';
s1 = cov(x1)*(r1-1);s2 = cov(x2)*(r2-1);
sw = s1 + s2;
w = inv(sw)*(a1-a2)*(r1 + r2-2);
y1 = mean(w'*a1);
y2 = mean(w'*a2);
y0 = (r1*y1 + r2*y2)/(r1 + r2);
for i = 1:r3
  y(i) = w'*sample(i,:)';
   if y(i)>y0
      y(i) = 1;
```

```
      else
      y(i)=2;
       end
    end
```

使用时的调用方式为 y＝fisher(G1,G2,H) ％ G_1 为第一类的样本观测矩阵,G_2 为第二类的样本观测矩阵,H 为待判样本观测矩阵。

若是多类别的分类问题,也可以参照该程序,先利用两分类程序计算出待判样本类别,再对大类进行细分,直至能够判断出样本所属类别。

例题 6.4.1 分别用距离判别法和 Fisher 判别法,判断 21～40 号 DNA 的类别。

解: 本例中首先需要读取 DNA 序列,计算每个碱基所占的比重。编写 MATLAB 程序代码如下(为简洁起见,只显示部分编码)。

```
% 读取 A 类 DNA 数据
A=[];
A(1,:)='aggcacggaaaaacgggaataacggaggaggacttggcacggcattacacggaggacg
aggtaaaggaggcttgtctacggccggaagtgaagggggatatgaccgcttggaattgtctg';
A(2,:)='cggaggacaaacgggatggcggtattggaggtggcggactgttcggggaattattcgg
tttaaacgggacaaggaaggcggctggaacaaccggacggtggcagcaaaggaacggacacg';
A(3,:)='gggacggatacggattctggccacggacggaaaggaggacacggcggacatacacggc
ggcaacggacggaacggaggaaggagggcggcaatcggtacggaggcggcggacggacggag';
A(4,:)='atggataacggaaacaaaccagacaaacttcggtagaaatacagaagcttagatgcat
atgttttttaaataaaatttgtattattatggtatcataaaaaaaggttgcgagataacata';
A(5,:)='cggctggcggacaacggactggcggattccaaaaacggaggaggcggacggaggctac
accaccgtttcggcggaaaggcggagggctggcaggaggctcattacggggagcggaggcgg';
A(6,:)='atggaaaattttcggaaaggcggcaggcaggaggcaaaggcggaaaggaaggaaacgg
cggatatttcggaagtggatattaggagggcggaataaaggaacggcggcacaaaggaggcg';
A(7,:)='atggattattgaatggcggaggaagatccggaataaaatatggcggaaagaacttgt
tttcggaaatggaaaaaggactaggaatcggcggcaggaaggatatggaggcggaaggacgg';
A(8,:)='atggccgatcggcttaggctggaaggaacaaataggcggaattaaggaaggcgttctc
gcttttcgacaaggaggcggaccataggaggcggattaggaacggttatgaggaggactcgg';
A(9,:)='atggcggaaaaaggaaatgtttggcatcggcgggctccggcaactggaggttcggcca
tggaggcgaaaatcgtgggcggcggcagcgctggccggagtttgaggagcgcggcacaatgt';
A(10,:)='tggccgcggaggggcccgtcgggcgcggatttctacaagggcttcctgttaaggagg
tggcatccaggcgtcgcacgctcggcgcggcaggaggcacgcgggaaaaaacggggaggcggt';
L=length(A(1,:))
for i=1:10
   x1=find(A(i,:)=='a');x2=find(A(i,:)=='t');x3=find(A(i,:)=='c');
G1=[G1;length(x1) length(x2) length(x3)];
end
```

```
G1 = G1/L
%  距离判别法
sample=[G1;G2;G];
training=[G1;G2];
group=[ones(10,1);2*ones(10,1)];
obs=[1: 40]';
[C,err]= classify(sample,training,group,'mahalanobis');
[obs, C]
err
```

　　% Fisher 判别法

　　y = fisher(G1,G2,H)

　　运行结果前文已有说明,这里不再赘述。

6.5　回归分析

　　问题的描述　（本题来源:2017 年全国大学生数学建模竞赛 C 题）

　　比色法是目前常用的一种检测物质浓度的方法,即把待测物质制备成溶液后滴在特定的白色试纸表面,等其充分反应以后获得一张有颜色的试纸,再把该颜色试纸与一个标准比色卡进行对比,就可以确定待测物质的浓度档位了。由于每个人对颜色的敏感差异和观测误差,使得这一方法在精度上受到很大影响。随着照相技术和颜色分辨率的提高,希望建立颜色读数和物质浓度的数量关系,即只要输入照片中的颜色读数就能够获得待测物质的浓度。试根据附件所提供的有关颜色读数和物质浓度数据,根据 5 种物质在不同浓度下的颜色读数,讨论从这 5 组数据中能否确定颜色读数和物质浓度之间的关系,建立颜色读数和物质浓度的数学模型,并给出模型的误差分析。

　　问题的分析　以颜色读数 B,G,R,S,H 为自变量,物质浓度 y 为应变量,建立模型 $y=f(B,G,R,S,H)$,根据颜色预测浓度。物质共有 5 种,分别为组胺、溴酸钾、工业碱、硫酸铝钾、奶中尿素,每种物质与颜色读数之间的回归关系可能有所不同。为判断物质与颜色读数之间的关系,先做散点图,观察散点的趋势,然后建立模型。最常见的回归模型就是线性回归,如果散点图趋势与线性图像差异较大,则可以考虑非线性回归。下面以组胺为例说明该问题的做法。

　　模型的建立与求解　先做出组胺这一组 10 个组胺浓度观察值以及颜色读数 B,G,R,S,H 之间的两两散点图(图 6 - 5 - 1)。从图像上看,组胺浓度与每种颜色读数之间都存在一定的线性关系。因此,首先建立多元线性回归模型:

$$y=\beta_0+\beta_1 B+\beta_2 G+\beta_3 R+\beta_4 S+\beta_5 H+\varepsilon \qquad (6-5-1)$$

　　其中,ε 服从正态分布,$E(\varepsilon)=0$,$\mathrm{Var}(\varepsilon)=\sigma^2$。

　　编写 MATLAB 程序,利用最小二乘法得到参数拟合的结果为

$$y = -212.765 + 2.854\,8B - 4.487\,3G + 2.321\,3R + 4.593\,2S + 1.141\,5H + \varepsilon$$

$$(6-5-2)$$

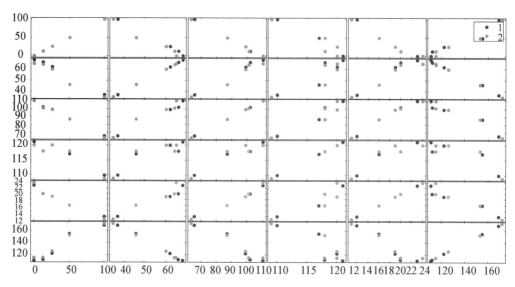

图 6-5-1　数据散点图

所得回归模型显著性检验的 F 统计量 p 值为 0,判定系数 R^2 为 1,因此该模型是显著的。残差图 6-5-2 显示残差都在零的附近,可见回归结果是比较好的。参数显著性检验的结果如下:式(6-5-1)中 β_0,β_5 这两个参数的 t -检验统计量的绝对值分别为 $2.527\,8$ 和 $2.655\,7$,而检验水平为 0.05 的检验临界值为 $2.776\,4$,即常数项、色调 H 对组胺浓度的影响均不显著。剔除不显著的变量,重新建立线性回归模型为

$$y = \beta_1 B + \beta_2 G + \beta_3 R + \beta_4 S + \varepsilon \qquad (6-5-3)$$

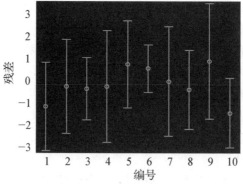

图 6-5-2　回归模型残差图

重复之前的步骤,估计模型参数→模型显著性检验→参数显著性检验→确定模型。如此不断重复,最终所得线性回归模型为

$$y = -15.130\,9G + 39.659\,9R + 4.514\,1S + \varepsilon \qquad (6-5-4)$$

$$E(\varepsilon) = 0 \qquad \mathrm{Var}(\varepsilon) = 4.1 \qquad (6-5-5)$$

模型的评价　线性回归模型是显著的,说明通过颜色读数确实能够确定组胺浓度。本例中残差分析是必须的,残差应该在零上下无规律地波动,且残差的置信区间应该包含零。本例中模型(6-5-1)的残差图是完全符合要求的,最终确定的模型(6-5-4)有一个点处的残差区间不包含零,但已经很接近零。如果在数据分析中,有个别点处的残差明显不符合这一要求,这个点很可能是异常点,要引起重视。

 思考题

问题 1:完成例题中其余 4 种物质(溴酸钾,工业碱,硫酸铝钾和奶中尿素)关于颜色读数的多元线性回归建模问题。

问题 2:例题中颜色读数对物质浓度是否存在交叉效应? 比如蓝色 B,绿色 G 读数的乘积对物质浓度是否有影响? 重新建立回归模型加以讨论。

<h3 align="center">回归分析及其 MATLAB 软件求解</h3>

回归分析(regression analysis)的数学模型为

$$y = f(x_1, x_2, \cdots, x_n) + \varepsilon \tag{6-5-6}$$

ε 通常假设服从正态分布。若函数 f 为线性函数,则称之为线性回归模型,否则称为非线性回归模型。

线性回归可以使用 regress 函数来求解,它既可以处理一元线性回归问题,也可以处理多元线性回归问题。该函数使用最小二乘法估计模型参数,具体用法如下:

b=regress(y,X)　% y 为响应值,X 为输入变量,b 返回参数估计值

[b,bint]=regress(y,X)　% bint 返回参数估计的置信区间

[b,bint,r]=regress(y,X)　% r 返回残差

[b,bint,r,rint]=regress(y,X)　% rint 返回残差的置信区间

[b,bint,r,rint,stats]=regress(y,X)　% stats 返回检验统计量,包括判定系数 R^2 F 检验统计量的值,检验 p 值,误差方差的估计。

提醒一点,使用 regress 函数做线性回归时,如果模型中包含常数项,则必须在 X 第一列元素的左侧加入一列 1。另外,regress 函数不会输出参数显著性检验的结果,要通过手动编程计算参数显著性 t-检验的结果,程序如下:

```
A = x'*x;
C = inv(A);
RSS = y'*y-b'*x'*y;
MSe = RSS/(n-p-1);
Up = b.*b./diag(C);
F = Up/MSe;
sb = sqrt(MSe*diag(C));
t = b./sb;
```

```
quntile = tinv(1-0.025,n-p-1)
xianzhu=[];
for i = 1:length(t)
    if abs(t(i))<quntile
        xianzhu=[xianzhu 0];
    else
        xianzhu=[xianzhu 1];
    end
end
```

还可以使用函数 robustfit 做稳健回归,该函数采用加权最小二乘估计法估计参数,所得结果受异常值的影响较小,并且 robustfit 函数会在 X 第一列元素的左侧自动加入一列 1,不需要手动添加。调用格式为

$$[b,stats] = robustfit(X,y)$$

该函数可以直接输出回归参数的显著性检验的 p 值。

另外还有逐步回归分析函数 stepwise,它提供了一个交互式画面,通过此工具可自由地选择变量,进行统计分析。调用格式为

$$stepwise(x,y,inmodel,alpha)$$

其中,x 是输入变量,y 是因变量,inmodel 是矩阵的列数指标(缺省时为全部自变量),alpha 为显著性水平(缺省时为 0.5)。

MATLAB 同样提供了 nlinfit 函数实施非线性回归,调用格式为

$$[beta,r,j] = nlinfit(x,y,'model', beta0)$$

其中,x 和 y 分别为输入变量和因变量,model 是事先用 m - 文件定义的非线性函数,beta0 是回归系数的初值,beta 是估计出的回归系数,r 是残差,j 是 Jacobian 矩阵。预测和预测误差估计用以下命令:

$$[y,delta] = nlpredci('model',x,beta,r,j)$$

例题 6.5.1 求解本例中组胺浓度关于颜色读数的多元线性回归模型(6 - 5 - 1)。

解:读取数据,编写程序如下。

```
[X,textdata]=xlsread('example6.5.1.xls');
X1 = X(1:10,1:6);
group=[ones(1,5),2*ones(1,5)];
y = X1(:,1);
x=[ones(10,1),X1(:,2:end)];
[b, bint, r, rint, stats] = regress(y,x)
rcoplot(r,rint)
```

运行结果:

```
b =
  -212.7650
     2.8548
```

```
        -4.4873
         2.3213
         4.5932
         1.1415
bint=
    -446.4622      20.9322
        0.3312       5.3784
       -5.7283      -3.2463
        0.5074       4.1353
        2.1880       6.9985
       -0.0519       2.3349
r=
       -0.9931
       -0.0832
       -0.1841
       -0.0871
        0.9202
        0.7334
        0.1418
       -0.2224
        1.0565
       -1.2820
rint =
       -2.9899       1.0036
       -2.2049       2.0384
       -1.5803       1.2122
       -2.6089       2.4347
       -1.0473       2.8877
       -0.3339       1.8006
       -2.3336       2.6172
       -2.0164       1.5717
       -1.5550       3.6681
       -2.8587       0.2947
stats =
        1.0e + 03 *
         0.0010   1.9045   0.0000   0.0013
```

参数显著性检验的程序见前文,结果为:

```
t=
   -2.5278
    3.1409
  -10.0391
    3.5531
    5.3021
    2.6557
quntile=
    2.7764
xianzhu=
    0  1  1  1  1  0
```

例题 6.5.2　九个商店的销售额与流通率数据如表 6-5-1 所示,先画出散点图(图 6-5-3),然后建立合适的模型拟合销售额 x 与流通率之间的回归关系。

表 6-5-1　九个商店的销售额与流通率

商店	销售额/万元	流通率/%
1	1.5	7.0
2	4.5	4.8
3	7.5	3.6
4	10.5	3.1
5	13.5	2.7
6	16.5	2.5
7	19.5	2.4
8	22.5	2.3
9	25.5	2.2

解:销售额 x 与流通率 y 的散点图如图 6-5-3 所示。

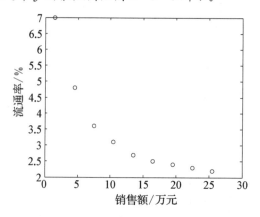

图 6-5-3　销售额与流通率散点图

拟合曲线方程 $y = \beta_0 + \dfrac{\beta_1}{x} + \varepsilon$，在 MATLAB 中编写函数文件：

```
function     y=xiaoshou(beta, x)
y=beta(1)+beta(2) ./x;
```

编写主程序：

```
x=[1.5,4.5,7.5,10.5,13.5,16.5,19.5,22.5,25.5];
y=[7,4.8,3.6,3.1,2.7,2.5,2.4,2.3,2.2];
options = statset;
options.Robust ='on';
[beta,r,j,covb,mse]=nlinfit(x,y,@ xiaoshou,[2,5], options);
beta
mse
yhat = xiaoshou(beta, x);
figure
plot(x, y, 'k.')
hold on
plot(x, yhat)
xlabel('销售额')
ylabel('流通率')
```

运行结果：

```
beta=
    1.6649   14.2409
mse=
    0.0579
```

所得非线性模型为 $y = 1.664\,9 + \dfrac{14.240\,9}{x} + \varepsilon$。

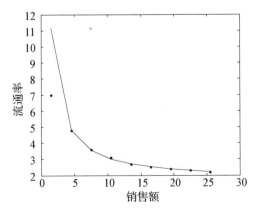

图 6-5-4　拟合曲线图

由图 6-5-4 可见,模型的拟合效果还是不错的。本例中虽然为非线性拟合,但仍然可以实施模型显著性检验与参数显著性检验。只需要引入新的自变量 $\frac{1}{x}$,则模型又可视作线性模型,响应的假设检验就可以继续进行。这一点留作读者思考。

例题 6.5.3（本例来源:2019 年江苏省研究生数学建模创新实践大赛 B 题）

经过几十年的发展建设,我国高速铁路的运营里程已超过 2.5 万千米,占世界的三分之二。高速铁路大大减少了人们的出行时间,提升了出行品质,同时以安全、换乘方便、乘坐舒适等特点受到广大群众的欢迎。

选择高铁还是传统的火车出行,不同的人(群)有不同的意愿。正是这个原因,使得高铁还不能完全取代传统火车。一个人的出行是选择乘坐高铁还是传统火车与他的经济状况、出行目的、里程长度、时间成本、购票方便程度、个人爱好、追求舒适意愿等多种因素有关。

请根据 2019 年寒假期间某高校本科生从南京回程购票信息调查表数据,建立可供计算的具体乘客购票行为数学模型,并估计模型参数。

解:与例 6.4.1 和例 6.5.2 不同的是,本例只有购买高铁票与购买火车票两种响应。若记购买高铁票为"1",购买火车票为"0",则要建立的就是一个 0-1 分类模型,普通的线性(非线性)模型显然不再适用。而 Logistic 回归模型是一种可以描述分类变量的广义线性模型,符合本例要求。

根据题中所给数据,以里程长度(x_1)、行驶时间长度(x_2)、可支配收入(x_3)、购票费用为生活费自付还是家庭报销(x_4)、购票价格(x_5)、是否注重舒适程度(x_6)、是否注重时间成本(x_7)为自变量,以购买高铁票还是火车票(Y)为因变量,建立 Logistic 回归模型:

$$g(p)=\alpha_0+\alpha_1x_1+\alpha_2x_2+\alpha_3x_3+\alpha_4x_4+\alpha_5x_5+\alpha_6x_6+\alpha_7x_7$$

其中,$g(\cdot)$为联系函数。本例中 $g(p)=\ln\left(\frac{p}{1-p}\right)$,$p$ 为购买高铁票的概率,也是随机变量 Y 的期望。

编写 MATLAB 程序如下:

```
clc
clear all
data=xlsread('logistic_jianmo.xlsx');
x=[data(:,1),data(:,3),data(:,5),data(:,6),data(:,7),data(:,8),
data(:,9)];
y=data(:,2);
[b,dev,stats]=glmfit(x,y,'binomial','link','logit')
yfit=glmval(b,x,'logit')
obs=[yfit>0.5]
find(y-obs~=0)
```

运行结果：

b=

  -1.4197

  -0.0043

  -0.4942

   0.0003

   0.6238

   0.0281

  -0.0079

   1.1634

所得 logistic 回归模型为

$$\ln\left(\frac{p}{1-p}\right) = -1.419\,7 - 0.004\,3x_1 - 0.494\,2x_2 + 0.000\,3x_3 + 0.623\,8x_4 +$$

$$0.028\,1x_5 - 0.007\,9x_6 + 1.163\,4x_7$$

根据模型拟合的结果，建立如下决策准则：

$$\hat{Y} = \begin{cases} 1, p > 0.5 \\ 0, p \leqslant 0.5 \end{cases}$$

即如果拟合结果大于 0.5，则认为该学生购买高铁票，否则，购买的是火车票。经过验证，模型判错的比例为 $\frac{11}{161} = 0.068\,3$。

本例中仍然可以仿照线性模型参数检验的过程，根据参数显著性检验的 p 值剔除不显著的参数，进而重新拟合模型，这一点留给读者思考。

因此，广义线性模型通常用来描述离散型响应，比如，病人是否感染某种疾病、某公司是否会破产、服药后病人的呕吐次数等。其一般形式为

$$g(\mu) = \alpha_0 + \alpha_1 x_1 + \cdots + \alpha_p x_p \triangleq \eta$$

其中，$g(\cdot)$ 为联系函数，η 为线性回归函数，μ 为响应变量的均值。

常见的离散型响应有二值响应和计数响应，对应常用的联系函数如下。

（1）二值响应

  Logistic $\eta = \ln\left(\dfrac{\mu}{1-\mu}\right)$

  Probit $\eta = \Phi^{-1}(\mu)$，Φ 为标准正态分布的分布函数

  Complementary log-log $\eta = \ln[-\ln(1-\mu)]$

（2）计数响应

$$\eta = \ln(\mu)$$

MATLAB 的 glmfit 函数可以实现广义线性模型参数的估计，算法为极大似然估计，

具体用法如下：

b＝glmfit(X,y,distr)　　％ X 为自变量矩阵，y 为响应，distr 为所拟合模型对应的联系函数类型，比如 b 返回模型参数估计值。

［b,dev］＝glmfit(...)　　％ dev 返回广义线性模型的误差平方和。

［b,dev,stats］＝glmfit(...)　　％ stats 返回模型检验结果，包括参数检验的 p 值、残差等。

6.6　层次分析法

问题的描述　自从 1999 年实行高校扩招以来，我国的高等教育实现了超常规的快速发展。随着大学毕业生数量的连年迅速增长，加之 2008 年美国次贷危机引发全球性的金融风暴，毕业生就业难已成为整个社会不争的事实。如何对毕业生进行正确有效的就业指导成为毕业生能否顺利就业的关键。请搜集数据，对高校毕业生择业情况进行评估，为其择业提供可靠的参考依据。

问题的分析　这个问题并没有提供的数据，需要通过对即将走上工作岗位的大学生进行问卷调查，了解他们择业的主要考虑因素。影响毕业生就业的因素很多，主观选择较大，很难完全对择业情况进行定量分析。Saaty 于 20 世纪 70 年代末提出的层次分析方法，是一种定量与定性相结合，系统化、层次化的分析方法。由于影响大学生就业的因素很多，需要把就业这个复杂问题分解，构造一个有层次的结构模型。在每个层次内对多个子因素进行比较，得出不同就业选择的权重，为最佳方案的选择提供依据。

模型的建立　第一步，通过阅读资料、问卷调查，构造层次结构模型，如图 6-6-1 所示。

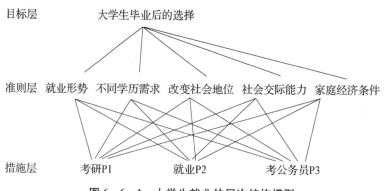

图 6-6-1　大学生就业的层次结构模型

（1）最高层：这一层次中只有一个元素，即分析问题的预定目标或理想结果，因此也称为目标层。

（2）中间层：这一层次中包含了为实现目标所涉及的中间环节，它可以由若干个层次组成，包括所需考虑的准则、子准则，因此也称为准则层。

（3）最底层：这一层次包含了实现目标可选择的各种措施、决策方案等，因此也称为措施层或方案层。

第二步,构造每一层对上一层次的每个因素的判断矩阵 A。层次结构反映了每个层中因素之间的关系,但是在决策者心目中,它们各占一定比例。比如,比较准则层中 5 个因素在毕业生心目中对其择业的影响大小,就可以采取两两因子比较建立成对比较矩阵的办法,即每次取两个准则层中两个因素 x_i 和 x_j,以 a_{ij} 表示 x_i 和 x_j 对择业 Z 的影响大小之比,全部比较结果用矩阵 $A = (a_{ij})_{n \times n}$ 表示,称 A 为 $Z - X$ 之间的成对比较判断矩阵(简称判断矩阵)。

至于如何确定 a_{ij} 的值,Saaty 等建议使用 1~9 标度法,即用数字 1~9 及其倒数作为标度。表 6-6-1 列出了 1~9 标度的含义。

表 6-6-1 层析分析中的 1~9 标度法

标　度	含　义
1	表示两个因素相比,具有相同重要性
3	表示两个因素相比,前者比后者稍重要
5	表示两个因素相比,前者比后者明显重要
7	表示两个因素相比,前者比后者强烈重要
9	表示两个因素相比,前者比后者极端重要
2、4、6、8	表示上述相邻判断的中间值
倒数	若因素 i 与因素 j 的重要性之比为 a_{ij},那么因素 j 与因素 i 重要性之比为 $a_{ij} = \dfrac{1}{a_{ji}}$。

由表 6-6-1 可知,判断矩阵 $A = (a_{ij})_{n \times n}$ 应该满足 $a_{ij} > 0$ 且 $a_{ij} = \dfrac{1}{a_{ji}}$,即它应该是一个正互反矩阵(易见 $a_{ij} = 1; i = 1, \cdots, n$)。

第三步,层次单排序以及判断矩阵的一致性检验。计算最大特征值 $\lambda_{\max}$ 对应的单位化特征向量 W,该特征向量即为同一层因素相对于上一层因素的重要性权重,层次单排序完成。

一致性检验就是检验矩阵是否为一致矩阵,即是否为满足 $a_{ij} a_{jk} = a_{ij} (i, j, k = 1, 2, \cdots, n)$ 的正互反矩阵。

判断矩阵的构造方式成对比较判断矩阵的办法虽能减少其他因素的干扰,较客观地反映出一对因子影响力的差别。但综合全部比较结果时,其中难免包含一定程度的非一致性。如果比较结果是前后完全一致的,则矩阵 A 的元素还应当满足:

$$a_{ij} a_{jk} = a_{ik} \qquad \forall i, j, k = 1, 2, \cdots, n$$

需要检验构造出来的(正互反)判断矩阵 A 是否严重地非一致,以便确定是否接受 A。判断矩阵的一致性检验的步骤如下:

(1) 计算一致性指标 CI

$$CI = \frac{\lambda_{\max} - n}{n - 1}, \lambda_{\max} 为判断矩阵的最大特征值。$$

(2) 查找相应的平均随机一致性指标 RI。对 $n = 1, \cdots, 9$,Saaty 给出了 RI 的值,如表

6-6-2 所示。

表 6-6-2

n	1	2	3	4	5	6	7	8	9
RI	0	0	0.58	0.90	1.12	1.24	1.32	1.41	1.45

(3) 计算一致性比例 CR

$CR = \dfrac{CI}{RI}$，当 $CR < 0.10$ 时，认为判断矩阵的一致性是可以接受的，否则，应对判断矩阵做适当修正。

第四步，层次总排序以及一致性检验。在第三步时已经得到某层元素对其上一层某元素的权重向量。最终要得到各元素，特别是最低层中各方案对于目标的排序权重，从而进行方案选择。总排序权重要自上而下地将所有准则层的权重进行合成。

设上一层次（A 层）包含 $A_1, \cdots, A_m$ 共 m 个因素，它们的层次总排序权重分别为 $a_1, \cdots, a_m$。又设其后的下一层次（B 层）包含 n 个因素 $B_1, \cdots, B_n$，它们关于 A_j 的层次单排序权重分别为 $b_{1j}, \cdots, b_{nj}$（当 B_i 与 A_j 无关联时，$b_{ij}=0$）。现求 B 层中各因素关于总目标的权重，即求 B 层各因素的层次总排序权重 $b_1, \cdots, b_n$，计算按表 6-6-3 所示方式进行，即 $b_i = \sum\limits_{j=1}^{m} b_{ij} a_j, i = 1, \cdots, n$。

表 6-6-3

层B ＼ 层A	A_1 a_1	A_2 a_2	$\cdots$	A_m a_m	B 层总排序权值
B_1	b_{11}	b_12	$\cdots$	b_{1m}	$\sum\limits_{j=1}^{m} b_{1j} a_j$
B_2	b_{21}	b_{22}	$\cdots$	b_{2m}	$\sum\limits_{j=1}^{m} b_{2j} a_j$
$\vdots$	$\cdots$	$\cdots$	$\cdots$	$\cdots$	$\vdots$
B_n	b_{n1}	b_{n2}	$\cdots$	b_{nm}	$\sum\limits_{j=1}^{m} b_{nj} a_j$

对层次总排序也需做一致性检验，检验仍像层次单排序那样由高层到低层逐层进行。设 B 层中与 A_j 的成对比较判断矩阵在单排序中经一致性检验，求得单排序一致性指标为 $CI(j)(j=1, \cdots, m)$，相应的平均随机一致性指标为 $RI(j)$，$CI(j)$、$RI(j)$ 已在层次单排序时求得，则 B 层总排序随机一致性比例为 $CR = \dfrac{\sum\limits_{j=1}^{m} CI(j) a_j}{\sum\limits_{j=1}^{m} RI(j) a_j}$。

当 $CR < 0.10$ 时，认为层次总排序结果具有较满意的一致性并接受该分析结果。

模型的求解 第一步，通过调查，给出准则层中 5 个元素 B_1, B_2, B_3, B_4, B_5 对目标层择业的判断矩阵。

表 6 - 6 - 4　准则层对目标层的判断矩阵

	B_1	B_2	B_3	B_4	B_5
B_1	1	1/5	1/3	1/7	1/4
B_2	5	1	1	1/5	5
B_3	3	1/3	1	1/4	2
B_4	7	5	4	1	5
B_5	4	1/5	1/2	1/5	1

给出措施层中 3 种择业方式对准则层中 5 个因素的 5 个判断矩阵。

表 6 - 6 - 5　就业形势 B_1-P 判断矩阵

B_1	P_1	P_2	P_3
P_1	1	1/6	1/3
P_2	6	1	4
P_2	3	1/4	1

表 6 - 6 - 6　不同学历的需求 B_2-P 的判断矩阵

B_2	P_1	P_2	P_3
P_1	1	1/4	1/2
P_2	4	1	3
P_2	2	1/3	1

表 6 - 6 - 7　改变社会地位 B_3-P 判断矩阵

B_3	P_1	P_2	P_3
P_1	1	4	3
P_2	1/4	1	1/2
P_2	1/3	2	1

表 6 - 6 - 8　社会交际能力 B_4-P 的判断矩阵

B_4	P_1	P_2	P_3
P_1	1	6	4
P_2	1/6	1	1/5
P_2	1/4	5	1

表 6 - 6 - 9　家庭经济条件 B_5-P 准则的判断矩阵

B_5	P_1	P_2	P_3
P_1	1	1	1/3
P_2	1	1	1/5
P_2	3	5	1

第二步,计算各个矩阵的最大特征值以及对应的单位化特征向量(分量和为 1),即得各要素的权重。

表 6 - 6 - 10

	B_1	B_2	B_3	B_4	B_5
P_1	0.091	0.625	0.136	0.674	0.185
P_2	0.691	0.136	0.625	0.075	0.156
P_2	0.218	0.239	0.239	0.251	0.659

表 6-6-11　准则层对目标层的权数

	B_1	B_2	B_3	B_4	B_5	W'_i	W_i
B_1	1	1/5	1/3	1/7	1/4	0.313	0.041
B_2	5	1	3	1/5	5	1.719	0.227
B_3	3	1/3	1	1/4	2	0.871	0.115
B_4	7	5	4	1	5	3.707	0.491
B_5	4	1/5	2	1/5	1	0.956	0.126
合计						7.566	1

第三步,对五个准则判断矩阵分别进行一致性检验。

就业形势判断矩阵一致性检验:

① $\lambda_{max}=3.055$

② $CI=(3.055-3)\div(3-1)=0.028$

③ 根据随机一致性标准表得知 $RI=0.58$

④ $CR=CI/RI=0.028/0.58=0.048<0.1$

不同学历的需求判断矩阵一致性检验:

① $\lambda_{max}=3.018$

② $CI=(3.018-3)\div(3-1)=0.009$

③ 根据随机一致性标准表得知 $RI=0.58$

④ $CR=CI/RI=0.009/0.58=0.016<0.1$

改变社会地位判断矩阵一致性检验:

① $\lambda_{max}=3.018$

② $CI=(3.018-3)\div(3-1)=0.009$

③ 根据随机一致性标准表得知 $RI=0.58$

④ $CR=CI/RI=0.009/0.58=0.016<0.1$

社会交际能力判断矩阵一致性检验:

① $\lambda_{max}=3.017$

② $CI=(3.017-3)\div(3-1)=0.008$

③ 根据随机一致性标准表得知 RI$=0.58$

④ $CR=CI/RI=0.008/0.58=0.008<0.1$

家庭经济条件判断矩阵一致性检验:

① $\lambda_{max}=3.030$

② $CI=(3.030-3)\div(3-1)=0.015$

③ 根据随机一致性标准表得知 $RI=0.58$

④ $CR=CI/RI=0.015/0.58=0.026<0.1$

以上说明各判断矩阵均通过一致性检验,由此计算得到的权数可作为 P_1,P_2,P_3 三个选择相对于各要素的重要度比较。

第四步，分别记 SP_1,SP_2,SP_3 为三种择业方式的得分，则

$$\begin{bmatrix} SA \\ SB \\ SC \end{bmatrix} = \begin{bmatrix} 0.091 & 0.625 & 0.136 & 0.674 & 0.185 \\ 0.691 & 0.136 & 0.625 & 0.075 & 0.156 \\ 0.218 & 0.239 & 0.239 & 0.251 & 1.659 \end{bmatrix} \times \begin{bmatrix} 0.041 \\ 0.227 \\ 0.115 \\ 0.491 \\ 0.126 \end{bmatrix} = \begin{bmatrix} 0.515 \\ 0.188 \\ 0.423 \end{bmatrix}$$

层次总排序的检验指标为

$$CI = 0.041 \times 0.028 + 0.227 \times 0.009 + 0.115 \times 0.009 + 0.491 \times 0.008 + 0.126 \times 0.015$$
$$= 0.010$$
$$RI = 0.041 \times 0.58 + 0.227 \times 0.58 + 0.115 \times 0.58 + 0.491 \times 0.58 + 0.126 \times 0.58 = 0.58$$
$$CR = CI/RI = 0.010/0.58 = 0.017 < 0.10$$

计算结果表明，A（考研）在被选择中占的权数最大，为 0.515，而 B（就业）最不理想。由此可得，在众多层次结构因素的测评下，被调查者报考公务员与选择就业的概率很低，考研应该是他的最优选择。

直观解释 层次结构中的层次数与问题的复杂程度及需要分析的详尽程度有关，一般层次数不受限制。本例中只有一层准则层，实际分析中可根据需要建立多个子准则层。每一层次中各元素所支配的元素一般不要超过 9 个，因为支配的元素过多会给两两比较判断带来困难。

层次分析法能够从备选方案中选择较优者，也就是说它不能为决策者提供解决问题的新方案。

模糊层次分析法 层次分析法最大的问题是当某一层的因素个数很多时，难以保证判断矩阵的一致性，且所给值过于绝对化。通常人们在回答某个问题时，都会给出最低可能值、最高可能值或者取值区间。将模糊评价方法与层次分析法结合起来的模糊层次分析法，将能很好地解决这一问题。该方法与层次分析法的本质区别在于建立的判断矩阵不同，模糊层次分析法通过元素两两比较建立模糊一致判断矩阵。

下面以本例中就业形势 B_1-P 判断矩阵为例，介绍建立模糊一致判断矩阵的方法。

（1）建立优先关系矩阵（模糊互补矩阵）$\boldsymbol{R} = (r_{ij})_{3\times3}$，矩阵元素满足 $r_{ij} = 0.5 + (w_i - w_j)\beta$，其中 w_i, w_j 为因素重要程度，β 值反映决策者对因素重要程度差异的重视程度，$0 < \beta \leqslant 0.5$。易知 $r_{ij} = 0.5$，$r_{ij} + r_{ji} = 1$。取 $\beta = 0.4$，三个因素的重视程度比为 $2:3:5$。计算得 $r_{21} = 0.5 + (0.3 - 0.2) \times 0.4 = 0.54$，$r_{32} = 0.5 + (0.5 - 0.3) \times 0.4 = 0.58$，得到如下优先关系矩阵：

$$\boldsymbol{R} = \begin{bmatrix} 0.5 & 0.46 & 0.38 \\ 0.54 & 0.5 & 0.42 \\ 0.62 & 0.58 & 0.5 \end{bmatrix}$$

（2）将优先关系矩阵改造成模糊一致矩阵，记 $r_i = \sum_{k=1}^{3} r_{ik}, i = 1,2,3$，做变换 $r_{ij} =$

$\dfrac{r_i - r_j}{2n} + 0.5 (n = 3)$，得如下模糊一致矩阵：

$$\boldsymbol{RA} = \begin{pmatrix} 0.5 & 0.48 & 0.44 \\ 0.52 & 0.5 & 0.46 \\ 0.56 & 0.54 & 0.5 \end{pmatrix}$$

矩阵元素满足 $ra_{ij} = ra_{ik} - ra_{jk} + 0.5$。

（3）根据公式 $w_i = \dfrac{1}{n} - \dfrac{1}{2a} + \dfrac{1}{na}\sum\limits_{j=1}^{n} r_{ij}, i = 1, 2, \cdots, n \left(a \geqslant \dfrac{n-1}{2} \right)$，计算 $\boldsymbol{RA}$ 的排序向量。a 越小表示决策者越重视因素间重要程度的影响。取 $a = 1$，得到权重向量为 $w = (0.306, 0.327, 0.367)$。

思考题

问题 1：自主创业也是目前大学生的就业方式之一，例题中并没有考虑这一点。另外准则层中的各个因素是否还可以进一步调整或增加？请重新建立层次分析模型，分析毕业生的就业倾向，并比较不同院系、专业学生的择业情况。

问题 2：采用模糊层次分析法，重新建立判断矩阵，分析毕业生的就业倾向。

层次分析法及其 MATLAB 软件求解

层次分析法的关键是模型结构层次的建立，如图 6-6-1。一旦建立起结构模型，接下来的关键就是判断矩阵最大特征值以及其对应特征向量的求解。根据层次数目的不同，程序也会有差异。主要用到的函数为：

$[V, D] = Eig(A)$　%A 为判断矩阵，V 返回矩阵的特征向量矩阵，D 返回以特征值为对角线元素的对角矩阵。一般情况下，D 的对角线元素是从大到小按顺序从左上排列至右下。但有时也会出现乱序，需要在程序中进行调整。

还可以利用主成分分析函数 princomp(pca) 找到最大特征值，用法参见本章第一节内容。

例题 6.6.1　以就业形势 B_1-P 判断矩阵为例，说明权重以及一致性检验的做法。

B_1	P_1	P_2	P_3
P_1	1	1/6	1/3
P_2	6	1	4
P_2	3	1/4	1

解：编写 MATLAB 程序

```
clc
clear
A=[1 1/6 1/3;6 1 4;3 1/4 1];
```

```
[V,D] = eig(A)
lamda = max(max(D))
[row,col] = find(D==lamda)
y_lamda = V(:,col)/sum(V(:,col))
[n,n] = size(A);

CI = (lamda-n)/(n-1);
RI = [0 0 0.52 0.89 1.12 1.36 1.41 1.46 1.49 1.52 1.54 1.56 1.58 1.59];
CR = CI/RI(n);
if CR < 0.10
    disp('一致性检验通过');
    disp('CI= ');disp(CI);
    disp('CR= ');disp(CR);
end
```

习 题

1. 根据 2007 年我国 31 个省、市、自治区和直辖市的农村居民家庭每人全年销售性支出的 8 个主要变量的观测数据(表 1),这 8 个变量可以用几个主成分来进行综合表示?

表 1 各地区农村居民家庭平均每人生活消费支出 单位:元

地 区	食 品	衣 着	居 住	家庭设备及服务	交通和通讯	文教娱乐用品及服务	医疗保健	其他商品及服务
北 京	2 132.51	513.44	1 023.21	340.15	778.52	870.12	629.56	111.75
天 津	1 367.75	286.33	674.81	126.74	400.11	312.07	306.19	64.30
河 北	1 025.72	185.68	627.98	140.45	318.19	243.30	188.06	57.40
山 西	1 033.68	260.88	392.78	120.86	268.75	370.97	170.85	63.81
内蒙古	1 280.05	228.40	473.98	117.64	375.58	423.75	281.46	75.29
辽 宁	1 334.18	281.19	513.11	142.07	361.77	362.78	265.01	108.05
吉 林	1 240.93	227.96	399.11	120.95	337.46	339.77	311.37	87.89
黑龙江	1 077.34	254.01	691.02	104.99	335.28	312.32	272.49	69.98
上 海	3 259.48	475.51	2 097.21	451.40	883.71	857.47	571.06	249.04
江 苏	1 968.88	251.29	752.73	228.51	543.97	642.52	263.85	134.41
浙 江	2 430.60	405.32	1 498.50	338.80	782.98	750.69	452.44	142.26
安 徽	1 192.57	166.31	479.46	144.23	258.29	283.17	177.04	52.98
福 建	1 870.32	235.61	660.55	184.21	465.40	356.26	174.12	107.00

地　区	食　品	衣　着	居　住	家庭设备及服务	交通和通讯	文教娱乐用品及服务	医疗保健	其他商品及服务
江　西	1 492.02	147.71	474.49	121.54	277.15	252.78	167.71	61.08
山　东	1 369.20	224.18	682.13	195.99	422.36	424.89	230.84	71.98
河　南	1 017.43	189.71	615.62	136.37	269.46	212.36	173.19	62.26
湖　北	1 479.04	168.64	434.91	166.25	281.12	284.13	178.77	97.13
湖　南	1 675.16	161.79	508.33	152.60	278.78	293.89	219.95	86.88
广　东	2 087.58	162.33	763.01	163.85	443.24	254.94	199.31	128.06
广　西	1 378.78	86.90	554.14	112.24	245.97	172.45	149.01	47.98
海　南	1 430.31	86.26	305.90	93.26	248.08	223.98	95.55	73.23
重　庆	1 376.00	136.34	263.73	138.34	208.69	195.97	168.57	39.06
四　川	1 435.52	156.65	366.45	142.64	241.49	177.19	174.75	52.56
贵　州	998.39	99.44	329.64	70.93	154.52	147.31	79.31	34.16
云　南	1 226.69	112.52	586.07	107.15	216.67	181.73	167.92	38.43
西　藏	1 079.83	245.00	418.83	133.26	156.57	65.39	50.00	68.74
陕　西	941.81	161.08	512.40	106.80	254.74	304.54	222.51	55.71
甘　肃	944.14	112.20	295.23	91.40	186.17	208.90	149.82	29.36
青　海	1 069.04	191.80	359.74	122.17	292.10	135.13	229.28	47.23
宁　夏	1 019.35	184.26	450.55	109.27	265.76	192.00	239.40	68.17
新　疆	939.03	218.18	445.02	91.45	234.70	166.27	210.69	45.25

2. 为研究 39 家上市公司的财务状况,从盈利能力、偿债能力、成长能力等三个方面观测了每个公司的 7 个财务指标,包括销售净利率、营业利润率、每股收益、流动比率、资产负债率、速动比率和主营收入增长率。根据数据(表 2),求解这 7 个财务指标的 3 个主成分,并做出解释。

表 2　39 家上市公司的财务状况数据

公司	销售净利率/%	营业利润率/%	每股收益/（元/股）	流动比率/%	资产负债率/%	速动比率/%	主营收入增长率/%
1	36.54	42.87	0.58	6.12	5.71	14.07	52.6
2	21	24.54	0.7	2.14	2.09	47.38	27.69
3	−49.22	−48.6	−0.36	1.91	1.57	25.09	23.24
4	19.19	22.72	0.35	1.37	0.76	67.78	7.16
5	−43.05	−41.34	−5.74	0.32	0.24	95.18	−21.25

公司	销售净利率/%	营业利润率/%	每股收益/（元/股）	流动比率/%	资产负债率/%	速动比率/%	主营收入增长率/%
6	−1 207.05	−267.14	−0.45	0.4	0.37	163.56	−48.07
7	−585.33	−569.31	−4.21	0.44	0.41	184.63	−80.99
8	−20.59	−19.55	−0.45	0.96	0.3	84.24	10.41
9	−23.01	−21.79	−0.77	0.51	0.34	111.1	−12.3
10	−173.26	−171.66	−3.15	1.86	1.74	14.79	−36.01
11	−17.6	−17.51	−1.61	0.62	0.26	95.19	7.83
12	−42.75	−40.14	−0.61	0.77	0.58	72.36	8.9
13	−17.25	−15.98	−0.19	1.07	0.96	44.57	−5.13
14	−3 697.59	−3 547.79	−1.05	1.21	0.38	91.88	−94.98
15	2.62	−228.38	0.01	2.38	2.38	16.09	56.99
16	15.2	17.15	0.01	71.56	60.32	1.37	−36.14
17	−14.42	−15.15	−0.09	1.5	128	56.74	3.71
18	−12.42	−8.05	−0.26	1.34	1.04	82.19	−12.46
19	5.18	12.88	0.11	2.33	1.9	48.43	17.91
20	10.36	12.15	0.74	2.07	50.02	1.68	25.92
21	2.53	2.54	0.38	1.21	0.91	70.56	27.65
22	18.68	22.04	1.15	3.63	3.51	18.12	30.02
23	7.31	7.63	0.12	1.75	1.29	49.53	8.72
24	0.21	0.3	0.03	1.31	1.02	67.69	34.09
25	23.15	26.26	0.77	2.56	2	22.31	20.57
26	7.51	9.14	0.33	2.06	1.46	29.48	13.92
27	19.87	24.97	0.44	1.92	0.74	69.58	38.95
28	5.8	6.32	0.13	1.63	1.5	48.34	17.12
29	0.64	2.66	0.12	1.01	0.81	71.87	−4.85
30	0.83	1.41	0.46	1.38	0.94	48.72	1.35
31	7.53	7.86	0.45	1.4	1.05	40.96	20.16
32	3.97	4.63	0.3	1.52	1.33	54.08	26.1
33	2.53	3.73	0.21	1	1.73	55.9	26.77
34	5.86	4.46	0.26	2.41	2.39	45.82	259.14
35	19.98	20.2	0.45	3.22	3.2	28.04	4.16
36	5.36	5.23	0.17	2.54	2.17	54.03	16.23

公司	销售净利率/%	营业利润率/%	每股收益/（元/股）	流动比率/%	资产负债率/%	速动比率/%	主营收入增长率/%
37	3.15	2.89	0.21	1.3	0.98	52.99	2.55
38	11.82	12.68	2.4	1.34	1.08	31.14	12.52
39	8.07	9.6	0.78	6.01	4.73	16.98	34.06

3. 1984 年洛杉矶奥运会 55 个国家和地区男子径赛成绩记录如表 3 所示（单位：秒），进行因子分析，并根据因子的综合得分对 55 个国家进行排序。

表3　1984 年洛杉矶奥运会 55 个国家和地区男子径赛成绩　　　　单位：秒

国家	100 米	200 米	400 米	800 米	1 500 米	5 000 米	10 000 米	马拉松
阿根廷	10.39	20.81	46.84	1.81	3.7	14.04	29.36	137.72
澳大利亚	10.31	20.06	44.84	1.74	3.57	13.28	27.66	128.3
奥地利	10.44	20.81	46.82	1.79	3.6	13.26	27.72	135.9
比利时	10.34	20.68	45.04	1.73	3.6	13.22	27.45	129.95
百慕大	10.28	20.58	45.91	1.8	3.75	14.68	30.55	146.62
巴西	10.22	20.43	45.21	1.73	3.66	13.62	28.62	133.13
缅甸	10.64	21.52	48.3	1.8	3.85	14.45	30.28	139.95
加拿大	10.17	20.22	45.68	1.76	3.63	13.55	28.09	130.15
智利	10.34	20.8	46.2	1.79	3.71	13.61	29.3	134.03
中国	10.51	21.04	47.3	1.81	3.73	13.9	29.13	133.53
哥伦比亚	10.43	21.05	46.1	1.82	3.74	13.49	27.88	131.35
库克群岛	12.18	23.2	52.94	2.02	4.24	16.7	35.38	164.7
哥斯达黎加	10.94	21.9	48.66	1.87	3.84	14.03	28.81	136.58
捷克斯洛伐克	10.35	20.65	45.64	1.76	3.58	13.42	28.19	134.32
丹麦	10.56	20.52	45.89	1.78	3.61	13.5	28.11	130.78
多米尼加共和国	10.14	20.65	46.8	1.82	3.82	14.91	31.45	154.12
芬兰	10.43	20.69	45.49	1.74	3.61	13.27	27.52	130.87
法国	10.11	20.38	45.28	1.73	3.57	13.34	27.97	132.3
德意志民主共和国	10.12	20.33	44.87	1.73	3.56	13.17	27.42	129.92
德意志联邦共和国	10.16	20.37	44.5	1.73	3.53	13.21	27.61	132.23
大不列颠及北爱尔兰	10.11	20.21	44.93	1.7	3.51	13.01	27.51	129.13
希腊	10.22	20.71	46.56	1.78	3.64	14.59	28.45	134.6
危地马拉	10.98	21.82	48.4	1.89	3.8	14.16	30.11	139.33

续　表

国家	100 米	200 米	400 米	800 米	1 500 米	5 000 米	10 000 米	马拉松
匈牙利	10.26	20.62	46.02	1.77	3.62	13.49	28.44	132.58
印度	10.6	21.42	45.73	1.76	3.73	13.77	28.81	131.98
印度尼西亚	10.59	21.49	47.8	1.84	3.92	14.73	30.79	148.83
以色列	10.61	20.96	46.3	1.79	3.56	13.32	27.81	132.35
爱尔兰	10.71	21	47.8	1.77	3.72	13.66	28.93	137.55
意大利	10.01	19.72	45.26	1.73	3.6	13.23	27.52	131.08
日本	10.34	20.81	45.86	1.79	3.64	13.41	27.72	128.63
肯尼亚	10.46	20.66	44.92	1.73	3.55	13.1	27.38	129.75
韩国	10.34	20.89	46.9	1.79	3.77	13.96	29.23	136.25
朝鲜人民民主共和国	10.91	21.94	47.3	1.85	3.77	14.13	29.67	130.87
卢森堡	10.35	20.77	47.4	1.82	3.67	13.64	29.08	141.27
马来西亚	10.4	20.92	46.3	1.82	3.8	14.64	31.01	154.1
毛里求斯	11.19	22.45	47.7	1.88	3.83	15.06	31.77	152.23
墨西哥	10.42	21.3	46.1	1.8	3.65	13.46	27.95	129.2
荷兰	10.52	20.95	45.1	1.74	3.62	13.36	27.61	129.02
新西兰	10.51	20.88	46.1	1.74	3.54	13.21	27.7	128.98
挪威	10.55	21.16	46.71	1.76	3.62	13.34	27.69	131.48
巴布亚新几内亚	10.96	21.78	47.9	1.9	4.01	14.72	31.36	148.22
菲律宾	10.78	21.64	46.24	1.81	3.83	14.74	30.64	145.27
波兰	10.16	20.24	45.36	1.76	3.6	13.29	27.89	131.58
葡萄牙	10.53	21.17	46.7	1.79	3.62	13.13	27.38	128.65
罗马尼亚	10.41	20.98	45.87	1.76	3.64	13.25	27.67	132.5
新加坡	10.38	21.28	47.4	1.88	3.89	15.11	31.32	157.77
西班牙	10.42	20.77	45.98	1.76	3.55	13.31	27.73	131.57
瑞士	10.25	20.61	45.63	1.77	3.61	13.29	27.94	130.63
瑞典	10.37	20.46	45.78	1.78	3.55	13.22	27.91	131.2
中国台北	10.59	21.29	46.8	1.79	3.77	14.07	30.07	139.27
泰国	10.39	21.09	47.91	1.83	3.84	15.23	32.56	149.9
土耳其	10.71	21.43	47.6	1.79	3.67	13.56	28.58	131.5
美国	9.93	19.75	43.86	1.73	3.53	13.2	27.43	128.22
苏联	10.07	20	44.6	1.75	3.59	13.2	27.53	130.55
西萨摩亚	10.82	21.86	49	2.02	4.24	16.28	34.71	161.83

4. 2006 年中国 31 个城市 1~12 月份气温情况见表 4,请对这 31 个城市采用不同的聚类方法进行聚类分析。

表 4　2006 年中国 31 个城市 1~12 月份气温情况表　　　　单位:℃

城市	1 月	2 月	3 月	4 月	5 月	6 月	7 月	8 月	9 月	10 月	11 月	12 月
北　京	−1.9	−0.9	8.0	13.5	20.4	25.9	25.9	26.4	21.8	16.1	6.7	−1.0
天　津	−2.7	−1.4	7.5	13.2	20.3	26.4	25.9	26.4	21.3	16.2	6.5	−1.7
石家庄	−0.9	1.6	10.3	15.1	21.3	27.4	27.0	25.9	21.8	17.8	8.0	0.4
太　原	−3.6	−0.4	6.8	14.5	19.1	23.2	25.7	23.1	17.4	13.4	4.4	−2.5
呼和浩特	−9.2	−7.0	2.2	10.3	17.4	21.8	24.5	22.0	16.3	11.5	1.3	−7.7
沈　阳	−12.7	−8.1	0.5	8.0	18.3	21.6	24.2	24.3	17.5	11.6	0.8	−6.7
长　春	−14.5	−10.6	−1.3	6.1	17.0	20.2	23.5	23.3	17.1	9.6	−2.3	−9.3
哈尔滨	−17.7	−12.6	−2.8	5.9	17.1	19.9	23.4	23.1	16.2	7.4	−4.5	−12.1
上　海	5.7	5.6	11.1	16.6	20.8	25.6	29.4	30.2	23.9	22.1	15.7	8.2
南　京	3.9	4.3	11.3	17.1	21.2	26.5	28.7	29.5	22.5	20.3	12.8	5.2
杭　州	5.8	6.1	12.4	18.3	21.5	25.9	30.1	30.6	23.3	21.9	15.1	7.7
合　肥	3.4	4.5	11.7	17.2	21.7	26.7	28.8	29.0	22.2	20.4	12.8	5.0
福　州	12.5	12.5	14.0	19.4	22.3	26.5	29.4	29.0	25.9	24.4	19.8	14.1
南　昌	6.6	6.5	12.7	19.3	22.7	26.0	30.0	30.0	24.3	22.1	15.0	8.1
济　南	0.0	2.1	10.2	16.5	21.5	26.9	27.4	26.0	21.4	19.5	10.0	1.6
郑　州	0.3	3.9	11.5	17.1	21.8	27.8	27.1	26.1	21.2	19.0	10.8	3.0
武　汉	4.2	5.8	12.8	19.0	23.9	28.4	30.2	29.7	24.0	21.0	14.0	6.8
长　沙	5.3	6.2	12.5	19.9	23.6	27.0	30.1	29.5	24.0	21.3	14.7	7.8
广　州	15.8	17.3	17.9	23.6	25.3	27.8	29.8	29.4	27.0	26.4	21.9	16.0
南　宁	14.3	14.3	17.5	23.9	25.2	27.6	28.0	27.2	25.7	25.6	20.4	14.0
海　口	18.5	20.5	21.8	26.7	28.3	29.4	30.0	28.5	27.4	27.1	25.3	20.8
重　庆	7.8	9.0	13.3	19.2	22.9	25.4	31.0	32.4	24.8	20.6	14.6	9.4
温　州	5.8	7.5	12.1	17.9	21.6	24.0	26.9	26.6	20.9	19.0	13.3	6.9
贵　阳	4.3	5.4	10.2	17.0	18.9	21.1	23.8	23.2	20.5	16.7	11.2	5.8
昆　明	10.8	13.2	15.9	18.0	18.0	20.4	21.3	20.6	18.3	16.9	13.2	9.8
拉　萨	2.7	5.0	6.2	8.3	12.8	17.8	18.3	17.1	14.7	8.6	3.7	1.2
西　安	−0.2	4.3	10.8	16.8	21.4	26.5	28.2	26.0	19.5	16.8	9.4	2.3
兰　州	−6.9	−2.6	3.2	10.3	15.6	20.0	22.2	21.9	13.8	10.2	1.5	−7.4
西　宁	−6.5	−3.0	1.4	7.1	12.0	15.5	18.7	18.2	11.7	7.6	0.3	−6.4

城　市	1 月	2 月	3 月	4 月	5 月	6 月	7 月	8 月	9 月	10 月	11 月	12 月
银　川	−7.4	−2.2	4.9	13.6	18.8	23.7	24.8	23.8	16.5	13.7	4.4	−4.3
乌鲁木齐	−14.2	−6.7	1.2	12.0	16.8	23.2	24.5	24.1	17.6	11.4	1.9	−8.8

5. 上市公司的 5 个主要财务指标(每股净资产、每股收益、毛利率、每股现金流量、净资产收益率)反映了该公司的经营状况,现搜集了 2018 年深/沪证券交易所 228 家上市公司的财务数据。根据这些数据建立准则,判断 30 家公司的经营状况,为其做出财务预警。("1"表示该公司陷入财务困境,"0"表示该公司没有陷入财务困境)

表 5　2018 年深/沪证券交易所 228 家上市公司的财务数据

公司编号	每股净资产 /(元/股)	每股收益 /(元/股)	毛利率/%	每股现金 流量/(元/股)	净资产 收益率/%	类别
1	0.202	3.223	5.844	−0.058	20.513	0
2	0.526	5.62	9.803	0.147	4.454	0
3	0.123	2.358	5.37	−0.66	36.125	0
4	0.647	4.022	16.408	2.129	73.703	0
5	0.06	3.311	1.88	0.592	9.183	0
6	0.421	10.335	4.077	−0.936	16.411	0
7	0.759	10.829	7.153	1.794	14.91	0
8	1.05	9.596	11.552	−3.387	17.768	0
9	1.14	10.641	11.234	0.584	45.894	0
10	1.246	7.414	18.209	0.971	22.256	0
11	0.024	4.72	0.51	−0.196	8.17	0
12	0.35	4.074	8.813	−0.03	55.189	0
13	1.338	7.925	18.112	0.211	8.161	0
14	−0.166	12.836	5.762	−0.654	15.459	0
15	1.24	2.84	9.86	−0.194	32.732	0
16	2.62	4.594	2.839	−0.431	64.807	0
17	0.179	1.601	7.089	−0.031	31.164	0
18	0.675	8.239	8.36	0.054	19.398	0
19	0.231	2.874	7.598	0.041	11.467	0
20	0.168	2.814	0.986	0.067	39.422	0
21	0.28	6.285	11.89	0.58	16.302	0
22	0.082	5.42	−26.706	−4.244	32.303	0

续 表

公司编号	每股净资产/(元/股)	每股收益/(元/股)	毛利率/%	每股现金流量/(元/股)	净资产收益率/%	类别
23	0.517	5.245	11.482	−0.614	16.438	0
24	0.17	2.057	3.272	−0.318	17.318	0
25	−0.048	0.603	−7.669	−0.012	33.954	0
26	0.62	6.576	9.604	1.369	60.88	0
27	0.262	3.386	8.004	−0.606	14.929	0
28	0.163	2.247	7.537	−0.004	12.624	0
29	0.154	3.351	4.671	−0.178	51.041	0
30	0.281	5.63	5.072	0.049	30.521	0
31	0.121	4.379	2.72	2.085	17.817	0
32	0.182	4.669	3.968	0.02	9.396	0
33	0.145	4.993	2.947	−0.601	24.35	0
34	0.184	2.206	8.349	−0.776	17.788	0
35	0.328	3.89	8.711	−0.319	36.325	0
36	0.223	3.319	6.691	−0.496	15.718	0
37	0.178	4.012	4.528	0.212	37.235	0
38	−0.01	2.334	−0.518	−0.157	9.79	0
39	0.337	7.345	4.618	0.231	40.235	0
40	0.17	4.812	3.471	−0.18	26.368	0
41	0.024	3.609	0.664	−0.446	9.941	0
42	0.056	4.405	1.277	−0.315	19.991	0
43	0.22	3.169	6.714	−0.09	15.655	0
44	2.72	12.471	22.861	−1.747	27.261	0
45	0.75	4.674	16.474	−0.138	21.64	0
46	0.154	7.647	2.033	−0.528	17.778	0
47	1.05	8.443	13.143	0.285	30.869	0
48	0.35	9.948	3.511	0.295	47.302	0
49	0.295	2.341	13.474	−0.042	53.407	0
50	0.09	4.506	1.995	−1.463	11.547	0
51	0.1	2.574	4.07	−0.226	16.836	0
52	0.378	3.665	10.885	−0.071	75.715	0
53	−0.23	0.902	−22.543	−2.91	26.603	0

公司编号	每股净资产/(元/股)	每股收益/(元/股)	毛利率/%	每股现金流量/(元/股)	净资产收益率/%	类别
54	0.361	4.411	8.514	−2.552	6.507	0
55	0.23	5.528	4.2	−1.051	18.753	0
56	0.394	5.741	7.255	−0.018	37.96	0
57	0.03	1.628	1.806	−0.086	98.83	0
58	0.22	4.765	4.65	−0.571	18.63	0
59	2.13	12.314	18.16	−0.666	26.191	0
60	0.203	5.508	4.405	−0.101	21.347	0
61	0.065	1.479	4.49	0.207	16.971	0
62	0.208	4.419	4.755	−1.573	23.583	0
63	1.873	16.005	12.063	−0.381	64.354	0
64	0.195	3.187	5.837	0.15	17.921	0
65	0.304	3.096	10.13	−0.24	64.25	0
66	−0.202	2.753	−7.069	−0.527	53.72	0
67	0.58	4.391	13.407	−0.148	65.758	0
68	0.135	3.976	3.464	−0.062	37.364	0
69	0.54	6.04	9.4	0.595	32.89	0
70	0.314	3.863	8.422	0.186	8.198	0
71	1.04	10.37	10.33	1.417	21.904	0
72	0.227	0.913	28.196	0.012	18.412	0
73	−0.126	1.453	−8.356	0.061	−112.444	0
74	−0.074	0.006	−174.279	−0.323	66.784	0
75	0.15	3.214	4.75	−0.494	9.041	0
76	0.01	1.116	0.869	−0.028	9.279	0
77	0.181	3.623	5.113	0.314	20.912	0
78	−0.01	0.067	−16.081	−0.026	1.454	0
79	0.139	1.503	9.55	−0.032	15.565	0
80	1.31	14.884	8.755	−1.135	62.637	0
81	0.014	3.532	0.393	0.097	24.143	0
82	1.13	2.949	47.09	0.275	20.911	0
83	0.128	1.428	9.294	0.358	37.686	0
84	−0.009	0.602	−1.505	−0.007	75.438	0

公司编号	每股净资产/(元/股)	每股收益/(元/股)	毛利率/%	每股现金流量/(元/股)	净资产收益率/%	类别
85	0.186	5.556	3.415	0.309	24.695	0
86	0.059	0.371	17.278	−0.041	21.49	0
87	0.063	4.833	1.3	−1.3	17.25	0
88	0.034	3.003	1.127	−0.269	5.199	0
89	0.24	3.752	6.398	−0.581	15.887	0
90	0.931	9.664	9.82	−1.193	30.989	0
91	0.71	1.428	65.687	1.263	29.044	0
92	0.636	8.5	7.468	−1.04	22.956	0
93	0.18	2.455	7.431	−0.243	21.617	0
94	0.086	3.936	2.165	−0.067	16.669	0
95	0.106	5.67	1.871	0.752	18.067	0
96	0.06	2.187	2.752	0.338	39.454	0
97	−0.032	2.237	−1.401	0.008	2.569	0
98	0.033	3.037	1.064	−1.064	59.756	0
99	−0.166	4.328	−3.732	−0.318	12.001	0
100	1.24	5.631	20.534	−1.23	32.694	0
101	2.62	18.444	14.671	−0.035	30.414	0
102	0.179	4.606	3.922	0.177	12.717	0
103	0.675	2.923	25.887	1.56	29.583	0
104	0.231	3.109	7.09	0.064	23.8	0
105	0.168	5.358	3.047	0.292	5.84	0
106	0.28	5.851	4.842	−0.278	46.123	0
107	0.082	2.059	4.018	−0.373	18.69	0
108	0.517	5.231	10.358	−0.055	13.989	0
109	0.17	3.928	4.302	−0.442	43.446	0
110	0.052	3.3	1.589	−0.14	56.495	0
111	0.25	12.181	1.895	−6.125	14.207	0
112	0.2	4.063	4.946	−0.193	23.372	0
113	0.216	3.192	6.955	−0.148	30.115	0
114	1.039	9.165	12.32	−0.61	33.576	0
115	0.002	1.9	0.13	0.061	8.07	0

公司编号	每股净资产 /(元/股)	每股收益 /(元/股)	毛利率/%	每股现金 流量/(元/股)	净资产 收益率/%	类别
116	0.308	5.393	5.877	−1.358	18.518	0
117	0.057	2.816	2.031	0	35.771	0
118	0.015	1.045	1.471	0.102	28.672	0
119	0.211	1.841	11.463	−0.141	18.653	0
120	0.216	3.965	5.868	0.206	29.722	0
121	0.01	2.127	0.554	−0.424	43.772	0
122	0.128	5.177	2.496	−0.095	18.037	0
123	0.1	2.488	4.254	−0.608	19.549	0
124	0.17	3.555	4.77	−0.027	52.947	0
125	0.221	9.266	3.477	4.046	100	0
126	1.878	11.061	17.538	−0.045	76.926	0
127	0.04	3.757	1.07	−0.168	13.352	0
128	−0.021	2.694	−0.766	−0.215	22.783	0
129	−0.29	3.673	−7.582	−0.616	4.572	0
130	−0.073	2.553	−2.838	0.115	15.411	0
131	−0.087	2.212	−3.85	−0.078	3.449	0
132	2.04	15.457	13.51	−0.642	21.429	0
133	0.362	5.4	6.868	0.195	38.173	0
134	0.164	2.741	6.153	0.083	26.167	0
135	−0.01	1.217	−0.798	−0.072	24.344	0
136	−0.08	4.357	−1.804	−0.6	3.523	0
137	0.08	4.368	1.894	0.262	13.179	0
138	−0.047	2.389	−1.94	0.411	47.661	0
139	0.239	4.187	5.822	0.075	51.637	0
140	0.041	1.68	2.494	−0.464	15.213	0
141	0.048	3.138	1.557	0.051	23.044	0
142	−0.01	0.934	−1.063	−0.104	24.181	0
143	2.49	14.223	18.437	2.515	77.931	0
144	0.297	6.002	5.356	0.05	41.011	0
145	0.284	3.451	8.499	−0.252	44.927	0
146	0.07	4.415	1.673	0.274	15.969	0

公司编号	每股净资产/(元/股)	每股收益/(元/股)	毛利率/%	每股现金流量/(元/股)	净资产收益率/%	类别
147	0.158	6.035	2.635	−0.017	15.147	0
148	0.249	4.152	6.01	0.097	23.795	0
149	0.37	3.901	9.861	−0.681	30.522	0
150	0.104	5.845	1.797	0.075	30.8	0
151	0.411	4.025	10.799	−0.769	38.875	0
152	0.06	1.814	3.35	−0.189	26.846	0
153	−0.01	3.943	−0.199	−1.048	73.385	0
154	−0.02	5.247	−0.402	−1.459	21.968	0
155	0.64	8.364	7.838	0.156	24.81	0
156	0.013	6.796	0.187	−0.294	11.717	0
157	0.16	3.502	4.639	−1.632	32.358	0
158	−0.045	3.226	−1.374	−0.272	5.837	0
159	−0.15	1.46	−9.771	−0.012	−17.396	0
160	−0.12	3.776	−3.112	0.213	−3.397	0
161	0.002	0.214	0.769	0.007	60.443	0
162	0.007	2.271	0.306	0.299	22.727	0
163	1.256	3.639	3.285	−0.125	18.445	0
164	−0.031	1.513	−2.021	0.203	82.425	0
165	0.006	1.256	0.493	−0.025	34.979	0
166	0.373	4.316	8.833	−0.335	38.983	0
167	−0.025	1.092	−2.264	−0.004	70.701	0
168	0.044	2.52	1.739	−0.172	48.566	0
169	0.046	2.367	1.955	0.185	35.339	0
170	−0.234	1.176	−18.122	−0.09	7.953	0
171	0.242	4.841	4.966	−0.082	24.166	0
172	0.17	3.128	5.388	0.192	24.031	0
173	0.229	3.025	7.904	1.053	22.081	0
174	0.003	0.444	0.579	−0.068	20.716	0
175	0.77	17.752	4.32	0.717	72.244	0
176	0.24	9.764	2.462	−1.293	15.22	0
177	0.041	4.3	0.956	−2.878	0.894	0

公司编号	每股净资产 /(元/股)	每股收益 /(元/股)	毛利率/%	每股现金 流量/(元/股)	净资产 收益率/%	类别
178	0.2	3.814	5.302	−1.557	31.059	0
179	0.431	1.292	39.953	0.122	13.816	1
180	−0.063	2.095	−2.961	−0.302	10.902	1
181	0.004	2.525	0.17	−0.362	35.1	1
182	−0.441	1.972	−20.124	−0.4	7.006	1
183	−0.152	0.984	−14.284	−0.115	0.467	1
184	−0.29	0.778	−31.648	−0.374	5.89	1
185	−0.55	1.066	−41.857	−0.099	10.897	1
186	0.122	4.806	2.795	0.518	31.758	1
187	0.149	2.115	7.226	0.005	6.417	1
188	−0.173	3.803	−4.444	−0.237	9.117	1
189	0.068	4.461	1.531	−0.362	29.294	1
190	−0.094	2.533	−3.63	−0.526	8.591	1
191	−0.072	1.402	−5.038	−0.488	7.458	1
192	−0.054	2.166	−2.46	−1.216	12.107	1
193	0.003	1.158	0.233	0.026	8.438	1
194	0.228	2.814	8.468	2.778	28.179	1
195	0.101	1.938	6.046	0.362	2.893	1
196	0.3	0.198	37.229	−0.225	18.156	1
197	−0.02	0	−209.686	−0.035	42.102	1
198	0.004	1.117	0.397	−0.003	23.808	1
199	0.038	4.559	0.831	−2.142	22.935	1
200	−0.02	3.035	−0.546	−0.241	31.294	1
201	0.62	5.65	11.581	−0.216	37.342	1
202	0.023	1.795	1.31	−0.172	20.535	1
203	−0.01	2.034	−0.594	−0.055	1.325	1
204	−0.03	0.508	−5.684	−0.048	0.341	1
205	0.225	10.825	2.252	−2.559	10.803	1
206	0.045	0.473	10.077	−0.125	14.195	1
207	0.028	1.582	1.796	−0.274	18.179	1
208	−0.061	1.35	−4.447	−0.048	3.35	1

公司编号	每股净资产/(元/股)	每股收益/(元/股)	毛利率/%	每股现金流量/(元/股)	净资产收益率/%	类别
209	0.03	0.254	14.387	−0.132	15.782	1
210	−0.01	0.341	−3.824	0.045	33.326	1
211	−0.36	1.328	−24.07	−0.952	25.428	1
212	0.044	0.055	132.999	0.001	26.007	1
213	−0.16	0.058	−116.715	0.027	−0.307	1
214	−0.014	0.275	−5.009	−0.034	19.369	1
215	−0.726	0.397	−95.542	−0.338	65.262	1
216	0.212	1.271	18.422	−0.576	3.357	1
217	0.012	1.77	0.682	−0.061	7.966	1
218	0.082	0.887	9.745	−0.341	13.056	1
219	−0.222	0.032	−155.919	−0.017	17.308	1
220	0.57	1.235	59.1	−0.016	11.727	1
221	−0.21	0.35	−94.419	0.203	14.312	1
222	−0.023	0.541	−4.23	−0.039	2.728	1
223	0.038	1.864	2.078	0.082	24.598	1
224	−0.034	0.162	−19.157	−0.133	7.59	1
225	−0.01	0.173	−3.454	−0.208	0.92	1
226	−0.08	1.66	−5.021	−0.224	14.679	1
227	−0.29	0.664	−35.874	−0.171	24.394	1
228	0.06	0.875	7.414	−0.209	9.516	1
229	0.011	3.674	0.306	0.294	26.48	
230	0.178	3.329	5.37	0.334	5.706	
231	0.002	0.031	6.598	0	10.165	
232	0.015	1.228	1.203	−0.29	12.766	
233	−0.06	1.846	−3.216	−0.15	27.059	
234	0.002	1.134	0.155	−0.239	10.092	
235	0.3	4.201	7.325	0.214	3.982	
236	0.077	2.997	2.568	−0.14	9.562	
237	0.121	3.361	3.653	−0.026	22.547	
238	0.371	5.815	6.482	0.026	42.207	
239	0.152	5.319	2.846	0.136	22.131	

续 表

公司编号	每股净资产/(元/股)	每股收益/(元/股)	毛利率/%	每股现金流量/(元/股)	净资产收益率/%	类别
240	2.165	25.731	9.082	7.035	11.488	
241	0.37	3.163	12.409	−0.07	55.832	
242	0.365	3.404	11.099	−0.008	15.234	
243	0.5	4.064	12.972	0.51	42.047	
244	−0.373	3.781	−9.469	−0.129	35.269	
245	0.013	0.236	5.526	−0.001	4.86	
246	−0.017	0.992	−1.723	0.045	0.809	
247	−0.002	1.359	−0.116	−0.036	1.902	
248	0.097	4.663	2.75	0.381	53.529	
249	−0.054	0.726	−7.137	−0.394	28.247	
250	0.259	2.547	10.702	0.206	24.32	
251	−1.16	0.808	−81.627	0.004	4.276	
252	−0.005	0.596	−0.778	−0.041	44.656	
253	0.024	0.327	21.43	−0.02	6.154	
254	0.04	1.967	2.146	0.019	−85.141	
255	0	0.216	0.151	−0.06	17.374	
256	−0.257	4.644	−5.386	−0.374	10.361	
257	−0.29	0.664	−35.874	−0.171	24.394	
258	−0.28	0.424	−50.758	−0.098	−0.681	

6. 表 6 搜集了 2018 年 36 个城市的国民生产总值（亿元）与社会商品销售总额（亿元），建立社会生产总额关于国民生产总值的一元线性回归模型，并评价模型。

表 6 2018 年中国 36 个城市的国民生产总值与社会商品销售总额

城市	国内生产总值/亿元	社会商品销售总额/亿元	城市	国内生产总值/亿元	社会商品销售总额/亿元
北京	30 319.98	11 747.7	济南	7 856.56	4 404.5
天津	18 809.64	5 533	青岛	12 001.52	4 842.5
石家庄	6 082.62	3 274.4	郑州	10 143.32	4 268.1
太原	3 884.48	1 811.9	武汉	14 847.29	6 843.9
呼和浩特	2 903.5	1 603.2	长沙	11 003.41	4 765
沈阳	6 292.4	4 051.2	广州	22 859.35	9 256.2

城市	国内生产总值/亿元	社会商品销售总额/亿元	城市	国内生产总值/亿元	社会商品销售总额/亿元
大连	7 668.48	3 880.1	深圳	24 221.98	6 168.9
长春	7 175.71	3 003.6	南宁	4 026.91	2 214.7
哈尔滨	6 300.48	4 125.1	海口	1 510.51	757.6
上海	32 679.87	12 668.7	重庆	20 363.19	7 977
南京	12 820.4	5 832.5	成都	15 342.77	6 801.8
杭州	13 509.15	5 715.3	贵阳	3 798.45	1 299.5
宁波	10 745.46	4 154.9	昆明	5 206.9	2 787.4
合肥	7 822.91	2 976.7	拉萨	540.78	295.4
福州	7 856.81	4 666.5	西安	8 349.86	4 658.7
厦门	4 791.41	1 542.4	兰州	2 732.94	1 352.1
南昌	5 274.67	2 131.6	西宁	1 286.41	564.4
银川	1 901.48	552.7			

7. 表 7 分别给出男童(m)、女童(f)的月龄以及颅围数据,试分别对男童和女童的颅围 y 建立其关于月龄 t 的非线性回归模型 $y = \beta_1 e^{\frac{\beta_2}{t + \beta_3}} + \varepsilon$,并比较男童和女童的颅围增长率是否有显著的差别?

表 7　男童(m)、女童(f)的月龄以及颅围

序号	性别	月龄/月	颅围/厘米	序号	性别	月龄/月	颅围/厘米
1	m	132	48.300 8	14	m	108	48.947 31
2	m	20	49.015 62	15	m	17	46.658 93
3	m	120	48.147 25	16	m	17	46.632 37
4	m	36	48.733 05	17	m	17	43.649 38
5	m	36	46.925	18	m	24	45.437 75
6	m	60	48.044 08	19	m	9	40.855 52
7	m	48	50.334 77	20	m	10	45.772 93
8	m	96	47.447 84	21	m	96	50.104 51
9	m	96	49.054 29	22	m	24	47.335 46
10	m	11	44.364 68	23	m	60	47.902 43
11	m	48	49.362 96	24	m	36	47.207 83
12	m	84	48.034 41	25	m	24	47.187 64
13	m	144	49.281 74	26	m	24	46.672 79

序号	性别	月龄/月	颅围/厘米	序号	性别	月龄/月	颅围/厘米
27	m	5	39.197 87	59	m	7	42.887 63
28	m	8	42.815 77	60	m	12	44.401 72
29	m	96	49.707 26	61	m	24	47.203 01
30	m	84	50.428 89	62	m	18	47.312 16
31	m	15	45.575 1	63	m	60	48.565 27
32	m	36	46.499 89	64	m	48	47.706 2
33	m	12	44.185 34	65	m	11	45.175 18
34	m	17	44.070 17	66	m	20	46.229 77
35	m	20	46.509 8	67	m	17	43.828 62
36	m	60	47.238 06	68	m	9	44.809 99
37	m	120	49.847 51	69	m	84	50.573 54
38	m	60	48.645 84	70	m	11	45.376 92
39	m	8	45.041 36	71	m	36	47.942 81
40	m	48	48.910 29	72	m	84	49.871 53
41	m	12	43.793 12	73	m	108	50.877 97
42	m	5	39.968 21	74	m	84	49.009 06
43	m	36	48.304 13	75	m	132	50.636 52
44	m	14	45.441 81	76	m	18	47.024 15
45	m	96	48.136 83	77	m	24	46.671 35
46	m	23	45.793 41	78	m	48	47.969 89
47	m	1.633 333	35.935 03	79	m	36	46.129 4
48	m	17	46.019 62	80	m	48	49.738 96
49	m	36	46.464 51	81	m	24	45.479 36
50	m	3	34.730 69	82	m	48	49.324 11
51	m	168	50.579 96	83	m	8	38.908 51
52	m	11	44.792 21	84	m	11	42.881 73
53	m	17	45.235 54	85	m	9	42.603 29
54	m	11	42.059 53	86	m	72	48.213 82
55	m	24	46.471 61	87	m	24	46.365 96
56	m	14	40.613 05	88	m	24	49.993 75
57	m	132	49.905 15	89	m	96	48.870 39
58	m	48	48.355 52	90	m	48	47.010 33

序号	性别	月龄/月	颅围/厘米	序号	性别	月龄/月	颅围/厘米
91	m	10	43.251 23	123	m	72	49.174 15
92	m	84	46.970 88	124	m	96	49.959 6
93	m	132	50.371 87	125	m	8	43.927 52
94	m	24	47.660 68	126	m	36	47.356 91
95	m	132	48.578 84	127	m	60	46.866 91
96	m	144	50.038 04	128	m	60	48.246 56
97	m	48	46.380 5	129	m	120	50.130 13
98	m	48	47.924 98	130	m	6	43.530 76
99	m	96	48.215 53	131	m	19	47.861 29
100	m	48	48.317 14	132	m	24	45.716 19
101	m	96	50.070 92	133	m	11	41.810 41
102	m	144	48.881 24	134	m	21	44.551 92
103	m	8	45.730 28	135	m	48	48.243 81
104	m	72	48.527 68	136	m	36	50.221 82
105	m	36	46.989 56	137	m	36	46.245 38
106	m	24	45.813 71	138	m	36	47.264 3
107	m	96	51.469 43	139	m	24	48.467 06
108	m	15	41.167 01	140	m	5	38.929 72
109	m	24	48.801 36	141	m	36	49.529 6
110	m	14	43.163 19	142	m	96	48.953 36
111	m	84	48.905 71	143	m	24	45.838 45
112	m	48	47.703 92	144	m	22	47.760 36
113	m	19	45.759 04	145	m	48	45.374 57
114	m	36	48.889 31	146	m	11	45.550 38
115	m	24	44.079 68	147	m	9	43.247 32
116	m	72	48.228 99	148	m	84	50.313 77
117	m	36	47.464 2	149	m	24	47.628 13
118	m	24	46.167 08	150	m	96	48.272 56
119	m	19	46.223 34	151	m	4	39.625 98
120	m	36	47.735 64	152	m	22	45.250 63
121	m	4	36.863 59	153	m	96	47.987 55
122	m	24	44.900 6	154	m	36	46.672 09

序号	性别	月龄/月	颅围/厘米	序号	性别	月龄/月	颅围/厘米
155	m	14	45.091 02	187	m	19	43.366 08
156	m	96	49.336 73	188	m	20	43.966 34
157	m	8	46.261 21	189	m	22	44.053 14
158	m	24	49.407 39	190	m	48	46.493 51
159	m	108	49.534 36	191	m	108	48.653 11
160	m	108	49.266 42	192	m	120	48.257 84
161	m	14	44.297 7	193	m	120	47.947 85
162	m	18	45.639 4	194	m	48	48.841 17
163	m	108	49.478 51	195	m	84	47.936 32
164	m	10	42.810 63	196	m	48	50.266 21
165	m	60	49.048 31	197	m	6	40.482 44
166	m	120	50.009 16	198	m	7	43.520 24
167	m	15	45.766 49	199	m	108	48.066 09
168	m	108	49.633 72	200	m	12	46.134 47
169	m	60	47.959 41	201	f	24	44.430 75
170	m	5	40.327 67	202	f	60	48.002 24
171	m	11	42.288 84	203	f	7	42.339 59
172	m	6	43.660 99	204	f	96	47.847 81
173	m	108	51.037 68	205	f	20	44.997 81
174	m	96	49.084 53	206	f	23	44.743 67
175	m	6	41.659 35	207	f	72	48.675 87
176	m	156	47.114 56	208	f	15	41.138 18
177	m	24	45.690 55	209	f	48	49.608 22
178	m	60	51.288 11	210	f	7	41.890 95
179	m	8	44.908 38	211	f	10	41.101 93
180	m	36	46.004 91	212	f	108	47.051 45
181	m	21	44.286 68	213	f	24	45.080 4
182	m	6	40.684 39	214	f	24	47.231 74
183	m	21	45.376 75	215	f	108	48.488 09
184	m	108	47.475 69	216	f	48	46.690 76
185	m	48	49.328 9	217	f	132	47.773 37
186	m	36	47.578 41	218	f	23	45.908 54

序号	性别	月龄/月	颅围/厘米	序号	性别	月龄/月	颅围/厘米
219	f	84	47.508 43	251	f	36	48.519 07
220	f	72	48.790 17	252	f	18	45.340 42
221	f	72	47.879 05	253	f	10	41.679 63
222	f	108	46.386 23	254	f	24	46.449 75
223	f	24	46.006 2	255	f	20	50.236 44
224	f	96	47.745 89	256	f	6	40.721 24
225	f	6	38.450 13	257	f	108	48.700 8
226	f	14	41.152 95	258	f	13	45.610 69
227	f	36	47.571 88	259	f	24	44.961 63
228	f	60	47.586 96	260	f	21	46.740 96
229	f	144	47.988 35	261	f	168	47.990 9
230	f	24	44.139 73	262	f	144	48.219 27
231	f	17	44.856 29	263	f	48	48.742 25
232	f	84	44.844 96	264	f	24	46.008 68
233	f	60	46.194 21	265	f	60	45.789 33
234	f	48	46.716 8	265	f	60	47.068 38
235	f	24	44.536 9	267	f	96	47.683 77
236	f	18	42.898 4	268	f	48	46.257 34
237	f	17	41.752 21	269	f	24	46.714 49
238	f	36	47.710 17	270	f	17	43.124 1
239	f	21	45.361 13	271	f	21	44.344 2
240	f	19	42.712 9	272	f	72	45.934 18
241	f	24	46.902 36	273	f	132	47.502 93
242	f	84	46.904 81	274	f	60	48.001 77
243	f	16	44.952 14	275	f	24	43.528 99
244	f	60	49.396 1	276	f	120	49.472 4
245	f	60	45.649 26	277	f	84	48.370 41
246	f	18	44.841 37	278	f	14	46.425 4
247	f	72	48.065 33	279	f	36	45.413 94
248	f	12	44.701 66	280	f	72	47.210 88
249	f	23	45.186 32	281	f	16	44.347 41
250	f	72	47.579	282	f	16	44.945 07

序号	性别	月龄/月	颅围/厘米	序号	性别	月龄/月	颅围/厘米
283	f	16	44.940 32	315	f	19	44.781 73
284	f	24	47.350 53	316	f	96	47.561 75
285	f	24	44.466 67	317	f	15	46.318 3
286	f	17	44.788 53	318	f	60	48.551
287	f	60	47.887 41	319	f	20	46.499 88
288	f	60	46.950 54	320	f	96	48.173 12
289	f	108	50.463 82	321	f	14	44.128 14
290	f	108	48.805 64	322	f	12	41.808 39
291	f	72	46.479 32	323	f	96	46.712 78
292	f	36	45.590 8	324	f	96	48.156 99
293	f	48	46.979 97	325	f	72	48.094 02
294	f	156	49.916 55	326	f	17	40.838 85
295	f	72	47.071 97	327	f	36	48.599 21
296	f	16	44.223 62	328	f	9	40.969 55
297	f	1.633 333	34.880 68	329	f	60	47.369 64
298	f	48	48.754 07	330	f	120	48.012 96
299	f	60	48.672 26	331	f	20	44.730 87
300	f	84	45.792 79	332	f	144	50.101 77
301	f	24	45.715 29	333	f	96	48.218 93
302	f	108	46.177 23	334	f	48	45.752 8
303	f	36	48.118 86	335	f	84	49.520 48
304	f	22	45.532 73	336	f	120	46.870 12
305	f	108	48.061 03	337	f	23	47.760 03
306	f	5	39.091 76	338	f	120	46.646 04
307	f	120	48.011 49	339	f	36	46.887 48
308	f	17	44.189 01	340	f	19	44.838 77
309	f	16	42.549 75	341	f	36	46.798 25
310	f	36	46.762 94	342	f	21	43.957 09
311	f	36	46.177 35	343	f	21	45.180 89
312	f	132	48.090 15	344	f	60	45.829 46
313	f	5	40.451 36	345	f	6	36.349 83
314	f	11	43.286 09	346	f	84	46.090 19

序号	性别	月龄/月	颅围/厘米	序号	性别	月龄/月	颅围/厘米
347	f	24	45.011 96	349	f	72	45.552 82
348	f	23	43.576 95	350	f	20	46.137 86

8. 根据第 5 题的数据(表 5),建立判定公司是否陷入财务困境的 Logistic 回归模型,给出决策准则,并与判别分析的误判率进行比较。

第7章 图　论

图论是一门具有理论价值和实用性的数学分支,广泛地应用于物理学、化学、运筹学、计算机科学、信息论、控制论、网络理论、社会科学以及经济管理等各个领域,特别是随着计算机的发展,图论的理论及应用得到了快速的发展,图论的方法已受到科学技术人员的普遍关注。本章主要通过案例介绍图论的一些基本概念,使读者对图论知识有一个初步的了解,为今后进一步学习和应用图论解决更复杂的实际问题奠定基础。

7.1　设备更新问题

问题的描述　每年年初,企业领导要确定是购置新的设备,还是继续使用旧的。若购置新设备,就要支付一定的购置费用;若继续使用旧的,则需支付一定的维修保养费用。已知设备在每年年初的价格以及维修保养费如表7-1-1和表7-1-2所示。请制订一个六年之内的设备更新计划,使得六年内总的支付费用最少。

表7-1-1　设备在每年年初的价格　　　　　　　　　　　　　　单位:万元

第1年	第2年	第3年	第4年	第5年	第6年
10	10	12	12	13	16

表7-1-2　使用不同时间设备所需的维修保养费　　　　　　　　单位:万元

使用年限	0~1	1~2	2~3	3~4	4~5	5~6
维修费	4	5	7	10	14	18

模型的建立与求解　这是一个最优化问题,本节想把该问题转化为图论中最短路问题求解。

首先构造加权有向图,令顶点集

$$V = \{V_1, V_2, \cdots, V_7\}$$

其中,V_i 表示第 i 年初购置新设备的决策($i=1,2,\cdots,6$),V_7 表示第六年底。弧集

$$E=\{(V_i,V_j):1\leqslant i<j\leqslant7\}$$

其中,弧(V_i,V_j)表示第i年初购进一台设备一直使用到第j年初的决策,其权$W(V_i,V_j)$表示由这一决策在第i年初到第j年初的总费用,例如:

$$W(V_1,V_2)=10+4=14 \qquad W(V_1,V_3)=10+4+5=19$$

这样,设备更新问题就转化为从V_1到V_7的最短路问题。具体的权$W(V_i,V_j)$的赋值见表$7-1-3$。

表 7 - 1 - 3　路径的赋值值

	V_1	V_2	V_3	V_4	V_5	V_6	V_7
V_1		14	19	26	36	50	68
V_2			14	19	26	36	50
V_3				16	21	28	38
V_4					16	21	28
V_5						17	22
V_6							20
V_7							

将表$7-1-3$赋值给矩阵

$$D=\begin{pmatrix} 0 & 14 & 19 & 26 & 36 & 50 & 68 \\ \inf & 0 & 14 & 19 & 26 & 36 & 50 \\ \inf & \inf & 0 & 16 & 21 & 28 & 38 \\ \inf & \inf & \inf & 0 & 16 & 21 & 28 \\ \inf & \inf & \inf & \inf & 0 & 17 & 22 \\ \inf & \inf & \inf & \inf & \inf & 0 & 20 \\ \inf & \inf & \inf & \inf & \inf & \inf & 0 \end{pmatrix}$$

其中,inf表示无穷大,代表对应的顶点之间没有直接路径相连。将矩阵D代入Floyd算法求得V_1到V_7的最短路的权为54,而最短路径为

$$V_1 \to V_4 \to V_7$$

因此,计划为第一、四年初购置新设备,六年内总的支付费用最少为54万元。

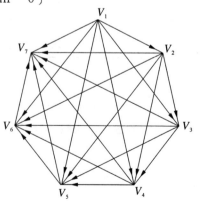

图 7 - 1 - 1　路径图

 巩固练习

　　某公司在六个城市 $c_1, c_2, \cdots, c_6$ 中有分公司,从 c_i 到 c_j 的直接航程票价记在下述矩阵的 (i, j) 位置上(inf 表示无直接航路)。请帮助该公司设计一张城市 c_1 到其他城市间的票价最便宜的路线。

$$\begin{bmatrix} 0 & 50 & \text{inf} & 40 & 25 & 10 \\ 50 & 0 & 15 & 20 & \text{inf} & 25 \\ \text{inf} & 15 & 0 & 10 & 20 & \text{inf} \\ 40 & 20 & 10 & 0 & 10 & 25 \\ 25 & \text{inf} & 20 & 10 & 0 & 55 \\ 10 & 25 & \text{inf} & 25 & 55 & 0 \end{bmatrix}$$

最短路问题及其求解

　　最短路问题(shortest-path problem)是网络理论解决的典型问题之一,可用来解决管路铺设、线路安装、厂区布局和设备更新等实际问题。其基本内容是:如果网络中的每条边都有一个数值(长度、成本、时间等),则找出两节点(通常是根节点和叶节点)之间总权和最小的路径就是最短路问题。

　　有关图论的基本概念,请参考有关图论的书籍,在此不再介绍。本节主要介绍如何使用 MATLAB 软件求解最短路问题。

　　有关最短路的算法主要有固定起点的最短路 Dijkstra 算法和求任意两个顶点间最短路的 Floyd 算法。在数学建模竞赛中,大家主要掌握如何使用 MATLAB 软件求解最短路问题就可以了。

　　本节主要介绍两种方法求最短路问题。方法一是使用 Floyd 算法求最短路问题;方法二是使用 MATLAB 生物信息学工具箱的函数 graphshortestpath 求最短路。

方法一:Floyd 算法求最短路

　　根据 Floyd 算法的思想,编写函数文件如下(在具体应用中,可以调用该函数文件求解最短路)。

```
function [D,R]= floyd(w)
n = size(w,1);
D = w;
R = meshgrid(1:n);
for k = 1:n
    for i = 1:n
        for j = 1:n
            if (D(i,k)+ D(k,j)< D(i,j))
                D(i,j) = D(i,k)+ D(k,j);
```

```
            R(i,j) = R(i,k);
        end
      end
    end
  end
```

floyd 函数的使用方法是：输入矩阵

$$W = (w_{ij})_{n \times n}$$

其中，n 表示顶点的个数，w_{ij} 表示从第 i 个顶点到第 j 个顶点的路程，如果第 i 个顶点到第 j 个顶点没有直接路径相连，令 $w_{ij} = \inf$。floyd 函数输出参数有两个，即矩阵 D 和矩阵 R。记

$$D = (d_{ij})_{n \times n}$$

则 d_{ij} 表示第 i 个顶点到第 j 个顶点的最短路程，对应的最短路径信息包含在矩阵 R 中，一般使用追溯法求其最短路径。根据 Floyd 算法计算最短路的思想，编写出名为 floydroad 的函数文件，用来输出第 i 个顶点到第 j 个顶点的最短路径。

```
function r = floydroad(R,i,j)
p = 1;
s = [i j];
while p
    p = 0;
    n = length(s);
    for k = 2:n
        Rij = R(s(k-1),s(k));
        Sx = [s(k-1),s(k)];
        if any(Sx==Rij)
            continue
        else
            p = 1;
            S = zeros(1,length(s)+1);
            S(1:k-1) = s(1:k-1);
            S(k) = Rij;
            S(k+1:end) = s(k:end);
            s = S;
            break
        end
    end
end
```

```
    r = s;
```

一般的，求最短路问题中，将上面的函数保存到 MATLAB 的路径中，把它们当成 MATLAB 内置函数使用。

方法二：使用 MATLAB 内置函数 graphshortestpath 求最短路

MATLAB 内置函数 graphshortestpath 使用方法如下：

输入起始节点向量 S、终止节点向量 E、边权值向量 W。

使用命令 G＝sparse(S,E,W) 得到关联矩阵的稀疏矩阵表示。

使用 P＝biograph(G,[ ],'ShowWeights','on') 建立有向图对象。

最后使用 [Dist,Path]＝graphshortestpath(G,i,j) 得到第 i 个顶点到第 j 个顶点的最短路程为 Dist，最短路径为 Path。

另外还可以指定使用求最短路的算法。例如：

```
[Dist,Path]= graphshortestpath(G,i,j,'Method','Dijkstra')
```

表示使用 Dijkstra 算法（该算法也是 graphshortestpath 求最短路的默认算法）求第 i 个顶点到第 j 个顶点的最短路程 Dist 及其最短路径 Path。

例题 7.1.1　求本节设备更新问题的最短路程及其最短路径。

解：方法一　Floyd 算法求最短路

注意要把上面的两个函数文件 floyd.m 和 floydroad.m 与当前的主程序文件保存到同一个目录下。建立主程序输入以下代码：

```
W = [0   14   19   26   36   50   68;
     inf 0    14   19   26   36   50;
     inf inf  0    16   21   28   38;
     inf inf  inf  0    16   21   28;
     inf inf  inf  inf  0    17   22;
     inf inf  inf  inf  inf  0    20;
     inf inf  inf  inf  inf  inf  0];

[D,R]= floyd(W);
fprintf('V1 到 V7 的短路的权为:% d\\n',D(1,7))
disp('最短路径为')
r = floydroad(R,1,7)
```

运行结果：

V1 到 V7 的短路的权为:54

最短路径为

r=

　1　4　7

方法二　使用 MATLAB 内置函数 graphshortestpath 求最短路

建立主程序输入以下代码：

```
clear; clc; close all
S=[1  1  1  1  1  1  2  2  2  2  2  3  3  3                    % 始节点向量
   3  4  4  4  5  5  6];
E=[2  3  4  5  6  7  3  4  5  6  7  4  5  6                    % 终节点向量
   7  5  6  7  6  7  7];
W=[14  19  26  36  50  68  14  19  26  36  50  16             % 边权值向量
   21  28 ...
   38  16  21  28  17  22  20];
G = sparse(S,E,W,7,7);                                        % 关联矩阵
P = biograph(G,[],'ShowWeights','on');                        % 建立有向图对象
H = view(P);                                                  % 显示各路径权值
[Dist,Path]= graphshortestpath(G,1,7)
set(H.Nodes(Path),'Color',[1 0.4 0.4]);                       % 节点背景色
edges = getedgesbynodeid(H,get(H.Nodes(Path),'ID'));
set(edges,'LineColor','r')                                    % 最短路径的颜色
set(edges,'LineWidth',2)                                      % 最短路径的线粗
```

结果如图7-1-2所示。

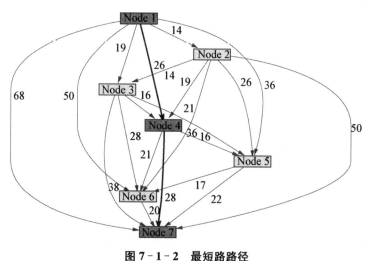

图 7-1-2 最短路路径

7.2 有线电视网的最优布线

问题的描述　卫星加密电视的开播,受到大家的欢迎,要想收看加密电视节目必须建立一套有线电视网。考虑这样一个具体问题:某个地区有54个小区,具体位置信息如表7-2-1所示。

表 7 - 2 - 1   小区编号、坐标位置以及相邻节点信息   坐标单位:千米

序号	X	Y	相邻节点	序号	X	Y	相邻节点
1	0.55	2.29	(2,21)	28	6.41	6.64	(23,29,33,37)
2	0.74	0.87	(1,3,20)	29	6.09	8.21	(21,28,30)
3	1.56	−0.25	(2,4)	30	10.28	10.77	(29,31,42)
4	2.64	0.19	(3,5,19)	31	10.45	9.11	(30,32,36,43)
5	4.67	0.38	(4,6,18)	32	9.23	8.29	(31,33,35)
6	6.15	0.12	(5,7,17)	33	7.84	7.44	(28,32,34)
7	8.78	0.11	(6,8,16)	34	8.26	6.72	(33,35,37,39)
8	11.26	−0.27	(7,9,15)	35	9.56	7.59	(32,34,36,40)
9	14.25	−0.45	(8,10,14)	36	10.84	8.38	(31,35,41)
10	15.89	0.83	(9,11,13)	37	7.01	5.9	(28,34,38)
11	17.56	0.35	(10,12,54)	38	7.55	5.2	(27,37,39)
12	15.77	2.92	(11,13,50)	39	8.72	6.01	(34,38,40)
13	14.99	2.59	(10,12,14)	40	10.02	6.82	(35,39,41,47)
14	14.01	2.15	(9,13,15,49)	41	11.18	7.61	(36,40,44,46)
15	11.23	1.72	(8,14,16,48)	42	11.52	11.61	(30,43,51)
16	8.71	1.79	(7,15,17,27)	43	11.83	9.91	(31,42,44)
17	6.15	1.91	(6,16,18,26)	44	12.54	8.52	(41,43,45)
18	4.64	1.95	(5,17,19,25)	45	13.5	6.81	(44,46,50,52)
19	3.33	1.43	(4,18,20)	46	12.16	5.91	(41,45,47,49)
20	1.97	2.42	(2,19,22)	47	11.03	5.11	(27,40,46,48)
21	2.75	5.52	(1,22,29)	48	11.32	3.52	(15,47,49)
22	2.84	4.26	(20,21,23,25)	49	13.12	3.91	(14,46,48,50)
23	3.98	4.92	(22,24,28)	50	14.55	5.01	(12,45,49)
24	4.85	4.04	(23,25,26)	51	13.31	11.62	(42,52)
25	4.85	2.61	(18,22,24,26)	52	15.34	8.04	(45,51,53)
26	6.23	3.55	(17,24,25,27)	53	16.94	5.13	(52,54)
27	8.71	3.61	(16,26,38,47)	54	19.14	1.72	(11,53)

试确定由表 7 - 2 - 1 数据形成的网络中,如何布线才能使布线最省?

模型的建立与求解   本问题就是要求任意两地都有链相连,且总线路最短,这个问题在图论中也称为最小(生成)树问题。

假设相邻的节点以直线相连,得到 54 个小区的具体位置如图 7 - 2 - 1 所示。

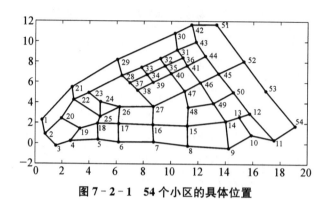

图7-2-1　54个小区的具体位置

对于图7-2-1,要找到布线最省的网络模型,即找出图7-2-1的最小生成树,图论中的Prim算法或Kruskal破圈算法都可以用来求最小生成树问题。Prim算法或Kruskal破圈算法见本节的附录。通过编程得到图7-2-1的最小生成树如图7-2-2粗线条部分所示,最小生成树的边权之和为80.6936。

注:最小生成树可能不唯一,但是最小生成树的边权之和是唯一的。

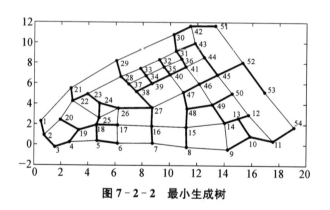

图7-2-2　最小生成树

 巩固练习

请找出图7-2-3的最小生成树。

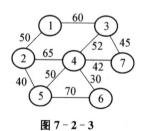

图7-2-3

最小生成树问题及其求解

连通的无圈图称为树。在实际生活中,常常遇到最优连线问题,如欲修筑连接 n 个城市的铁路,已知 i 城与 j 城之间的铁路造价为 c_{ij},设计一个线路图,使总造价最低。

连线问题的数学模型是在连通赋权图上求权最小的生成树。赋权图的具有最小权的生成树叫作最小生成树。

下面介绍构造最小生成树的两种常用算法。

方法一:Prim 算法构造最小生成树

设置两个集合 P 和 Q,其中 P 用于存放 G 的最小生成树中的顶点,集合 Q 存放 G 的最小生成树中的边。令集合 P 的初值为 $P=\{v_1\}$(假设构造最小生成树时,从顶点 v_1 出发),集合 Q 的初值为 $Q=\Phi$。Prim 算法的思想是,从所有 $p\in P$,$v\in V-P$ 的边中,选取具有最小权值的边 pv,将顶点 v 加入集合 P 中,将边 pv 加入集合 Q 中,如此不断重复,直到 $P=V$ 时,最小生成树构造完毕,这时集合 Q 中包含了最小生成树的所有边。

根据以上思想,编成可以在 MATLAB 软件中调用的函数文件 Prim.m:

```
function result = Prim(D)          d = min(temp);
D(D==0) = inf;                     [jb,kb] = find(D(p,tb)==d);
result=[];                         j = p(jb(1));
p = 1;                             k = tb(kb(1));
tb = 2;                            result=[result [j;k;d]];
while length(result) ~= length(D)-1    p=[p,k];
    temp = D(p,tb);               tb(tb==k)=[];
    temp = temp(:);          end
```

注意函数文件 Prim.m 的输入参数矩阵 D 的要求是:第 i 个顶点与第 j 个顶点有直接路径相连的,把对应的权重 d_{ij} 赋值给矩阵 D,即

$$D(i,j)=d_{ij}$$

其他的位置数值直接写成 0。

方法二:Kruskal 避圈法构造最小生成树

Kruskal 避圈法:将图 G 中的边按权数从小到大逐条考察,按不构成圈的原则加入 T 中(若有选择时,不同的选择可能会导致最后生成树的权数不同),直到图 T 的边数等于图 G 的顶点数减去 1 为止。根据以上思想,编成可以在 MATLAB 软件中调用的函数文件 Kruskal.m。

```
function [i,j,sumT]= Kruskal(A)
k = 1;                           % 记录 A 中不同正数的个数
n = size(A,2);
for i = 1:n-1
    for j = i+1:n                % 此循环是查找 A 中所有不同的正数
```

```
        if (A(i,j)>0)
            x(k)=A(i,j);                  % 数组 x 记录 A 中不同的正数
            kk=1;                         % 临时变量
            for s=1:k-1
                if (x(k)==x(s))
                    kk=0;
                    break
                end
            end                          % 排除相同的正数
            k=k+kk;
        end
    end
end
k=k-1;                                   % 显示 A 中所有不同正数的个数
for i=1:k-1
    for j=i+1:k                          % 将 x 中不同的正数从小到大排序
        if (x(j)<x(i))
            xx=x(j);
            x(j)=x(i);
            x(i)=xx;
        end
    end
end
T(n,n)=0;                                % 将矩阵 T 中所有的元素赋值为 0
q=0;                                     % 记录加入树 T 中的边数
for s=1:k
    if (q==n)
        break
    end                                  % 获得最小生成树 T，算法终止
    for i=1:n-1
        for j=i+1:n
            if (A(i,j)==x(s))
                T(i,j)=x(s);
                T(j,i)=x(s);             % 加入边到树 T 中
                TT=T;                    % 临时记录 T
                while 1
                    pd=1;                % 寻找 TT 中的树枝并砍掉
                    for y=1:n
```

```
                    kk = 0;
                    for z = 1:n
                        if (TT(y,z)>0)
                            kk = kk + 1;
                            zz = z;
                        end
                    end
                    if (kk==1)
                        TT(y,zz) = 0;
                        TT(zz,y) = 0;
                        pd = 0;
                    end
                end
                if (pd)
                    break
                end
            end                     % 已砍掉了 TT 中所有的树枝
            pd = 0;                 % 判断 TT 中是否有圈
            for y = 1:n-1
                for z = y + 1:n
                    if (TT(y,z)>0)
                        pd = 1;
                        break
                    end
                end
            end
            if (pd)
                T(i,j) = 0;
                T(j,i) = 0;         % 假如 TT 中有圈
            else
                q = q + 1;
            end
        end
    end
end
[i,j]= find(T>0);
sumT = sum(sum(T))/2;
```

方法三:使用 MATLAB 内置函数 graphminspantree 求最小生成树

MATLAB 内置函数 graphminspantree 的使用方法与函数 graphshortestpath 类似。首先要输入起始节点向量 S、终止节点向量 E、边权值向量 W。然后,使用命令 DG = sparse(S,E,W),得到关联矩阵的稀疏矩阵表示。最后,使用 ST = graphminspantree (DG)得到最小生成树。

例题 7.2.1 求图 $7-2-1$ 的绘图程序。

首先需要将表 $7-2-1$ 的数据放在名为 mydata.xlsx 的表格中(形成 54 行,4 列),再输入以下代码。

```
clc; clear; format compact
[NUM,TXT,RAW]=xlsread('mydata.xlsx');
%% 把与每个点相邻的点取出来'
ng=length(NUM(:,1));
for ii=2:ng+1
    STR=TXT(ii,4);
    STRi=STR{1};
    k=strfind(STRi,',');
    nk=length(k);
    CC=[];
    for i=1:nk
        if (i==1)
            CC=[CC str2num(STRi(2:k(1)-1))];
        else
            CC=[CC str2num(STRi(k(i-1)+1:k(i)-1))];
        end
    end
    CC=[CC str2num(STRi(k(nk)+1:end-1))];
    LJ{ii-1}=CC;
end
%% 绘图并取连接矩阵 DD
DD=zeros(ng);
for ii=1:ng
    XYi=NUM(ii,2:3);
    plot(XYi(1),XYi(2),'k.','MarkerSize',20)
    text(XYi(1)+0.1,XYi(2)-0.1,num2str(ii),...
        'FontSize',16,'FontName','Times New Roman')
    hold on
    LJi=LJ{ii};
    for k=1:length(LJi)
```

```
        XYki = NUM(LJi(k),2:3);
        plot(XYki(1),XYki(2),'k.','MarkerSize',10)
        XX=[XYi(1)  XYki(1)];
        YY=[XYi(2)  XYki(2)];
        DD(ii,LJi(k))=norm(XYi-XYki);
        DD(LJi(k),ii)=norm(XYi-XYki);
        plot(XX,YY,'LineWidth',2)
    end
end
save mydata NUM DD ng LJ
saveas(gcf,'mypic.fig')
```

例题 7.2.2 求图 7 - 2 - 1 的最小生成树。

解：方法一　Prim 算法求最小生成树

注意要把上面的函数文件 Prim.m 和例题 7.2.1 得到的 mydata.mat 文件，都与当前的主程序文件保存到同一个目录下。建立主程序，输入以下代码：

```
load mydata NUM DD ng LJ
openfig('mypic.fig')
result = Prim(DD)
sum(result(3,:))
for i = 1:size(result,2)
    XX=[NUM(result(1,i),2) NUM(result(2,i),2)];
    YY=[NUM(result(1,i),3) NUM(result(2,i),3)];
    plot(XX,YY,'r','LineWidth',4)
end
```

方法二　Kruskal 算法求最小生成树

注意要把上面的函数文件 Kruskal.m 与当前的主程序文件保存到同一个目录下。建立主程序，输入以下代码：

```
load mydata NUM DD ng LJ
openfig('mypic.fig')
[zi,zj,sumT]=Kruskal(DD);
for i = 1:length(zi)
    XX=[NUM(zi(i),2) NUM(zj(i),2)];
    YY=[NUM(zi(i),3) NUM(zj(i),3)];
    plot(XX,YY,'r','LineWidth',4)
end
```

方法三　使用 MATLAB 内置函数 graphminspantree 求最小生成树

建立主程序，输入以下代码：

```
load mydata NUM DD ng LJ
S=[]; % 始节点向量 S
E=[]; % 终节点向量 E
W=[]; % 边权值向量 W
for i = 1:ng
    for j = 1:ng
        if (DD(i,j)>0)
            S=[S i];
            E=[E j];
            W=[W DD(i,j)];
        end
    end
end
DG = sparse(S,E,W);
```

```
ST = graphminspantree(DG)
view (biograph(ST,[], ...
    'ShowArrows','off', ...
    'ShowWeights','on'))
V = sum(sum(ST)) % 最小生成树的权
disp(['权值:',num2str(V)]);
[zi,zj,z]= find(ST);
openfig('mypic.fig')
sum(z)
for i = 1:length(zi)
    XX=[NUM(zi(i),2) NUM(zj(i),2)];
    YY=[NUM(zi(i),3) NUM(zj(i),3)];
    plot(XX,YY,'r','LineWidth',4)
end
```

7.3 最佳推销员回路

问题的描述 某个地区有 54 个小区,具体位置信息如表 7－2－1 所示。流动推销员需要访问某地区的所有小区,最后回到出发点。问如何安排路线使总行程最短?

模型的建立与求解 本问题就是图论中著名的推销员问题。若用顶点表示小区,边表示连接两个小区的路,边上的权表示距离(或时间、费用),于是推销员问题就成为在加权图中寻找一条经过每个顶点至少一次的最短闭通路问题。

首先介绍一些基本的概念。在加权图中,经过图中的每个顶点正好一次的圈(路径),称为**哈密顿圈(路径)**。权最小的哈密顿圈称为**最佳哈密顿圈**。经过每个顶点至少一次的权最小的闭通路称为**最佳推销员回路**。一般说来,最佳哈密顿圈不一定是最佳推销员回路,同样最佳推销员回路也不一定是最佳哈密顿圈。

如果图中的顶点数量较少时,用穷举法编程就可以轻松得到一个最佳推销员回路。但当图中的顶点数量较多时,穷举法就不现实了,如本题中顶点数量有 54 个,穷举法有 54! 个排列,这就是一个天文数字(将来有一天计算机发展到足够强大,这个也就不算大了)。就目前为止,如何快速地找到一条权比较小的闭通路,是值得研究的问题。目前,可以按哈密顿改良圈的思想,来找到一条近似最佳推销员回路(不一定是最优的回路)。具体的算法思想如下。

第 1 步:给定一个初始圈 $C_0 = v_1 v_2 \cdots v_i \cdots v_j \cdots v_n v_1$。

第 2 步:对所有的 i 和 j 有 $1 \leqslant i < j \leqslant n$。如果

$$w(v_i, v_j) + w(v_{i+1}, v_{j+1}) < w(v_i, v_{i+1}) + w(v_j, v_{j+1})$$

则在 C_0 中删去边 (v_i,v_{i+1}) 和 (v_j,v_{j+1})，而加入边 (v_i,v_j) 和 (v_{i+1},v_{j+1})，形成新的圈 C，即 $C=v_1v_2\cdots v_iv_jv_{j-1}v_{j-2}\cdots v_{i+1}v_{j+1}\cdots v_nv_1$。

第3步：令 $C_0=C$，对 C_0 重复第2步，直到条件不满足为止，最后得到的 C 即为所求。

可用图 7-3-1 简单地描述哈密顿改良圈的思想。通过改进后，新的圈 $C=v_1v_2\cdots v_iv_jv_{j-1}v_{j-2}\cdots v_{i+1}v_{j+1}\cdots v_nv_1$ 的权比原来的小，因此，可改进到该圈不能改进为止。 值得注意的是：通过哈密顿改良圈得到的最终新圈的权重依赖于初始圈，它不一定是最佳推销员回路，但是在一定程度上，是一个近似最优解。

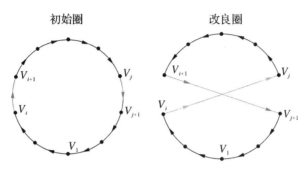

图 7-3-1　哈密顿改良圈的思想

为了减少哈密顿改良圈的算法运行时间，可以用贪心算法找到一个相对好的初始圈，然后再对初始圈使用哈密顿改良圈进行改进，从而得到权重更小的回路。按照以下算法可以找到一个相对好的初始圈。

第1步：令 $V=\{V_1,V_2,\cdots,V_{54}\}$ 表示顶点集合，使用 Floyd 算法求 54 个小区任意两个小区 i,j 之间的最短路程 d_{ij}，并把它作为顶点 V_i 到 V_j 的权重。取第一个顶点 V_{i0}，令当前点 $P_{present}=V_{i0}$，并把 V_{i0} 从集合 V 中移出，放入集合 $Circle$ 中。

第2步：在 V 中求距离当前点 $P_{present}$ 最近的一个点，记为 V_k。

第3步：令当前点 $P_{present}=V_k$，并把 V_k 从集合 V 中移出，按顺序放入集合 $Circle$ 中。

第4步：如果 $V=\phi$，按顺序输出集合 $Circle$，作为初始圈。如果 $V\neq\phi$，转到第2步。

这样就得到一个初始圈，代入哈密顿改良圈的算法中，得到一个改良圈。由于改良圈的权重依赖于初始圈，因此可以按穷举法改变上面的算法中第一个顶点 V_{i0} 的值，当初始圈选取：

20 19 18 25 24 23 22 21 1 2 3 4 5 6 17 26 27 16 7
8 15 48 47 46 45 44 43 31 36 41 40 35 32 33 34 39 38 37
28 29 30 42 51 52 53 54 11 10 13 12 14 49 50 9 20

时，得到权重最小为 96.179 8 的改良圈：

1 2 3 4 5 6 7 8 40 39 38 37 36 35 34 33 32 31 23
24 25 26 30 29 28 27 41 42 43 44 45 46 47 48 54 51 49 50
53 52 22 21 20 19 18 17 16 15 14 13 12 11 10 9 1

如图 7-3-2 所示。

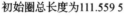

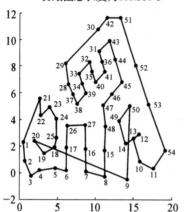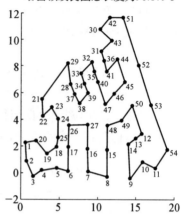

图7-3-2 哈密顿改良圈算法前后的比较

 思考题

- -

某项工程需要串联多点,经常需要用一条最短的折线将空间所有点串联。请首先用命令 randi([0,100],100,3)产生100行3列的随机数,每行代表一个空间点的坐标,这样就得到了一组三维直角坐标系中100个点的空间坐标。请把100个点的空间坐标保持下来,使用本节的知识,设计一条最短的串联折线,并且给出折线总长度和空间折线图。

哈密顿改良圈的算法程序

本节给出利用哈密顿改良圈的思想,编写出的对应的函数文件,大家在以后遇到需要使用哈密顿改良圈的算法时可以直接调用(或稍做修改)。

```
function [C,d1]=Hamiltong2dime_Plot(XY,D,Initialcircle)
% C 表示算法最终找到的 Hamilton 圈 % XY 表示 2 维空间点的坐标
% Initialcircle 表示初始圈点的排序 % D 表示权值矩阵
n=size(XY,1);
if (n~=length(Initialcircle))
    error('XY 与 Initialcircle 的长度必须相等')
end
subplot(1,2,1), set(gca,'FontSize',14), hold on
plot(XY(:,1),XY(:,2),'.','LineWidth',2,'MarkerSize',30)
xmin0=min(XY(:,1));
ymin0=min(XY(:,2));
for i=1:n
    dot=num2str(Initialcircle (i));
    text(XY(i,1)-0.1,XY(i,2)-0.2,dot, ...
```

```
        'FontSize',14,'FontName','Times New Roman');
end
plot(XY(:,1),XY(:,2),'LineWidth',2);
plot([XY(n,1),XY(1,1)],[XY(n,2),XY(1,2)],'LineWidth',2);
d2 = 0;
for i = 1:n
   if (i<n), d2 = d2 + D(i,i + 1);
   else d2 = d2 + D(n,1);
   end
end
title(['初始圈总长度为' num2str(d2)]);
text(xmin0 + 1,ymin0 + 1,num2str(d2));
n = size(D,2);
C=[linspace(1,n,n) 1];
while 1
    C1 = C;
    if (n>3)
       for m = 4:n + 1
          for i = 1:m - 3
             for j = i + 2:m - 1
                dij_1 = D(C(i),C(j)) + D(C(i + 1),C(j + 1));
                dij_2 = D(C(i),C(i + 1)) + D(C(j),C(j + 1));
                if (dij_1<dij_2)
                   C1(1:i) = C(1:i);
                   for k = (i + 1):j
                      C1(k) = C(j + i + 1 - k);
                   end
                   C1((j + 1):m) = C((j + 1):m);
                end
             end
          end
       end
    elseif (n<= 3)
      if (n<= 2)
         fprintf('It does not exist Hamilton circle.');
      else
         fprintf('Any cirlce is the right answer.');
      end
```

```
        end
    C = C1;
    d1 = 0;
    for i = 1:n
        d1 = d1 + D(C(i),C(i + 1));
    end
    if (d1<d2)
        d2 = d1;
    else
        break
    end
end
subplot(1,2,2), set(gca,'FontSize',14), hold on
plot(XY(:,1),XY(:,2),'.','LineWidth',2,'MarkerSize',30)
for i = 1:n
    dot = num2str(Initialcircle (i));
    text(XY(i,1)-0.1,XY(i,2)-0.2,dot, ...
        'FontSize',14,'FontName','Times New Roman');
end
XY2=[XY;XY(1,1),XY(1,2)];
plot(XY(C(:),1),XY(C(:),2),'r','LineWidth',2)
title(['哈密顿改良圈总长度为' num2str(d1)])
```

例题 7.3.1 计算本节案例的哈密顿改良圈。

本程序代码需要例题 7.2.1 得到的 mydata.mat 文件,与当前的主程序文件保存到同一个目录下。建立主程序,输入以下代码。

```
clc; clear; load mydata
XYcoordinate = NUM(:,[2 3]);
k = find(DD==0); DD(k) = inf; n0 = size(DD,2);
for i = 1:n0
    DD(i,i) = 0;
end
[D,R]= floyd(DD);
P0 = 20;
V=[1:n0];
V = RemoveV_P(V, P0);
Initialcircle = P0;
while ~ isempty(V)
    DistL = D(V,P0);
```

```
    [minL,k]=min(DistL);
    Initialcircle=[Initialcircle,V(k(1))];
    P0=V(k(1));
    V=RemoveV_P(V,P0);
end
XY=XYcoordinate(Initialcircle,:);
DistD=D(Initialcircle,Initialcircle);
[C,d1]=Hamiltong2dime_Plot(XY,DistD,Initialcircle)
```

其中,函数 RemoveV_P 定义如下:

```
function  V_P=RemoveV_P(V,P) % 从 V 中去掉 P 中的元素且不改变 V 中元素
次序
    K=[];
    for i =1:length(P)
        k=find(V==P(i));
        K=[K k];
    end
        V(K)=[];
    V_P=V;
```

━━━━━━━━━━━━━ 习 题 ━━━━━━━━━━━━━

1. (本题来源:1998 年全国大学生数学建模竞赛 B 题)图 1 为某县的乡(镇)、村公路
网示意图,公路边的数字为该路段的千米数。

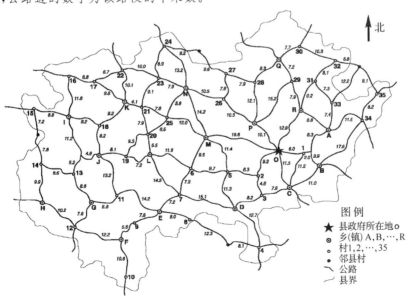

图 1 某县的乡(镇)、村公路网示意图

今年夏天该县遭受水灾。为考察灾情、组织自救,县领导决定,带领有关部门负责人到全县各乡(镇)、村巡视。巡视路线为从县政府所在地出发,走遍各乡(镇)、村,又回到县政府所在地。若分三组(路)巡视,试设计总路程最短且各组尽可能均衡的巡视路线。

2.(本题来源:2017 年高教社杯全国大学生数学建模竞赛 D 题)某化工厂有 26 个点需要进行巡检以保证正常生产,各个点的巡检周期、巡检耗时如表 1 所示。

表 1　各个点的巡检周期、巡检耗时　　　　　　　　　单位:分钟

巡检点	1	2	3	4	5	6	7
周期	35	50	35	35	720	35	80
巡检耗时	3	2	3	2	2	3	2
巡检点	8	9	10	11	12	13	14
周期	35	35	120	35	35	80	35
巡检耗时	3	4	2	3	2	5	3
巡检点	15	16	17	18	19	20	21
周期	35	35	480	35	35	35	80
巡检耗时	2	3	2	2	2	3	3
巡检点	22	23	24	25	26		
周期	35	35	35	120	35		
巡检耗时	2	3	2	2	2		

两点之间的连通关系及行走所需时间如图 2 所示,图中线上的数字表示行走时间。

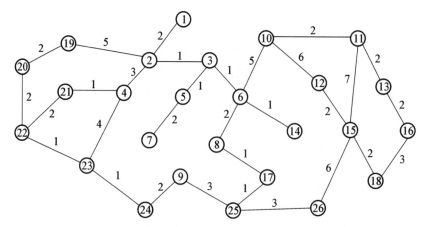

图 2　巡检点连通关系及行走所需时间

每个点每次巡检需要一名工人,巡检工人的巡检起始地点在巡检调度中心(编号 22),工人可以按固定时间上班,也可以错时上班,在调度中心得到巡检任务后开始巡检。现需要建

立模型来安排巡检人数和巡检路线,使得所有点都能按要求完成巡检,并使耗费的人力资源尽可能少,同时还应使每名工人在一定时间内(如一周或一月等)的工作量尽量平衡。如果固定上班时间,不考虑巡检人员的休息时间,采用每天三班倒,每班工作 8 小时左右,每班需要多少人,巡检线路如何安排,并给出巡检人员的巡检线路和巡检的时间表。

3. (飞机失事最短搜救路线问题)通过某失事前飞行数据,专家预测坠毁地点可能在图 3 所示区域,图中比例尺度为 1:500 米。已知飞机黑匣子信号有效距离 2 千米。请设计最优的搜救路线,从而实现对图 3 区域的快速搜索。

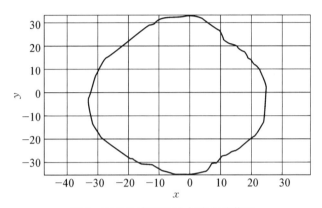

图 3　飞机失事坠毁地点的大致范围

4. 110 民警在街道上不停巡逻,不但能够震慑住不法分子,而且能够在出现事故的时候第一时间赶往现场。可以说是保证群众安全的基础,非常重要。针对表 7-2-1 列出的 54 个小区的巡逻任务,准备增加一批配有 GPS 巡逻系统的 110 警车。如果把警车的巡逻速率设为 30 千米每小时,接警后赶往现场的速率设为 60 千米每小时。若要使警车接到报警电话后能在三分钟内赶到的区域覆盖率大于等于 90%,请问该地区最少要配置多少辆警车?

5. 针对表 7-2-1(比例尺修改为 1:4 000 米)列出的 54 个小区。设编号 47 为快递总局,其他 53 个小区设置了快递点支局。为了满足快递的时限要求,需要保证每一个支局在营业时间内寄收的一些快递包裹能在当天运送回快递总局(编号 47)进行一系列处理(包括按类收发等)。请用命令 randi([8　21],1,53) 产生寄达各支局的邮件量(袋);用 randi([5　12],1,53) 产生各支局收寄的邮件量(袋)。每辆邮车最多容纳 65 袋邮件,每天邮车出发时间必须在 06:00 之后,返回总局时间必须在 11:00 之前。试问最少需要多少辆邮车才能满足该县的邮件运输需求? 同时,为提高邮政运输效益,应如何规划路线? 如何安排邮车的运行? 已知空车率=[邮车最大承运的邮件量(袋)-邮车运载的邮件量(袋)]/邮车最大承运的邮件量(袋),单车由于空车率而减少的收入为空车率×2(元/千米)。

6. 公交线路查询问题。设计一个查询算法,给出一个公交线路网中从起始站 s1 到终点站 s2 之间的最佳线路。其中一个最简单的情形就是查找直达线路,假设相邻公交车站的平均行驶时间(包括停站时间)为 3 分钟,若以时间最少为择优标准,请在此简化条件下完成查找直达线路的算法,并根据以下数据,利用此算法求出起始站到终点站之间的最佳路线。

(1) 242→105　(2) 117→53　(3) 179→201　(4) 16→162

公交线路信息如下。

线路 1：

219—114—88—48—392—29—36—16—312—19—324—20—314—128—76—113—110—213—14—301—115—34—251—95—184—92

线路 2：

348—160—223—44—237—147—201—219—321—138—83—161—66—129—254—331—317—303—127—68

线路 3：

23—133—213—236—12—168—47—198—12—236—113—212—233—18—127—303—117—231—254—129—366—161—133—181—132

线路 4：

201—207—177—144—223—216—48—42—280—140—238—236—158—53—93—64—130—77—264—208—286—123

线路 5：

217—272—173—25—33—76—37—27—65—274—234—221—137—306—162—84—325—97—89—24

线路 6：

301—82—79—94—41—105—142—118—130—36—252—172—57—20—302—65—32—24—92—218—31

线路 7：

184—31—69—179—84—212—99—224—232—157—68—54—201—57—172—22—36—143—218—129—106—101—194

线路 8：

57—52—31—242—18—353—33—60—43—41—246—105—28—33—111—77—49—67—27—8—63—39—317—168—12—163

线路 9：

217—161—311—25—29—19—171—45—71—173—129—219—210—35—83—43—139—241—78—50

线路 10：

136—208—23—117—77—130—68—45—53—51—78—241—139—343—83—333—190—237—251—291—129—173—171—90—42—179—25—311—161—17

线路 11：

43—77—111—303—28—65—246—99—54—37—303—53—18—242—195—236—26—40—280—142

线路 12：

274—302—151—297—329—123—122—215—218—102—293—86—15—215—186—

213—105—128—201—122—12—29—56—79—141—24—74

线路 13:

135—74—16—108—58—274—53—59—43—86—85—47—246—108—199—296—261—203—227—146

线路 14:

224—22—70—89—219—228—326—179—49—154—251—262—307—294—208—24—201—261—192—264—146—377—172—123—61—235—294—28—94—57—226—18

线路 15:

189—170—222—24—92—184—254—215—345—315—301—214—213—210—113—263—12—167—177—313—219—154—349—316—44—52—19

线路 16:

233—377—327—97—46—227—203—261—276—199—108—246—227—45—346—243—59—93—274—58—118—116—74—135

7. 机器人避障问题。图 4 是一个 800×800 的平面场景图,在原点 $O(0,0)$ 点处有一个机器人,它只能在该平面场景范围内活动。图中有 12 个不同形状的区域是机器人不能与之发生碰撞的障碍物,障碍物的数学描述如表 2 所示。

表 2 障碍物的位置

编号	障碍物名称	左下顶点坐标	其他特性描述
1	正方形	(300, 400)	边长 200
2	圆形		圆心坐标(550, 450),半径 70
3	平行四边形	(360, 240)	底边长 140,左上顶点坐标(400, 330)
4	三角形	(280, 100)	上顶点坐标(345, 210),右下顶点坐标(410, 100)
5	正方形	(80, 60)	边长 150
6	三角形	(60, 300)	上顶点坐标(150, 435),右下顶点坐标(235, 300)
7	长方形	(0, 470)	长 220,宽 60
8	平行四边形	(150, 600)	底边长 90,左上顶点坐标(180, 680)
9	长方形	(370, 680)	长 60,宽 120
10	正方形	(540, 600)	边长 130
11	正方形	(640, 520)	边长 80
12	长方形	(500, 140)	长 300,宽 60

在图 4 的平面场景中,障碍物外指定一点为机器人要到达的目标点(要求目标点与障碍物的距离应超过 10 个单位)。规定机器人的行走路径由直线段和圆弧组成,其中圆弧是机器人转弯路径。机器人不能折线转弯,转弯路径由与直线路径相切的一段圆弧组成,也可以由两个或多个相切的圆弧路径组成,但每个圆弧的半径最小为 10 个单位。要求机

器人行走线路与障碍物间的最近距离为 10 个单位，否则将发生碰撞。若碰撞发生，则机器人无法完成行走。

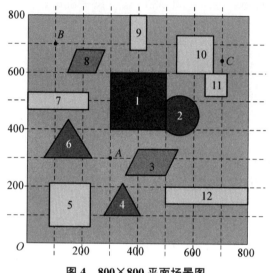

图 4   800×800 平面场景图

请建立机器人从区域中一点到达另一点的避障最短路径和最短时间路径的数学模型。对场景图中 4 个点 $O(0,0)$，$A(300,300)$，$B(100,700)$，$C(700,640)$，具体计算：机器人从 $O(0,0)$ 出发，$O \rightarrow A$，$O \rightarrow B$，$O \rightarrow C$ 和 $O \rightarrow A \rightarrow B \rightarrow C \rightarrow O$ 的最短路径。

注：要给出路径中每段直线段或圆弧的起点和终点坐标、圆弧的圆心坐标以及机器人行走的总距离。

第8章 计算机仿真

计算机仿真模拟最初是应用在军事方面。二十世纪五六十年代仿真技术开始应用于导弹的研制、阿波罗登月计划、核电站的运行等方面。直到二十世纪八十年代，该技术开始大规模地用于电子产品的设计、仪表仪器、虚拟制造等方面，现在计算机仿真模拟技术的应用已经相当广泛。本章通过若干案例，展示计算机仿真在解决现实生活问题中的一些应用。

8.1　最优订货方案设计

问题的描述　在物资的供应过程中，由于到货与销售不可能做到同步、同量，故总要保持一定的库存储备。如果库存过多，会造成积压浪费以及保管费的上升；如果库存过少，会造成缺货。如何选择库存和订货策略，是一个需要研究的问题。库存问题有多种类型，一般比较复杂，下面讨论一种简单的情况。

某自行车商店的仓库管理人员采取一种简单的订货策略，当库存量降低到 P 辆自行车时就向厂家订货，每次订货 Q 辆，如果某一天的需求量超过了库存量，商店就有销售损失和信誉损失，但如果库存量过多，会导致资金积压和保管费增加。现在已有如表 8-1-1 所示的五种库存策略。

表 8-1-1　订货方案表

方案编号	重新订货点 P/辆	重新订货量 Q/辆
方案 1	175	250
方案 2	200	300
方案 3	250	300
方案 4	250	350
方案 5	300	400

这个问题的已知条件是：

（1）从发出订货到收到货物需隔 3 天。

（2）每辆自行车存储费为 $c_1 = 6$ 元/天，每辆自行车的缺货损失为 $c_2 = 280$ 元/天，每次的订货费为 $c_3 = 1\,000 + 10Q$，其中 $1\,000$ 元是每次订货的固定费用；每销售 1 辆自行车的利润为 $c_4 = 400$ 元。

（3）每天自行车需求量服从正态分布 $N(50, 5^2)$。

（4）当前库存量为 115 辆，并且当前没有订货。

另外，根据订货规则，两次订货时间不发生交叉，即当所订货物没有送到之前，不会再次订货。

需要解决的问题是：

（1）试比较订货方案表中的 5 种方案，选择一种策略以使商店的利润最大。

（2）你能给出一种较好的订货方案（即 P，Q 的数值）吗？

问题一的算法设计

针对表 8 - 1 - 1 中提供的 5 种方案，用计算机产生随机数来模拟每天的需求量，以商店的利润最大为指标，在 5 种方案中选取最好的一种方案。具体的仿真算法思想如下。

第一步：赋初值。设仿真天数 $N = 365 \times 3$，产生 N 个服从正态分布 $N(50, 5^2)$ 的随机数 $\delta = (\delta_1, \delta_2, \cdots, \delta_N)$ 用来模拟每天的需求量。i 表示第 i 种方案，F_i 表示第 i 种方案对应的费用。令 $P_0 = [175, 200, 250, 250, 300]$，$Q_0 = [250, 300, 300, 350, 400]$，$c_1 = 6$ 表示存储费用，$c_2 = 280$ 表示缺货损失费用，$c_4 = 400$ 表示利润。

第二步：取第 i 种方案，令 $P = P_0(i)$，$Q = Q_0(i)$，$Fsum = 0$ 表示对应的利润。令当前库存 $T = 115$，$p = 0$ 表示当前没有订货，$j = 1$ 表示模拟天数。

第三步：如果库存量降低到 P（即 $T \leqslant P$），此时进行订货，订货量为 Q，令 $p = 1$，$k = 0$，$Fsum = Fsum - c_3 = Fsum - (1\,000 + 10Q)$，其中 k 用来控制订货天数。

第四步：如果 $p = 1$ 并且 $k < 3$，令 $k = k + 1$；如果 $p = 1$ 并且 $k = 3$，表示所订货物已经送达，令 $T = T + Q$，$p = 0$。

第五步：判断当前的库存量是否满足当天的需求量；如果 $T \leqslant \delta_j$（供不应求），令

$$Fsum = Fsum + c_4 T - (\delta_j - T) \times c_2 \qquad T = 0$$

如果 $T > \delta_j$（供大于求），令

$$T = T - \delta_j \qquad Fsum = Fsum + c_4 \delta_j - c_1 T$$

第六步：如果 $j < N$，令 $j = j + 1$ 转到第三步；如果 $j = N$ 并且 $i < 5$，令 $F_i = Fsum$，转到第二步；如果 $j = N$ 并且 $i = 5$，输出最终结果。

根据仿真算法思想编程，用计算机模拟得到 5 种方案每天的平均利润如表 8 - 1 - 2 所示。

表 8 - 1 - 2　通过计算机模拟得到的 5 种方案的每天的平均利润

方案编号	重新订货点 P/辆	重新订货量 Q/辆	每天的平均利润/元
方案 1	175	250	18 113.34
方案 2	200	300	18 358.85

方案编号	重新订货点 P/辆	重新订货量 Q/辆	每天的平均利润/元
方案 3	250	300	18 113.59
方案 4	250	350	17 988.31
方案 5	300	400	17 555.41

虽然每次运行程序,表 8-1-2 的结果会有少许变化,但是方案 2 始终是这五种方案中最好的。

问题二的算法设计

由问题一的仿真算法可以看出,当给定 P 和 Q 的数值,就可以用计算机模拟出对应每天的平均利润。这样,以每天平均利润为指标,P 和 Q 在 100 到 400 之间步长为 10,进行二维粗略搜索,得到 $P=210,Q=230$ 时,每天的平均利润达到最大值 18 444.06 元。画出每天的平均利润与 P,Q 的关系图像,如图 8-1-1 所示。

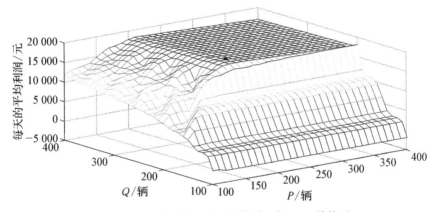

图 8-1-1　每天的平均利润的关系与 P,Q 的关系

从图 8-1-1 可以看出:随着 P 和 Q 的增大,平均利润也在增大,当 P 和 Q 达到 220 左右,平均利润趋于平缓。

为了达到更好精度,可以进行二次搜索。把仿真时间改成 10 年,即 $N=3\,650$。P 和 Q 分别在 210,230 附近步长改为 1 进行搜索,得到较好的订货方案为 $P=216,Q=213$。

思考题

根据本文提供的方法,分析参数 c_1,c_2,c_3 变化对最优订货方案(即 P,Q 的数值)有何影响,请做出合理的解释。

计算机仿真介绍及本节程序代码

计算机仿真是应用电子计算机对系统的结构、功能、行为以及参与系统控制的人的思维过程和行为进行动态性比较逼真的模仿。它是一种描述性技术,是一种定量分析方法。

通过建立某一过程或某一系统的模式来描述该过程或该系统,然后用一系列有目的、有条件的计算机仿真实验来刻画系统的特征,从而得出数量指标,为决策者提供关于这一过程或系统的定量分析结果,作为决策的理论依据。

在 MATLAB 软件中,可以直接产生服从各种分布的随机数,命令如下:

unifrnd(a,b,m,n):产生 $m \times n$ 阶 $[a,b]$ 均匀分布 $U(a,b)$ 的随机数矩阵。

rand(m, n):产生 $m \times n$ 阶 $[0,1]$ 均匀分布的随机数矩阵。

normrnd(mu,sigma,m,n):产生 $m \times n$ 阶均值为 mu、标准差为 sigma 的正态分布的随机数矩阵。

exprnd(mu,m,n):产生 $m \times n$ 阶期望值为 mu 的指数分布的随机数矩阵。

poissrnd(lambda,m,n):产生 $m \times n$ 阶参数为 lambda 的泊松分布的随机数矩阵。

问题一的程序代码

(1) 首先建立 myfun01.m 文件,输入代码:

```
function Fsum = myfun01(P,Q,T,XQ,N,c1,c2,c3,c4)
Fsum = 0;p = 0;
for i = 1:N
    if  T<= P & p==0
        p = 1; k = 0;Fsum = Fsum-c3-10*Q;
    end
    if p==1
        if k==3
            T = T + Q;p = 0;
        else
            k = k + 1;
        end
    end
    if T<XQ(i)
        Fsum = Fsum + T*c4-c2*(XQ(i)-T);      T = 0;
    else
        T = T-XQ(i); Fsum = Fsum + XQ(i)*c4-c1*T;
    end
end
```

(2) 其次新建 M 文件,输入代码:

```
clc;clear;format compact;N = 365*3;
T = 120;XQ = round(50 + 5.*randn(1,N)) ;
c1 = 6;c2 = 280;c3 = 1000;c4 = 400
P0=[175  200  250  250  300];
Q0=[250  300  300  350  400];
SumZ=[];
```

```
for i = 1:5
    P = P0(i);Q = Q0(i);
    Fsum = myfun01(P,Q,T,XQ,N,c1,c2,c3,c4);
    SumZ=[SumZ  Fsum/N]
end
SumZ
[k,l]= max(SumZ)
```

问题二的程序代码

```
clc;clear;format compact;N = 365*3;
T = 120;XQ = round(50 + 5.*randn(1,N));
c1 = 6;c2 = 280;c3 = 1000;c4 = 400;
[P0 Q0]= meshgrid(100:10:400);% 二次搜索时,改为 meshgrid(200:230,
        200:235)
SumZ = zeros(size(P0));n0 = size(P0);
for i = 1:n0(1)
    for j = 1:n0(2)
        SumZ(i,j)= myfun01(P0(i,j),Q0(i,j),T,XQ,N,c1,c2,c3,c4)/N;
    end
end
[k,l]= find(SumZ== max(max(SumZ)))
P = P0(k,l)
Q = Q0(k,l)
Z = SumZ(k,l)
set(gca, 'Fontsize', 18);mesh(P0,Q0,SumZ);hold on ;
plot3(P,Q,Z,'bo','LineWidth',3);xlabel('P'),ylabel('Q');
zlabel('每天的平均利润')
```

8.2 饿狼追兔问题

问题的描述 有一只狼在原点 O 的位置,发现位于 $A(H,C)$ 处的一只兔子正向 $B(H,C+L)$ 处的巢穴跑。假设狼的速率是兔子的 δ 倍,并且狼在追赶兔子的时候始终朝着兔子的方向全速奔跑。问:当 $H=10,C=-2,L=6$ 时,δ 满足什么条件,狼能够追上兔子?

符号说明

v_a:狼的速率	v_b:兔子的速率
(x_k^a,y_k^a):k 时刻狼所在的位置	(x_k^b,y_k^b):k 时刻兔子所在的位置
Δt:时间间隔	

方法一:MATLAB 软件仿真法求解

计算机仿真法可以对系统进行分析研究。所谓计算机仿真就是利用计算机对实际动态系统的结构和行为进行编程、模拟和计算,以此来预测系统的行为效果。在该问题中,由于兔子的速率没有明确给出,这里不妨设 $v_b=1$,则 $v_a=\delta v_b=\delta$。

用计算机仿真法,关键要有前后两个时刻的递推式。假设在当前时刻,狼和兔子所在的位置分别是 $C(x_k^a,y_k^a),D(x_k^b,y_k^b)$,如图 8-2-1 所示。

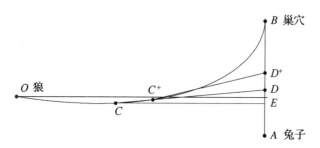

图 8-2-1 狼和兔子位置示意图

经过一个很小的时间间隔 Δt,兔子所在的位置 $D^+(x_{k+}^b,y_{k+}^b)$ 为

$$x_{k+}^b=H \qquad y_{k+}^b=y_k^b+v_b\Delta t$$

由于时间间隔 Δt 很小,可以认为狼在直线 CD 上走了 $v_a\Delta t$ 到达 $C^+(x_{k+}^a,y_{k+}^a)$,则

$$\begin{cases} x_{k+}^a=x_k^a+v_a\Delta t\cos(\theta)=x_k^a+v_a\Delta t\dfrac{x_k^b-x_k^a}{\sqrt{(x_k^b-x_k^a)^2+(y_k^b-y_k^a)^2}} \\[4mm] y_{k+}^a=y_k^a+v_a\Delta t\sin(\theta)=y_k^a+v_a\Delta t\dfrac{y_k^b-y_k^a}{\sqrt{(x_k^b-x_k^a)^2+(y_k^b-y_k^a)^2}} \end{cases} \quad (8\text{-}2\text{-}1)$$

其中,$\theta=\angle DCE$ 为直线 CD 的倾斜角。初始时刻狼和兔子的位置是已知的,给定一个很小的时间间隔 Δt,由式(8-2-1)可知下一个时刻狼和兔子的位置,这样反复迭代,得出狼和兔子的运动轨迹。

为了简化问题,让兔子在直线 $x=H$ 向上一直跑,如果与狼在 $B(H,C+L)$ 点的下方相遇,则认为狼能够追上兔子,否则认为狼追不上兔子。下面具体给出当 δ 给定时,狼和兔子的运动轨迹的仿真算法。

第一步:赋初值。设置时间步长 Δt,设定狼和兔子的误差 ε,当前时刻 $T=0$。狼和兔子的速率 $v_a=\delta,v_b=1$。给定狼和兔子的当前位置为 $x_k^a=0,y_k^a=0,x_k^b=H,y_k^b=C$。

第二步:计算狼和兔子在 $T^+=T+\Delta t$ 时刻的位置。

$$x_{k+}^b=H \qquad\qquad y_{k+}^b=y_k^b+v_b\Delta t$$

$$x_{k+}^a=x_k^a+v_a\Delta t\dfrac{x_k^b-x_k^a}{\sqrt{(x_k^b-x_k^a)^2+(y_k^b-y_k^a)^2}}$$

$$y_{k+}^a=y_k^a+v_a\Delta t\dfrac{y_k^b-y_k^a}{\sqrt{(x_k^b-x_k^a)^2+(y_k^b-y_k^a)^2}}$$

第三步:计算狼和兔子在 T^+ 时刻的距离。

$$d_k = \sqrt{(x_{k+}^b - x_{k+}^a)^2 + (y_{k+}^b - y_{k+}^a)^2}$$

第四步:如果 $d_k > \varepsilon$,令 $T = T^+$,$x_k^a = x_{k+}^a$,$y_k^a = y_{k+}^a$,$x_k^b = x_{k+}^b$,$y_k^b = y_{k+}^b$,$k = k+1$。转到第二步,如果 $d_k < \varepsilon$ 并且 $y_k^a \leqslant C + L$,则认为狼能够追上兔子;如果 $d_k < \varepsilon$ 并且 $y_k^a > C + L$,则认为狼没有追上兔子。

给定一个 δ 值,代入上面的仿真程序,就可以得出有关狼能否追上兔子的结论。使用二分法得出:当 $\delta = 2.028\,3$ 时,狼正好在巢穴 $B(H, C+L)$ 处追上兔子,所以狼能够追上兔子的条件为 $\delta \geqslant 2.028\,3$。当 $\delta = 2.028\,3$ 时,通过计算机仿真得到狼和兔子的运动轨迹如图 8-2-2 所示。

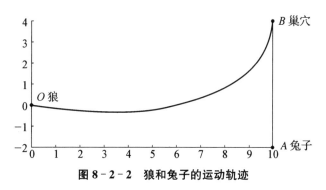

图 8-2-2 狼和兔子的运动轨迹

方法二:建立微分方程求解析解

当 $t = 0$ 时,狼位于原点 O,兔子位于点 $A(H, C)$。如图 8-2-1,假设 t 时刻,狼在 $C = [x(t), y(t)]$ 点,则兔子在 t 时刻时位置为 $D(H, v_b t + C)$。由题意知,狼在追赶兔子的时候始终朝着兔子的方向全速奔跑,所以狼的运动轨迹的切线方向必须指向兔子,即图 8-2-1 中直线 CD 的方向就是狼轨迹上点 C 的切线方向,故有

$$y' = \frac{y - (v_b t + C)}{x - H}$$

所以有

$$v_b t + C = (H - x)y' + y \qquad (8\text{-}2\text{-}2)$$

图 8-2-1 中弧 OC 的长度为 AD 的 δ 倍,记 $y = f(x)$,则

$$\int_0^{x(t)} \sqrt{1 + [f'(x)]^2}\, dx = \delta v_b t \qquad (8\text{-}2\text{-}3)$$

将方程(8-2-2)代入方程(8-2-3),把 y 看成是 x 的函数,整理得

$$\begin{cases} \delta(H - x)y'' = \sqrt{1 + y'^2} \\ y(0) = 0, \quad y'(0) = \dfrac{C}{H} \end{cases}$$

求解上面的微分方程模型,对上面模型中的二阶方程降阶。令

$$p = \frac{\mathrm{d}y}{\mathrm{d}x}, \quad \lambda = \frac{1}{\delta}$$

则方程可降为一阶可分离变量方程

$$\delta(H-x)\frac{\mathrm{d}p}{\mathrm{d}x} = \sqrt{1+p^2} \quad \text{即} \frac{\mathrm{d}p}{\sqrt{1+p^2}} = -\lambda \frac{\mathrm{d}(H-x)}{H-x}$$

易得

$$(H-x)^{-\lambda} = C_0(p + \sqrt{1+p^2})$$

由初值条件 $p\big|_{x=0} = \frac{C}{H}$,得 $C_0 = \frac{1}{c_*}H^{-\lambda}$,$c_* = \frac{C}{H} + \sqrt{1 + \left(\frac{C}{H}\right)^2}$,从而有

$$c_*\left(\frac{H}{H-x}\right)^\lambda = p + \sqrt{1+p^2} \qquad -\frac{1}{c_*}\left(\frac{H-x}{H}\right)^\lambda = p - \sqrt{1+p^2}$$

于是有

$$p = \frac{1}{2}\left[c_*\left(\frac{H}{H-x}\right)^\lambda - \frac{1}{c_*}\left(\frac{H-x}{H}\right)^\lambda\right]$$

这样可得到一个可分离变量的方程:

$$\frac{\mathrm{d}y}{\mathrm{d}x} = \frac{1}{2}\left[c_*\left(\frac{H}{H-x}\right)^\lambda - \frac{1}{c_*}\left(\frac{H-x}{H}\right)^\lambda\right]$$

然后积分可得

$$y = \frac{1}{2}\left[\frac{1}{c_*}\frac{(H-x)^{\lambda+1}}{H^\lambda(\lambda+1)} - c_*\frac{H^\lambda(H-x)^{1-\lambda}}{1-\lambda}\right] + C_2$$

利用 $y\big|_{x=0} = 0$ 得

$$C_2 = \frac{1}{2}\left[c_*\frac{H}{1-\lambda} - \frac{1}{c_*}\frac{H}{\lambda+1}\right]$$

从而得到狼的运动轨迹方程为

$$y = \frac{1}{2}\left[\frac{1}{c_*}\frac{(H-x)^{\lambda+1}}{H^\lambda(\lambda+1)} - c_*\frac{H^\lambda(H-x)^{1-\lambda}}{1-\lambda}\right] + C_2 \qquad (8-2-4)$$

其中

$$c_* = \frac{C}{H} + \sqrt{1+\left(\frac{C}{H}\right)^2} \qquad C_2 = \frac{1}{2}\left[c_*\frac{H}{1-\lambda} - \frac{1}{c_*}\frac{H}{\lambda+1}\right]$$

由方程$(8-2-4)$可知,狼和兔子在(H, C_2)点相遇,得出狼能够追上兔子的条件为

$$C_2 = \frac{1}{2}\left[c_* \frac{H}{1-\lambda} - \frac{1}{c_*}\frac{H}{\lambda+1}\right] \leqslant C + L$$

即 $\delta \geqslant 2.028\ 3$ 时,狼能够追上兔子。

思考题

问题 1:谈一谈如何提高仿真的精度?

问题 2:方法二中采用的方法是建立微分方程求解析解,也可以按照 8.1 节的方法建立微分方程组求其数值解,请同学们试试看。

问题 3:如果兔子与巢穴之间有一个直径为 1.5 的圆形水池,如图 8-2-3 所示,兔子和狼如果跑到圆形水池时只能沿着圆弧奔跑。当 $H=10,C=-2,L=6,\delta=2.12$ 时,使用计算机模拟该过程,画出兔子与狼的运动轨迹图形,并且回答兔子能否安全回到巢穴? 如果兔子被狼追到,请给出追到的位置;如果兔子安全回到巢穴,也请给出兔子安全回到巢穴时,狼所在的位置。

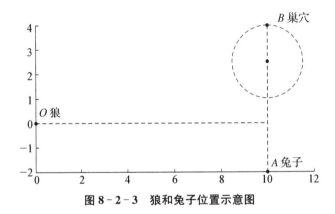

图 8-2-3　狼和兔子位置示意图

附录　本节使用到的程序代码

方法一:MATLAB 软件仿真法的程序代码

(1) 首先建立 myfun.m 文件(主要用于二分法搜索),输入代码:

```
function p = myfun(k,H,C,L,dt)
A=[0 0];B=[H,C];va = k;vb = 1;errorDist = va*dt;
while 1
    A = A + va*dt*(B-A)/norm(B-A);
    B = B +[0  vb*dt];
    if  norm(A-B)<errorDist
      break
    end
end
end
```

```
    if A(2)<=(C+L)
        p=1;
    else
        p=0;
    end
```

（2）其次新建 M 文件，输入代码：

```
clc;clear;format compact
H=10;C=-2;L=6; dt=0.0001;
k1=1.2;% 追不上兔子
k2=3;% 追上兔子
while 1
    k=(k1+k2)/2;p=myfun(k,H,C,L,dt);
    if p==0;
        k1=k;
    else
        k2=k;
    end
    if abs(k1-k2)<dt
        break
    end
end
k=(k1+k2)/2
```

（3）画出狼和兔子的运动轨迹的仿真程序：

```
clc;clear;format compact;
H=10;C=-2;L=6;hold on;set(gca,'FontSize',18,'FontName','Times New Roman')
plot(0, 0, 'ro', 'LineWidth', 4, 'MarkerEdgeColor', 'k', 'MarkerFaceColor','g','MarkerSize',10)
plot(H, C, 'ro', 'LineWidth', 4, 'MarkerEdgeColor', 'k', 'MarkerFaceColor','b','MarkerSize',10)
plot(H, C+L, 'ro', 'LineWidth', 4, 'MarkerEdgeColor', 'k', 'MarkerFaceColor','r','MarkerSize',10)
text(0, 0,'{\it O} 狼', 'FontSize', 24,'FontName','Times New Roman')
text(H,C,'{\it A} 兔子', 'FontSize', 24,'FontName','Times New Roman')
text(H,C+L,'{\it B} 巢穴', 'FontSize', 24,'FontName','Times New Roman')
%%%%%%%%%%%%%%%%%%%%%%%%%%
k=2.0283;va=k;vb=1;dt=0.01;errorDist=va*dt;A=[0 0];B=[H,C];
plot(A(1),A(2),'ro',B(1),B(2),'b* ','LineWidth',2 ,'MarkerSize',2)
```

```
set(gca,'FontSize', 18,'FontName','Times New Roman')
while 1
    A = A + va*dt*(B-A)/norm(B-A);
    B = B +[0  vb*dt];
    plot(A(1),A(2),'ro',B(1),B(2),'b* ','LineWidth',2 ,'MarkerSize',2)
    pause(eps)
    if  norm(A-B)<errorDist
        break
    end
end
```

方法二：求解程序代码

```
syms k; H = 10;C = -2;L = 6;
r = 1/k;cx = C/H + sqrt(1 +(C/H)^2);c2 = 1/2* (cx*H/(1-r)-1/cx*H/(r + 1));
f = c2-L-C;double(solve(f))
```

8.3　水面舰艇编队的最佳队形

问题的描述　我海军由 1 艘导弹驱逐舰(指挥舰)和 4 艘导弹护卫舰组成水面舰艇编队在南海某开阔海域巡逻。编队各舰上防空导弹型号相同,数量充足,水平最小射程为 10 千米,最大射程为 80 千米,高度影响不必考虑(因敌方导弹超低空来袭),平均速度 2.4 马赫(即音速 340 米/秒的 2.4 倍)。为了防止防空导弹误伤自己的舰艇,要求防空导弹的着落点与各舰的距离都大于 10 千米。编队仅依靠自身雷达对空中目标进行探测,但有数据链,所以编队中任意一艘舰发现目标,其余舰都可以共享信息,并由指挥舰统一指挥各舰进行防御。

以我指挥舰为原点的 20 度至 220 度扇面内(以正北为 0 度,顺时针方向),等可能的有导弹来袭,来袭导弹的飞行速度 0.9 马赫。由于来袭导弹一般采用超低空飞行和地球曲率的原因,各舰发现来袭导弹的随机变量都服从均匀分布,均匀分布的范围是导弹与该舰之间距离在 20~30 千米。

编队发现来袭导弹时,由指挥舰统一指挥编队内任一舰发射防空导弹进行拦截,进行拦截的准备时间(含发射)均为 7 秒。各舰在一次拦截任务中,不能接受对另一批来袭导弹的拦截任务,只有在本次拦截任务完成后,才可以执行下一次拦截任务。指挥舰对拦截任务的分配原则是,对每批来袭导弹只使用一艘舰进行拦截,且无论该次拦截成功与否,不对该批来袭导弹进行第二次拦截。不考虑每次拦截使用的防空导弹数量。请设计编队最佳队形(各护卫舰相对指挥舰的方位和距离),应对所有可能的突发事件,保护好指挥舰,使其尽可能免遭敌方导弹攻击(本题改编自 2015 年全国研究生数学建模竞赛 A 题)。

模型的假设

(1) 只考虑来袭导弹会攻击指挥舰,不考虑导弹对护卫舰造成攻击。

(2) 只考虑在 20 度至 220 度扇面范围内有导弹来袭,来袭导弹始终指向指挥舰。

（3）各批来袭导弹之间没有时差，几乎同时飞来。

（4）最小射程 10 km 范围内护卫舰不能拦截。

（5）最佳队形是指在最薄弱的方向上能防御最多批次的导弹。

（6）假设敌方导弹和我方拦截导弹都是水平飞行，不考虑高度影响。

（7）本次拦截任务完成后，才可以执行下一次拦截任务。

（8）为了方便，假设舰艇与来袭导弹的距离在 25 km 之内时，可发现来袭导弹。

符号说明

θ^d：来袭导弹的方位角 θ_i：第 i 个护卫舰的方位角

L_i：第 i 艘护卫舰到指挥舰的距离 (x_T^d, y_T^d)：T 时刻来袭导弹的位置

(x_i, y_i)：第 i 艘舰艇的位置，$i=1,2,3,4$ 表示护卫舰，$i=5$ 表示指挥舰

v_a：防空导弹的速度 v_b：来袭导弹的速度

n：拦截导弹的批次

t_n^{find}：（第 n 批次）发现来袭导弹的时刻

p_n^{find}：（第 n 批次）发现来袭导弹的舰艇编号

d_i^n：（第 n 批次）击落点与第 i 艘舰艇的距离

p_{hit}^n：（第 n 批次）分配拦截任务的舰艇编号

t_{hit}^n：（第 n 批次）拦截时间（含准备时间 7 秒）

S^n（第 n 批次）防空导弹射程

M^1：表示没有拦截任务的护卫舰、指挥舰的集合

M^2：有拦截任务的护卫舰、指挥舰的集合

模型的分析与建立 假设水面舰艇编队的队形如图 8-3-1 所示，以我方指挥舰为原点的 20 度至 220 度扇面内（以正北为 0 度，顺时针方向），等可能的有导弹来袭。首先，需要计算出护卫舰发射导弹开始，到击中来袭导弹所需的时间。

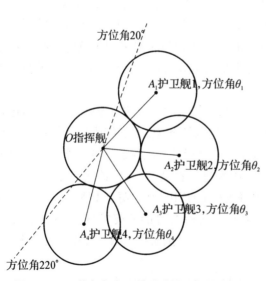

图 8-3-1 指挥舰和 4 艘导弹护卫舰的方位图

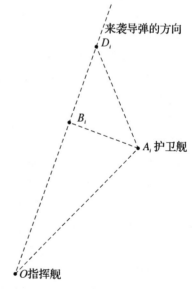

图 8-3-2 护卫舰击中来袭导弹的方位

如图 8-3-2 所示，假设护卫舰 A_i 到来袭导弹方向上的垂直距离 $H_i = |A_iB_i|$，在发射防空导弹的时刻，垂足 B_i 到来袭导弹 D_i 的距离记为

$$C_i = |OB_i| - |OD_i| = \begin{cases} -|B_iD_i| & (|OD_i| \geqslant |OB_i|) \\ |B_iD_i| & (|OD_i| < |OB_i|) \end{cases}$$

以护卫舰 A_i 为原点，以 A_iB_i 为 x 轴正方向，以 D_iB_i 为 y 轴的平行方向，建立坐标系。由 8.2 节可知，防空导弹的运动轨迹方程为

$$y = \frac{1}{2}\left[\frac{1}{c_*}\frac{(H_i-x)^{\lambda+1}}{H_i^\lambda(\lambda+1)} - c_*\frac{H_i^\lambda(H_i-x)^{1-\lambda}}{1-\lambda}\right] + C_*$$

其中

$$\lambda = \frac{v_b}{v_a}, \quad c_* = \frac{C_i}{H_i} + \sqrt{1+\left(\frac{C_i}{H_i}\right)^2}, \quad C_* = \frac{1}{2}\left[c_*\frac{H_i}{1-\lambda} - \frac{1}{c_*}\frac{H_i}{\lambda+1}\right]$$

由 $y\big|_{x=H_i} = C_*$，可得防空导弹击中来袭导弹所用的时间 T_i 为

$$T_i = \frac{C_*-C_i}{v_b} = \frac{\lambda^2 C_i + \lambda\sqrt{H_i^2+C_i^2}}{(1-\lambda^2)v_b} \tag{8-3-1}$$

最佳队形是指在最危险的方向上能够拦截最多批次的导弹。为了找到最佳队形，具体的思路是：如果水面舰艇编队的队形和导弹来袭方向都给定，编写仿真程序，计算出舰艇能拦截的来袭导弹最大批次。

最佳的水面舰艇编队的队形具备对称性，可以使舰艇编队的队形按照一定的规律变化（如让半径和角度变化），找出对应队形的最危险方向；以给定队形的最危险方向上能够拦截来袭导弹的批数为指标，应用多维搜索的思想得出最佳的舰艇编队队形。按照以上步骤，给出对应的算法。

一、给定队形和导弹来袭方向后计算拦截来袭导弹的最大批次的仿真程序

第 1 步：设定初值。建立坐标系，以指挥舰的位置为坐标原点 $(0,0)$，给出护卫舰 A_i 相对于指挥舰的距离 L_i 和方位角 θ_i（$i = 1,2,3,4$）。给出来袭导弹相对于指挥舰的距离 L^d 和方位角 θ^d（初值 L^d 可以选取来袭导弹首次进入 5 艘舰艇雷达区域前的位置），$T = 0$ 表示当前时刻，Δt 表示时间间隔，$n = 0$ 表示拦截导弹的批次。令 Waitingtime $= [0,0,0,0,0]$，分别记录拦截五艘舰艇任务完成的时刻。

第 2 步：检查 T 时刻，集合 M^2 中是否有护卫舰或指挥舰完成了拦截任务，如果有对应的护卫舰或指挥舰完成了拦截任务，从集合 M^2 移出，放入 M^1 中。

第 3 步：如果 $M^1 = \varnothing$，表示所有的护卫舰和指挥舰都有拦截任务，令 $T = T + \Delta t$，转到第 2 步。

第 4 步：计算来袭导弹的位置 (x_T^d, y_T^d)，即

$$\begin{cases} x_T^d = (L - v_b T)\cos\left(\dfrac{\pi}{2} - \theta^d\right) \\[2mm] y_T^d = (L - v_b T)\sin\left(\dfrac{\pi}{2} - \theta^d\right) \end{cases}$$

计算 5 艘舰艇与来袭导弹的距离 d_i，若每艘舰艇与敌对导弹的距离 $d_i \geqslant 25$，令 $p = 0$，$T = T + \Delta t$，转到第 2 步；若存在某一舰艇与来袭导弹的距离 $d_{i_0} \leqslant 25$，则该舰艇能发现导弹，令 $p = 1$，发现来袭导弹的时刻 $t_n^{\text{find}} = T$，发现来袭导弹的舰艇编号 $p_{\text{find}}^n = i_0$。

第 5 步：在发现了来袭导弹后（$p = 1$ 时），计算经过 7 秒（准备时间）后来袭导弹的位置 (x_{T+7}^d, y_{T+7}^d)，计算集合 $M^1 = \{i_1, i_2, \cdots, i_n\}$（没有拦截任务）的舰艇发射防空导弹到击中来袭导弹的时间为

$$t_{i_k} = \frac{C_* - C_{i_k}}{v_b} = \frac{\lambda^2 C_{i_k} + \lambda\sqrt{H_{i_k}^2 + C_{i_k}^2}}{(1 - \lambda^2)v_b}$$

计算击落点坐标 $(x_{T+7+t_{i_k}}^d, y_{T+7+t_{i_k}}^d)$，以及击落点与第 i 艘舰艇的距离 d_i^n。

第 6 步：在集合 $M^1 = \{i_1, i_2, \cdots, i_n\}$ 中寻找满足发射条件的舰艇集合。

$$Z^* = \{i_k \mid 10 \leqslant S_{i_k} \leqslant 80, \sqrt{(x_{T+7}^d - x_i)^2 + (y_{T+7}^d - y_i)^2} \geqslant 10\}$$

第 7 步：如果 $Z^* \neq \varnothing$，令 $n = n + 1$，使用拦截时间最短的舰艇执行本次拦截任务，即

$$t_{i_0} = \min_{i_k \in Z^*} \{t_{i_k}\}$$

记录（第 n 批次）分配拦截任务的舰艇编号 p_{hit}^n、拦截时间（含准备时间 7 秒）$t_{\text{hit}}^n = 7 + t_{i_0}$、防空导弹射程 $S^n = v_a t_{i_0}$，以及本次拦截任务完成的时刻 $\text{Waitingtime}(i_0) = T + 7 + t_{i_0}$，转到第 2 步。

第 8 步：如果所有的舰艇都有拦截任务，把当前时刻移到最早有舰艇完成拦截任务的时刻，即 $T = \min(\text{Waitingtime})$，转到第 2 步。

第 9 步：如果来袭的导弹位置在指挥舰 10 km 的范围内，默认来袭导弹击中指挥舰，可以输出最大批次数 n。否则令 $T = T + \Delta t$，转到第 2 步。

二、搜索最佳队形

最佳的水面舰艇队形应该具备一定的对称性，让舰艇编队的队形按照一定的规律变化，如图 8-3-1 所示，第 i 艘护卫舰到指挥舰的距离 L_i 和方位角 θ_i 为

$$L_1 = L_2 = R_1 \quad L_3 = L_4 = R_2 \quad \theta_i = 20 + \varphi_0 + (i - 1)\frac{200 - 2\varphi_0}{3} \quad i = 1, 2, 3, 4$$

然后可以编写程序进行关于变量 R_1, R_2, φ_0 两个方向的搜索，以给定队形最危险方向上能够拦截来袭导弹的最大批次为指标，搜索出最佳队形为 $R_1 = 55$，$R_2 = 50$，$\varphi_0 = 20$。

此时四艘护卫舰的方位角分别为 $40°, 93.33°, 146.66°, 200°$，最危险方向范围为 $[20°, 23.4°] \cup [216.6°, 220°]$。在这些最危险方向上能够拦截来袭导弹的最大批次都为 13 次。

以最危险方向取 21°为例,类似于 8.2 节,编写防空导弹的拦截动态仿真过程,得到防空导弹的拦截路径如图 8-3-3 所示。

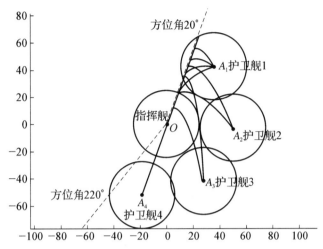

图 8-3-3　最佳队形及其防空导弹的拦截动态仿真过程

具体拦截过程如表 8-3-1 所示。

表 8-3-1　以最危险方向为 21°的拦截过程为例

批次	1	2	3	4	5	6	7
发现时间/秒	0	0	0	0	33.00	41.00	63.81
发射时间/秒	7	7	7	7	40.00	48.00	70.81
击中时间/秒	32	67	80	105	64	145.78	99.35
拦截舰艇	1	5	2	3	1	4	1
击落点坐标	21.32	17.53	16.12	13.40	17.87	8.88	13.98
	55.54	45.67	41.99	34.90	46.56	23.14	36.41
击落点与 5 艘舰艇的距离/千米	19.41	18.17	19.23	23.12	18.03	32.58	22.13
	65.07	58.38	56.20	52.56	58.94	48.60	53.27
	97.51	88.00	84.53	77.96	88.85	67.53	79.34
	114.49	103.91	99.98	92.38	104.87	79.79	93.99
	59.49	48.91	44.98	37.38	49.87	24.79	39.00
导弹射程/千米	20.72	48.91	59.41	79.67	19.43	79.79	23.29
批次	8	9	10	11	12	13	
发现时间/秒	66.94	79.81	99.35	104.63	145.63	173.78	
发射时间/秒	73.94	86.81	106.35	111.63	152.63	180.78	
击中时间/秒	115.63	150.57	147.90	185.77	172.86	193.33	
拦截舰艇	5	2	1	3	5	5	

批次	8	9	10	11	12	13	
击落点坐标	12.19	8.36	8.65	4.50	5.91	3.67	
	31.76	21.78	22.54	11.72	15.41	9.56	
击落点与5艘舰艇的距离/千米	25.38	33.81	33.12	43.32	39.76	45.44	
	51.23	48.33	48.48	47.71	47.66	47.90	
	75.10	66.36	67.01	58.22	61.11	56.59	
	89.01	78.32	79.14	67.55	71.50	65.24	
	34.02	23.32	24.14	12.55	16.51	10.24	
导弹射程/千米	34.02	52.03	33.90	60.50	16.51	10.24	

表 8 - 3 - 1 中起始时刻定义为第 1 次任务分配成功的时刻。在这 13 次的拦截任务中,可以看出指挥舰和第一艘护卫舰艇都安排了 4 次任务,第二艘和第三艘护卫舰各安排了 2 次任务,第四艘护卫舰安排了 1 次任务。

 思考题

问题 1:如果由 1 艘导弹驱逐舰(指挥舰)和 5 艘导弹护卫舰组成水面舰艇编队,请重新考虑该问题,给出仿真算法,设计最佳的舰艇编队队形。

问题 2:如果舰艇编队以航向 200 度(以正北为 0 度,顺时针方向),航速 16 节(即每小时 16 海里)行驶,请重新考虑该问题,给出仿真算法,设计最佳的舰艇编队队形。

仿真程序代码

第一步:编写 Findlargestbatch 函数文件,给定队形和导弹来袭方向,求能够承受的最大批次的导弹。

```
function [n  Pathinformation  Ti0]=Findlargestbatch(R,fx,L,fs)
% R: 4艘导弹护卫舰与原点的距离% fx:4艘导弹护卫舰的相对原点的航向
   A = R.*cosd(90-fx);B = R.*sind(90-fx);HT=[A;B]; % HT,4艘导弹护卫
舰的位置
   HT=[HT  zeros(2,1)]; % 指挥舰的坐标为原点
% L: 来袭导弹与原点的距离   fs:来袭导弹航向
vs = 0.9*340;vd = 2.4*340;T_max = 80*10^3/vd;T_min = 10*10^3/vd;n = 0;
lmd = vs/vd;dfind=[25  25  25  25  25]*10^3;
P = zeros(1,5);Waitingtime = zeros(1,5);dt = 1;T0 = 0; % 当前时刻
Pathinformation=[];
while  T0<=(L-10*10^3)/vs
    zc = find(P==1);
```

```
for i = 1:length(zc)
      if  T0>= Waitingtime(zc(i))
            P(zc(i)) = 0;
      end
end
```
%%%% 计算 T0 时刻导弹的位置
```
xs =(L-vs*T0)*cosd(90-fs);
ys =(L-vs*T0)*sind(90-fs);
di = zeros(1,5);% 计算导弹与五舰的距离
for k = 1:5
    di(k)= norm(HT(:,k)-[xs;ys]);
end
zbfind = 0;% 是否发现来袭导弹
for i = 1:5
    if di(i)<dfind(i) % 如果发现来袭导弹,记录相关信息
        ifind = i; disfind = di(i)/10^3; zbfind = 1;break
    end
end
  if  zbfind==1  % 当发现来袭导弹时
    x7s =(L-vs*(T0 + 7))*cosd(90-fs); y7s =(L-vs*(T0 + 7))*sind(90-
        fs);
    % 计算 T0 + 7 时刻导弹的位置
    di7s = zeros(1,5);% 计算 7s 后导弹与五舰的距离
    for k = 1:5
        di7s(k)= norm(HT(:,k)-[x7s;y7s]);
    end
    T=[];% 计算各个舰艇击中时间
    for j = 1:4
        lk = norm(HT(:,j))*cosd(fx(j)-fs);ci = lk-di7s(5);
        ch =norm([x7s;y7s]-HT(:,j));ti =(lmd^2*ci + lmd*ch)/(vs*(1-
            lmd^2));
        T=[T ti];
    end
      T=[T  di7s(5)/(vs + vd)]; zb2 = find(P==0);
    if isempty(zb2)
        T0 = min(Waitingtime);
        continue
      end
```

```
zb3 = find(T>= T_min);zb4 = intersect(zb2,zb3);
if isempty(zb4)==1
        T0 = T0 + dt;continue
end
[TminI  ki]=min(T(zb4));% 以时间最短为指标分配任务
x7js =(L-vs*(T0 + 7 + TminI))*cosd(90-fs); y7js =(L-vs*(T0 + 7 +
        TminI))*sind(90-fs);% 计算击落导弹地点
dijs = zeros(1,5);% % 计算击落导弹地点与五舰的距离
for k = 1:5
        dijs(k)= norm(HT(:,k)-[x7js;y7js]);
end
if  min(dijs)>= 10*10^3  & TminI <= T_max  % & TminI >= T_min
% 可以分配任务
    n = n + 1;
    if n==1
            Ti0 = T0;
    end
    fprintf('第% 0.2f 秒时,第% d 舰 (与来袭导弹的距离% 0.3f 千米) 发现
来袭导弹坐标为(% 0.3f,% 0.3f) 千米,\\n',T0-Ti0, ifind,disfind,xs/10^3, ys/
10^3);
            fprintf('  分配第% d 舰艇拦截来第% d 批来袭导弹,拦截使用时
间为% 0.3f 秒(含准备时间 7 秒),防空导弹射程为% 0.3f 千米,\\n', zb4(ki),n,7 +
TminI,TminI*vd/10^3)
            fprintf('击落点坐标为(% 0.3f,% 0.3f) 千米,击落点与 5 舰的距离
分别为(% 0.2f, % 0.2f, % 0.2f, % 0.2f, % 0.2f) 千米)  \\n',  x7js/10^3,y7js/
10^3,dijs(1)/10^3,dijs(2)/10^3,dijs(3)/10^3,dijs(4)/10^3,dijs(5)/10^3)
            P(zb4(ki))= 1;Waitingtime(zb4(ki))= T0 + 7 + TminI;
            Sx=[n  T0    T0 + 7,  T0 + 7 + TminI  zb4(ki)    x7js/10^3  y7js/
10^3  dijs/10^3  TminI*vd/10^3];
            Pathinformation=[Pathinformation;Sx];
            continue
    end
end
T0 = T0 + dt;
end
```

第二步:最佳编队的多维搜索程序

```
L = 100*10^3;ss = 20;dd =(200-2*ss)/3;
fx = 20 +[ss   ss + dd   ss + 2*dd   ss + 3*dd];
```

```
GC=[];zn = inf
R=[55　50　50 55]*10^3;
  for fs = 20:0.1:220
        fprintf('来袭导弹航向: % d\\n',fs)
        n = Findlargestbatch(R,fx,L,fs)
      if　n<= zn
          zn = n; FS=[n fs];GC=[GC;FS];
      end
  end
  GC
```

第三步: 最佳队形及其防空导弹的拦截动态仿真程序

```
clc% % % % 首先画出位置图
L = 100*10^3; % L: 来袭导弹与原点的距离　　fs:来袭导弹航向
ss = 20;dd=(200-2*ss)/3;　vs = 0.9*340; vd = 2.4*340;L = 100*10^3;
fx = 20 +[ss　　ss + dd　　ss + 2*dd　　ss + 3*dd];
R=[55　50　50 55]*10^3;
A = R.*cosd(90 - fx); B = R.*sind(90 - fx);HT=[A;B]; % HT, 4 艘导弹护卫
舰的位置
  HT=[HT　zeros(2,1)]; % 指挥舰的坐标为原点
jd = linspace(0,2*pi,100);　hold on;axis equal
for i = 1:5
    x0 = HT(1,i)/10^3; y0 = HT(2,i)/10^3;
    x = x0 + 25 *cos(jd); y = y0 + 25* sin(jd);plot(x,y,'LineWidth',2.5)
plot (x0, y0, ' ro ', ' LineWidth ', 2. 5, ' MarkerEdgeColor ', ' k ',
'MarkerFaceColor','g','MarkerSize',6)
    % plot([x0　0],[y0　0],'LineWidth',2.5)
  end
text(HT(1,1)/10^3,HT(2,1)/10^3,'{\\it　A}_1 护卫舰 1',　'FontSize', 14)
text(HT(1,2)/10^3,HT(2,2)/10^3,'{\\it　A}_2 护卫舰 2 ',　'FontSize', 14)
text(HT(1,3)/10^3,HT(2,3)/10^3,'{\\it　A}_3 护卫舰 3 ',　'FontSize', 14)
text(HT(1,4)/10^3,HT(2,4)/10^3,'{\\it　A}_4 护卫舰 4 ',　'FontSize', 14)
text(HT(1,5)/10^3,HT(2,5)/10^3,'{\\it　O} 指挥舰',　'FontSize', 14,
'FontName','Times New Roman')
  axis equal
  fs = 20;t = 0:L/vs; xs =(L-vs*t)*cosd(90-fs);ys =(L-vs*t)*sind(90-fs);
  plot(xs/10^3,ys/10^3,'r--','LineWidth',2.5)
    text(xs(80)/10^3 - 10, ys(80)/10^3,' 方位角 20°',　'FontSize', 14,
'FontName','Times New Roman')
```

```
fs = 220;t = 0:L/vs;xs =(L-vs*t)*cosd(90-fs);ys =(L-vs*t)*sind(90-
fs);
    plot(xs/10^3,ys/10^3,'r--','LineWidth',2.5)
    text(xs(80)/10^3-10,ys(80)/10^3,' 方位角 220°',  'FontSize', 14,
'FontName','Times New Roman')
    %%%%%%%%%%%%%%%%%%%%%%%%%%%%%%%%%%%%%%%%%%
    % 下面进行仿真
    fs = 21;[n  Pathinformation  Ti0]= Findlargestbatch(R,fx,L,fs);
    T0 = Ti0; tbi = Pathinformation(:,3);tif = Pathinformation(:,4);
    NuberS = Pathinformation(:,5);pk = zeros(size(tbi))';
    xiyi = HT(:,NuberS);xdyd =[(L-vs*T0)*cosd(90-fs); (L-vs*T0)*sind
(90-fs)];
    plot(xdyd(1)/10^3,xdyd(2)/10^3,'r* ','LineWidth',2,'MarkerSize',2);
    dt = 0.01;
    while 1
        pz = find((tbi<=T0)&(T0<=tif))
    for i = 1:length(pz)
      xiyi(:,pz(i))= xiyi(:,pz(i))+ dt*vd*(xdyd-xiyi(:,pz(i)))/norm
(xdyd-xiyi(:,pz(i)));
        plot(xiyi(1,pz(i))/10^3,xiyi(2,pz(i))/10^3,'m* ','LineWidth',2,
'MarkerSize',4);
    end
        T0 = T0 + dt;
        xdyd=[(L-vs*T0)*cosd(90-fs); (L-vs*T0)*sind(90-fs)];
        plot(xdyd(1)/10^3,xdyd(2)/10^3,'r* ','LineWidth',2,'MarkerSize',2);

    if norm(xdyd)<10
            break;
    end
end
end
```

8.4 系统可靠性问题的仿真

问题的描述 设备由三个相同电子管组成,每个电子管正常工作寿命服从 1 200 到 2 000小时之间的均匀分布。任何一个电子管损坏都可以使设备停止工作。从有电子管损坏,设备停止工作开始,厂家需要联系检修工进行检测,直到检修工更换元件设备正常工作为止,为一个延迟时间。延迟时间也是随机变量,其概率分布服从 3 到 5 小时之间的均匀分布。

当电子管损坏时有两种维修方案，一是每次更换损坏的那一只；二是当其中一只损坏时三只同时更换。已知更换时间为换一只需50分钟，3只同时换为100分钟，检修工每小时工时费200元。更换时机器因停止运转每小时的损失为1200元，又每只电子管价格80元，试用模拟方法决定哪一个方案经济合理？

系统可靠性问题的仿真

每个电子管的正常工作寿命为1200到2000小时之间的均匀分布，延迟时间服从3到5小时之间的均匀分布。当使用时间步长法时，步长选取有些困难，步长小浪费很大，步长大又不精确，所以采用事件步长法。在事件发生时再考虑系统状态的变化情况，这就比较合理。

本题涉及两种方案的比较，需要用计算机产生随机数样本来表示电子管的寿命以及延迟时间。每次计算机运行时产生的样本是不同的，方案一与方案二使用同一样本进行比较才比较合理。具体的仿真算法思想如下。

第1步：设置仿真天数 $N=365\times5$，仿真结束时间 endtime $=N\times24$，三个不同位置的电子管寿命随机数 Lifespan 以及对应的延迟时间随机数 Delaytime。

第2步：考虑第一种方案，即每次更换损坏的那一只。取三个不同位置的第1个电子管寿命赋值给变量 Damagetime，令 zb $=[1\ \ 1\ \ 1]$ 表示三个不同位置的电子管更换的次数。当前时刻 $T_0=0$，对应的费用 cost1 $=0$，设备机器停止运转的总时间 Time1 $=0$。

第3步：找到三个不同位置的电子管最早损坏的时刻 $t_k=\min(\text{Damagetime})$ 以及位置 k。

第4步：取对应的延迟时间 Interruptiontime $=$ Delaytime $(k,zb(k))$。令 zb(k) $=$ zb(k) $+1$，Time1 $=$ Time1 $+$ Interruptiontime，本次维修的费用为

$$\text{costk}=\text{检修工工时费}+\text{更换时机器因停止运转每小时的损失}+\text{电子管价格}$$

令 cost1 $=$ cost1 $+$ costk，$T_0=T_0+t_k+$ Interruptiontime，计算没有损坏的电子管寿命的剩余寿命赋值给变量 Damagetime 对应的位置，损坏位置的电子管更换为全新的，并且把对应的电子管寿命赋值给变量 Damagetime 对应的位置，即 Damagetime(k) $=$ Lifespan(k,zb(k))。

第5步：如果 $T_0<$ endtime，转到第3步；如果 $T_0\geqslant$ endtime，输出对应的每天的平均费用 cost1/N，以及机器发生故障时间的比例 Time1/endtime。

第6步：考虑第二种方案，即其中一只损坏时三只同时更换。取三个不同位置的第1个电子管寿命赋值给变量 Damagetime，令更换的次数 $n_k=1$，当前时刻 $T_0=0$，对应的费用 cost2 $=0$，设备机器停止运转的总时间 Time2 $=0$。

第7步：找到三个不同位置的电子管最早损坏的时刻 $t_k=\min(\text{Damagetime})$ 以及位置 k。

第8步：取对应的延迟时间 Interruptiontime $=$ Delaytime(k,zb(k))。令 $n_k=n_k+1$，Time2 $=$ Time2 $+$ Interruptiontime，本次维修的费用为

$$\text{costk}=\text{检修工工时费}+\text{更换时机器因停止运转每小时的损失}+\text{电子管价格}$$

令 cost1 $=$ cost1 $+$ costk，$T_0=T_0+t_k+$ Interruptiontime，三个位置全部换上全新的

电子管,并且将电子管寿命赋值给变量 Damagetime。

第 9 步:如果 T_0<endtime,转到第 7 步;如果 $T_0 \geqslant$ endtime,输出每天对应的平均费用 cost2/N,以及机器发生故障时间的比例 Time2/endtime。

应用以上思想(编程见附录),得到两种方案每天对应的平均费用以及设备停止工作的时间与总时间的比重,如表 8-4-1 所示。

表 8-4-1　两种方案对应比较

	每天的平均费用	设备停止工作概率
方案一	251.568 4	0.831 7%
方案二	90.193 0	0.272 8%

从表 8-4-1 可以看出:方案二总的费用比较低,设备停止工作的时间与总时间的比重较小,所以方案二比方法一占优。

思考题

设备上有 A,B,C 三个电子管,连接方式如图 8-4-1 所示。当 A 或 B 损坏时,设备启动备用线路 C,此时电子管 C 才开始工作,直到电子管 C 损坏,设备才停止工作。电子管 A,B 的正常工作寿命为 1 200 到 1 600

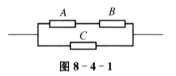

图 8-4-1

小时之间的均匀分布,电子管 C 的正常工作寿命为 700 到 1 000 小时之间的均匀分布。其他条件与本节案例保持不变。当电子管损坏时有两种维修方案,一是每次更换损坏的那一只;二是当其中一只损坏时三只同时更换。试用模拟方法决定哪一个方案经济合理?

仿真程序代码

```
workpay = 200;%% 检修工每小时工时费 200 元
Replacecost = 1200;% 更换时机器因停止运转每小时的损失为 1 200 元
Tubeprice = 80;% 每只电子管价格 80 元
simulationtime = 365*5;%
endtime = simulationtime*24;
%%% 产生随机数样本,方案一与方案二使用同一样本;
Lifespan = unifrnd(1000,2000,3,round(endtime/1000))
Delaytime = unifrnd(3,5,3,round(endtime/1000));
T0 = 0;cost1 = 0;cost2 = 0;% 当前时间;
replacement1 = 50/60;replacement3 = 100/60;
Time1 = 0;% 对应的两种方案设备机器停止运转总时间
% 方案一:每次更换损坏的那一只
Damagetime = Lifespan(:,1);zb=[1 1 1];T0 = 0;
```

```
while T0<=endtime
    [tk  k]=min(Damagetime);
    Interruptiontime = Delaytime(k,zb(k));
    zb(k)= zb(k)+ 1;
    Time1 = Time1 + Interruptiontime;
     cost1 = cost1 + replacement1 * workpay + Interruptiontime *
Replacecost + Tubeprice;
    T0 = T0 + tk + Interruptiontime;
    Damagetime = Damagetime - tk;
    Damagetime(k)= Lifespan(k,zb(k));
end
  % PlanA=[cost1  Time1    1-Time1/endtime zb]
% 方案二:每次更换损坏的那一只
Damagetime = Lifespan(:,1);nk = 1;T0 = 0;Time2 = 0;
while T0<=endtime
    [tk  k]=min(Damagetime);
    Interruptiontime = Delaytime(k,zb(k));
    nk = nk + 1;
    Time2 = Time2 + Interruptiontime;
    cost2 = cost2 + replacement3 * workpay + Interruptiontime *
Replacecost + 3*Tubeprice;
    T0 = T0 + tk + Interruptiontime;
    Damagetime = Lifespan(:,nk);
end
  [ cost1  cost2]/simulationtime
  [Time1 Time2]/endtime
```

8.5　车灯光源的设计

问题的描述　（本题来源:2002 年全国大学生数学建模竞赛 A 题）

安装在汽车头部的车灯的形状为一旋转抛物面,车灯的对称轴水平地指向正前方,其开口半径 36 mm,深度 21.6 mm。经过车灯的焦点,在与对称轴相垂直的水平方向,对称地放置一定长度的均匀分布的线光源,要求在某一设计规范标准下确定线光源的长度。

经过简化,该设计规范可描述如下:在焦点 F 正前方 25 m 处的 A 点放置一测试屏,屏与 FA 垂直,用以测试车灯的反射光。在屏上过 A 点引出一条与地面平行的直线,在该直线 A 点的同侧取 B 点和 C 点,使 $AC=2AB=2.6$ m。要求 C 点的光强度不小于某一额定值（可取为 1 个单位）,B 点的光强度不小于该额定值的 2 倍（只需考虑一次反射）。

（1）在满足该设计规范的条件下,计算线光源长度使线光源的功率最小。

（2）对得到的线光源长度,在有标尺的坐标系中画出测试屏上反射光的亮区,得到一个直观的灯光照明效果图像。

问题的假设

（1）将线光源看成几何线段。

（2）线光源不会阻挡反射光线的传播,只考虑一次反射。

（3）用发射到点 B,C 两点的光线条数代替对应点的光强度。

符号说明

$2l$:线光源的长度。

S:线光源上的一点,可看作点光源。

P:点光源 S 在抛物面上的一个反射点。

PN:旋转抛物面上点 P 处的法向量。

$dotB$:旋转抛物面上能够发射到点 B 的光线条数。

$dotC$:旋转抛物面上能够发射到点 C 的光线条数。

问题一的准备工作

在做仿真之前,需要做一些准备工作。首先要推导反射点 P 应该满足什么样的条件,线光源上一点 S 经过抛物面上的 P,能够通过发射到点 B,点 C。

以抛物面的顶点为原点 O,对称轴为 x 轴,过原点 O 且与线光源平行的直线为 y 轴,过顶点且与 xy 平面垂直的直线为 z 轴,建立空间直角坐标系。由题中所给数据可求得旋转抛物面的方程是 $60x = y^2 + z^2$[焦准距 $p = 36^2/(2 \times 21.6) = 30$]。 由题意可知 $B(25\,015, 1\,300, 0)$,$C(25\,015, 2\,600, 0)$,$F(15, 0, 0)$。

可设旋转抛物面的参数方程为

$$x = \frac{v^2}{60} \quad y = v\cos(u) \quad z = v\sin(u)$$

其中,$u \in [0, 2\pi]$,$v \in [-\sqrt{21.6 \times 60}, \sqrt{21.6 \times 60}]$。

设线光源上一点 S 经抛物面点 P 反射后能到达 B(如图 8-5-1 所示),$S(15, s, 0)$(其中 $|s| \leqslant l$),$P\left(\frac{v^2}{60}, v\cos(u), v\sin(u)\right)$,$B(25\,015, 1\,300, 0)$,其中 $2l$ 是线光源的长度。

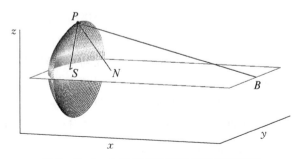

图 8-5-1 入射光线与发射光线的示意图

设 PN 为 P 点的法向量,则

$$PB = \left(25\,015 - \frac{v^2}{60}, 1\,300 - v\cos(u), -v\sin(u)\right)$$

$$PS = \left(15 - \frac{v^2}{60}, s - v\cos(u), -v\sin(u)\right) \quad PN = (-30, v\cos(u), v\sin(u))$$

PB, PS, PN 三线共面,所以混合积 $(PB \times PS) \cdot PN = 0$,即

$$\begin{vmatrix} 25\,015 - \dfrac{v^2}{60} & 1\,300 - v\cos(u) & -v\sin(u) \\ 15 - \dfrac{v^2}{60} & s - v\cos(u) & -v\sin(u) \\ -30 & v\cos(u) & v\sin(u) \end{vmatrix} = 0$$

所以有

$$\left[\left(24\,985 - \frac{v^2}{60}\right)s + 1\,300\left(15 + \frac{v^2}{60}\right)\right]v\sin(u) = 0$$

解得:(1)情形 1　$\left(24\,985 - \dfrac{v^2}{60}\right)s + 1\,300\left(15 + \dfrac{v^2}{60}\right) = 0$。

(2) 情形 2　$v\sin(u) = 0$,即在 xOy 平面上。

情形 1　可得

$$s = \frac{1\,300\left(15 + \dfrac{v^2}{60}\right)}{\dfrac{v^2}{60} - 24\,985} = \frac{1\,300(900 + v^2)}{v^2 - 1\,499\,100} \qquad v^2 = \frac{60(19\,500 + 24\,985s)}{s - 1\,300}$$

因为 PN 与 PB, PS 的夹角相等,所以有

$$\cos(PN, PB) = \frac{PN \cdot PB}{|PN| \times |PB|} = \frac{PN \cdot PS}{|PN| \times |PS|} = \cos(PN, PS)$$

即有

$$\frac{-1\,500\,900 - v^2 + 2\,600v\cos(u)}{2\sqrt{\left(25\,015 - \dfrac{v^2}{60}\right)^2 + [1\,300 - v\cos(u)]^2 + [-v\sin(u)]^2}}$$

$$= \frac{-900 - v^2 + 2sv\cos(u)}{2\sqrt{\left(15 - \dfrac{v^2}{60}\right)^2 + [s - v\cos(u)]^2 + [-v\sin(u)]^2}}$$

将 $s = \dfrac{1\,300(900 + v^2)}{v^2 - 1\,499\,100}$ 代入上式,求解得

$$\cos(u) = \frac{900 + v^2}{2\,600v}$$

所以发射点 P 的坐标为

$$\begin{cases} x_P^B = \dfrac{v^2}{60} = \dfrac{19\,500 + 24\,985s}{s - 1\,300} \\[3mm] y_P^B = v\cos(u) = \dfrac{7\,500s}{13(s - 1\,300)} \\[3mm] z_P^B = v\sin(u) = \pm\sqrt{60\left(\dfrac{19\,500 + 24\,985s}{s - 1\,300}\right) - \left[\dfrac{7\,500s}{13(s - 1\,300)}\right]^2} \end{cases} \quad (8-5-1)$$

同理可得,线光源上一点 S 经抛物面点 P 反射后能到达 C,则发射点 P 的坐标为

$$\begin{cases} x_P^C = \dfrac{39\,000 + 24\,985s}{s - 2\,600} \\[3mm] y_P^C = \dfrac{3\,750s}{13(s - 2\,600)} \\[3mm] z_P^C = v\sin(u) = \pm\sqrt{60\left(\dfrac{39\,000 + 24\,985s}{s - 2\,600}\right) - \left[\dfrac{3\,750s}{13(s - 2\,600)}\right]^2} \end{cases} \quad (8-5-2)$$

通过绘图可知,经过线光源上的点 S 能够发射到 B 的反射点的集合为:图 8-5-2 中粗虚线部分抛物面与 xOy 平面的相交曲线。

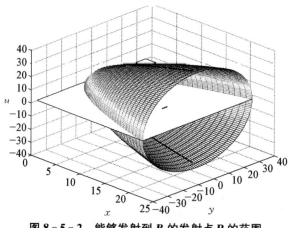

图 8-5-2　能够发射到 B 的发射点 P 的范围

情形 2　反射点 P 限定在 xOy 平面上的抛物线 $y^2 = 60x$ 上,线光源上的点 $S(15, s)(\mid s \mid \leqslant l)$ 经过点 P 发射到 B 或 C。任取抛物线 $y^2 = 60x$ 上一点 $P\left(\dfrac{y_0^2}{60}, y_0\right)$,如图 8-5-3 所示。

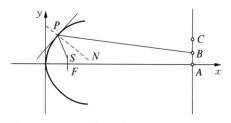

图 8-5-3　入射光线与反射光线的示意图

连接 BP,则直线 BP 的斜率为

$$k_{BP} = \frac{y_B - y_P}{x_B - x_p} = \frac{1\,300 - y_0}{25\,015 - y_0^2/60}$$

过 P 点的法线 PN 的斜率为

$$k_{PN} = -\frac{y_0}{30}$$

根据光路的几何原理(入射角等于反射角)有

$$\frac{k_{BP} - k_{PN}}{1 + k_{BP}k_{PN}} = \frac{k_{PN} - k_{PS}}{1 + k_{PN}k_{PS}}$$

将 k_{BP} 和 k_{PN} 代入即得

$$k_{PS} = \frac{6\,000(-11\,700 - 15\,000y_0 + 13y_0^2)}{1\,350\,810\,000 - 4\,680\,000y_0 - 1\,498\,200y_0^2 + y_0^4}$$

过 P 点的入射光线 SP 的方程为

$$y = y_0 + \frac{6\,000(-11\,700 - 15\,000y_0 + 13y_0^2)}{1\,350\,810\,000 - 4\,680\,000y_0 - 1\,498\,200y_0^2 + y_0^4}\left(x - \frac{y_0^2}{60}\right)$$

从而可得线光源上的点 S 经过抛物线 $y^2 = 60x$ 上的点 P 发射到 B,反射点 P 应该满足的条件为

$$\left| y_0 + \frac{6\,000(-11\,700 - 15\,000y_0 + 13y_0^2)}{1\,350\,810\,000 - 4\,680\,000y_0 - 1\,498\,200y_0^2 + y_0^4}\left(15 - \frac{y_0^2}{60}\right) \right| \leqslant l$$

$$(8-5-3)$$

其中 $2l$ 为线光源的长度。

类似可得,光源上的点 S 经过抛物线 $y^2 = 60x$ 上的点 P 发射到 C,反射点 P 应该满足的条件为

$$\left| y_0 + \frac{12\,000(-11\,700 - 7\,500y_0 + 13y_0^2)}{1\,350\,810\,000 - 9\,360\,000y_0 - 1\,498\,200y_0^2 + y_0^4}\left(15 - \frac{y_0^2}{60}\right) \right| \leqslant l$$

$$(8-5-4)$$

问题一的仿真

为了使线光源的功率最小,线光源长度也应取小,但是线光源长度过小,可能导致 C 点没有光线照入。具体的研究思路是:让光源长度由小到大变化,寻找最小的线光源长度,使得 C 点有光线照入,并且 B 点的光强度是 C 点光强度的两倍。因为光强度与到达该点的光线条数成正比,在仿真的过程中,可以用光线数来代替光强度。

需要对图 8-5-2 中两条曲线(即粗虚线部分以及 xOy 平面的抛物线 $y^2 = 60x$)进行细分,找出能够发射到点 B(或点 C)的发射点 P 的个数,从而得到能够发射到点 B(或点 C)的光线条数。

首先需要给出给定线光源的长度,计算能够射到点 B(或点 C)的光线条数的仿真程序。

第 1 步:赋初值。 给定 l 的数值,y 在区间 $[-36,36]$ 上进行 n 等分,$-36 = y_1 < y_2 < \cdots < y_n = 36$,令 $dotB = 0, dotC = 0$ 分别表示能够到达 B, C 两点的光线条数,令 $i = 1$。

第 2 步: 令

$$s = \frac{13 \times 1\,300 y_i}{13 y_i - 7\,500}$$

将 s 代入方程(8-5-1)得到 $P(x_P^B, y_P^B, z_P^B)$ 的坐标。令

$$\Delta_B = 60 \left(\frac{19\,500 + 24\,985 s}{s - 1\,300} \right) - \left[\frac{7\,500 s}{13(s - 1\,300)} \right]^2$$

如果

$$y_i \geqslant 0 \qquad |s| \leqslant l \qquad \Delta_B \in [0, 36^2] \qquad 0 \leqslant x_P^B \leqslant 21.6$$

令

$$dotB = dotB + 2$$

(注意:对于情形 1,反射点关于 xOy 平面对称,只需要找 $y_i \geqslant 0$ 部分)

第 3 步: 令

$$s = \frac{13 \times 2\,600 y_i}{13 y_i - 3\,750}$$

将 s 代入方程(8-5-2)得到 $P(x_P^C, y_P^C, z_P^C)$ 的坐标。令

$$\Delta_C = 60 \left(\frac{39\,000 + 24\,985 s}{s - 2\,600} \right) - \left[\frac{3\,750 s}{13(s - 2\,600)} \right]^2$$

如果

$$y_i \geqslant 0 \qquad |s| \leqslant l \qquad \Delta_C \in [0, 36^2] \qquad 0 \leqslant x_P^C \leqslant 21.6$$

令

$$dotC = dotC + 2$$

第 4 步: 如果

$$\left| y_i + \frac{6\,000(-11\,700 - 15\,000 y_i + 13 y_i^2)}{1\,350\,810\,000 - 4\,680\,000 y_i - 1\,498\,200 y_i^2 + y_i^4} \left(15 - \frac{y_i^2}{60} \right) \right| \leqslant l$$

令

$$dotB = dotB + 1$$

第 5 步: 如果

$$\left| y_i + \frac{12\,000(-11\,700 - 7\,500y_i + 13y_0^2)}{1\,350\,810\,000 - 9\,360\,000y_i - 1\,498\,200y_i^2 + y_i^4}\left(15 - \frac{y_i^2}{60}\right) \right| \leqslant l$$

令

$$dotC = dotC + 1$$

第 6 步：如果 $i < n$，令 $i = i + 1$，转到第 2 步；如果 $i = n$，输出能够到达 B, C 两点的光线条数 $dotB, dotC$。

容易看出 $dotB, dotC$ 是 l 的函数，令

$$f(l) = dotB(l) - 2dotC(l)$$

注意到，随着线光源长度 $2l$ 的增大，光线先照到 B 点，后照到 C 点，最终 B, C 两点的光强度随线光源长度的增大而趋于相等，所以 $f(l)$ 取值是先正后负。本题要求 C 点的光强度不小于某一额定值（可取为 1 个单位），B 点的光强度不小于该额定值的 2 倍（只需考虑一次反射），满足条件的最短线光源长度正好对应 $f(l)$ 的零点（注意：本题对参数 y 进行细分，真正的零点可能不存在，我们找最靠近零点对应的 l 值）。接下来采用二分法，来找对应的 l 值。

第 1 步：取 $l_1 = 1.2$ [此时对应 $f(l_1) > 0$]，取 $l_2 = 2.6$ [此时对应 $f(l_2) > 0$]，取 $\varepsilon = 0.000\,1$。

第 2 步：取 $l = \dfrac{l_1 + l_2}{2}$，代入上面的仿真程序计算 $f(l)$。

第 3 步：如果 $f(l) > 0$，令 $l_1 = l$；如果 $f(l) < 0$，令 $l_2 = l$。

第 4 步：如果 $|l_1 - l_2| > \varepsilon$，转到第 2 步；如果 $|l_1 - l_2| \leqslant \varepsilon$，输出对应的 l 值。

按照以上的仿真思想以及二分法思想分别编程，得到 $l = 1.991\,1$，此时线光源长度为 $3.982\,3$ mm，是满足条件的最小线光源长度。此时能够反射到点 B, C 的光线条数分别为 34\,907 条和 17\,454 条，对应的 $f(l) = -1$。

问题二　测试屏上反射亮区的仿真

首先要推导由线光源一点 $S(15, s, 0)$ 出发，经曲面上一点 $P(x_0, y_0, z_0)$ 反射的光线的路径，如图 8-5-4 所示。令 $F(x, y, z) = y^2 + z^2 - 60x$，求出抛物面上任意一点 P 的法向量：

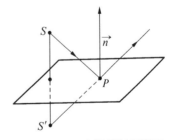

$$\boldsymbol{n} = \left(\frac{\partial F}{\partial x}, \frac{\partial F}{\partial y}, \frac{\partial F}{\partial z}\right)\bigg|_P = (-60, 2y_0, 2z_0)$$

图 8-5-4　光线反射示意图

则过 P 的点的切平面方程为

$$-30(x - x_0) + y_0(y - y_0) + z_0(z - z_0) = 0$$

设点 $S(15, s, 0)$ 关于切平面方程的对称点为 $S'(sx, sy, sz)$，则线段 SS' 的中点应该满足切平面方程，所以有

$$-30\left(\frac{15+sx}{2}-x_0\right)+y_0\left(\frac{s+sy}{2}-y_0\right)+z_0\left(\frac{sz}{2}-z_0\right)=0 \qquad (8-5-5)$$

另一方面，$SS'//n$，所以有

$$sx=15-30t_0 \qquad sy=s+y_0t_0 \qquad sz=0+z_0t_0 \qquad (8-5-6)$$

将式$(8-5-6)$代入式$(8-5-5)$可得

$$t_0=\frac{450-sy_0+30x_0}{450+30x_0}$$

将t_0代入式$(8-5-6)$可以得到对称点$S'(sx,sy,sz)$的坐标；根据两点式方程，可知发射光线的方程$S'P$为

$$x=x_0+(x_0-sx)t \qquad y=y_0+(y_0-sy)t \qquad z=z_0+(z_0-sz)t$$

对于给定的点S'和P，令$x_0+(x_0-sx)t=25\,015$，可以得出t，从而得到测试屏上反射点的坐标。

这样可以把线光源以及抛物面进行细分。对于给定线光源的某一点S，将S与抛物面上的所有点连接起来，应用上面的方法得出对应的反射点的坐标，把它画到测试屏上；然后S取遍线光源所有点，将得到的反射点的坐标叠加到测试屏上，从而得到测试屏上反射亮区如图$8-5-5$所示。

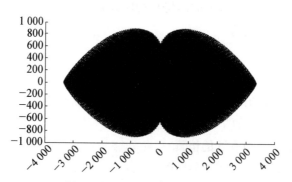

图 $8-5-5$ 测试屏上反射亮区

 思考题

如果安装在汽车头部的车灯的形状为椭球的一部分

$$\frac{x^2}{5^2}+\frac{y^2}{6^2}+\frac{z^2}{6^2}=1 \qquad x\leqslant 0$$

在点$F(3,0,0)$与y轴垂直方向对称地放置一定长度的均匀分布的线光源。点F正前方25 m处的A点放置一个测试屏，屏与FA垂直，用以测试车灯的反射光。在屏上过A点引出一条与地面相平行的直线，在该直线A点的同侧取B点和C点，使$AC=2AB=$

2.6 m。请重新考虑本节中的两个问题,并且做出解答,给出对应的仿真程序。

仿真程序代码

问题一的程序

(1) 首先建立 simulationD.m 函数文件,输入代码:

```
function [dotb  dotc  dot2c  dotb_2c]= simulationD(l)
dy0 = 0.001; y0 = 36;dotc = 0;dotb = 0;
% dotc 和 dotb 分别为能够到达 B,C 两点的光线数目
for y0 ==-36:dy0:36
% 在整个抛物线上(y0 =-36~36),寻找能够到达 B 点和 C 点的反射点
% 下面找情形 1 中,注意反射点关于 xOy 平面对称,只需要找 y0>0 部分
        if y0>0
            sb = 13*1300*y0/(13*y0-7500);
            xb =(19500+24985*sb)/(sb-1300);
            dtb =1499100+195*10^7/(sb-1300)-5625*10^3*sb^2/(169
                *(sb-1300)^2);
            if abs(sb)<=1 & xb>=0 & xb<=21.6 & dtb>0 & dtb<=36^2;
                dotb = dotb+2;
            end
            sc = 13*2600*y0/(13*y0-3750);
            xc =(78000+49970*sc)/(2*sc-2*2600);
            dtc =1499100+39*10^8/(sc-2600)-14062500*sc^2/(169*
                (sc-2600)^2);
            if abs(sc)<=1 & xc>=0 & xc<=21.6 & dtc>0 & dtc<=36^2
                dotc = dotc+2;
            end
        end
        %%% 下面找情形 2 中:
        fb = 1350810000-4680000*y0-1498200*y0*y0+y0.^4;
        yfb =y0+6000*(15-y0*y0/60)*(-11700-15000*y0+13*y0*
            y0)/fb;
% yfb 为反射后能够到达 B 点的入射光线与直线 x=15 的交点的纵坐标
    if(abs(yfb)<=1)   % 若交点纵坐标小于等于线光源的长度的一半,则存
在一条入射光线可以反射到 B 点
            dotb = dotb+1;
        end
        fc = 1350810000-9360000*y0-1498200*y0*y0+y0.^4;
        yfc =y0+12000*(15-y0*y0/60)*(-11700-7500*y0+13*y0*
```

y0)/fc;

　　% yfc 为反射后能够到达 C 点的入射光线与直线 x = 15 的交点的纵坐标

　　if(abs(yfc)<=1)　% 若交点纵坐标小于等于线光源的长度的一半,则存在一条入射光线可以反射到 C 点

　　　　dotc = dotc + 1;

　　end

　　y0 = y0 - dy0;　% dy0 表示步长

　end

dot2c = 2 * dotc;dotb_2c = (dotb - 2 * dotc);

　　(2) 新建 M 文件(用二分法,来找对应的 l 值),输入以下代码:

```
l1 = 1.2;l2 = 2.6;
while abs(l1 - l2)>= 0.0001
    l = (l1 + l2)/2;
    [dotb  dotc  dot2c dotb_2c] = simulationD(l);
    if dotb_2c>0
        l1 = l;
    else
        l2 = l;
    end
end
    l = (l1 + l2)/2
    [dotb  dotc  dot2c dotb_2c ] = simulationD(l)
```

问题二的程序

```
[U V]= meshgrid(linspace(0,2 * pi,90),linspace(- sqrt(21.6 * 60),sqrt(21.6 * 60),90));
    X0 = V.^2/60;Y0 = V.* cos(U);Z0 = V.* sin(U);n = 0;hold on
    for s = linspace(-1.9911,1.9911,100)
        t0 = (450 - s * Y0 + 30 * X0)./(450 + 30 * X0);
        sx = 15 - 30 * t0;sy = s + Y0.* t0;sz = Z0.* t0;
        t = (25015 - X0)./(X0 - sx);n = n + 1;
        XX(:,:,n)= X0 + (X0 - sx).* t;
        YY(:,:,n)= Y0 + (Y0 - sy).* t;
        ZZ(:,:,n)= Z0 + (Z0 - sz).* t;
        plot(YY(:,:,n),ZZ(:,:,n),' b.')
    end
```

习 题

1. 某报童以每份 0.03 元的价格买进报纸,以每份 0.05 元的价格出售。根据长期统计,报纸每天的销售量及百分率如表 1 所示。已知当天销售不出去的报纸,将以每份 0.02 元的价格退还报社。试用模拟方法确定报童每天买进多少份报纸,能使平均总收入最大?

表 1　报纸每天的销售量及百分率

销售量/份	200	210	220	230	240	250
百分率	0.10	0.20	0.40	0.15	0.10	0.05

2. 在我方某前沿防守地域,敌人以一个炮排(含两门火炮)为单位对我方进行干扰和破坏。为躲避我方打击,敌方对其阵地进行了伪装并经常变换射击地点。经过长期观察发现,我方指挥所对敌方目标的指示有 50% 是准确的,而我方火力单位,在指示正确时,有 1/3 的射击效果能毁伤敌人一门火炮,有 1/6 的射击效果能全部消灭敌人。现在希望能用某种方式把我方将要对敌人实施的 20 次打击结果显现出来,确定有效射击的比率及毁伤敌方火炮的平均值。

3. 某水池有 2 000 m³ 水,其中含盐 4 kg,以每分钟 8 m³ 的速率向水池中注入含盐率为 0.38 kg/m³ 的盐水,同时又以每分钟 4 m³ 的速率从水池流出搅拌均匀的盐水。使用计算机仿真该水池内盐水的变化过程,并且每隔 1 分钟计算水池中水的体积、含盐量和含盐率。欲使池中盐水的含盐率达到 0.23 kg/m³,需要多长时间?

4. 某军一导弹基地发现正北方向 240 km 处海上有一艘敌舰以 90 km/h 的速度向正东方向行驶,该基地立即发射导弹跟踪追击敌舰,导弹速度为 450 km/h,自动导航系统使导弹在任一时刻都能对准敌舰。请回答下面问题:

(1) 试问导弹在何时何地击中敌舰?击中敌舰时导弹行走的路程是多少?

(2) 如果当基地发射导弹的同时,敌舰仪器立即发现。假定敌舰以 135 km/h 的速度与导弹成固定夹角的方向逃逸,问导弹何时何地击中敌舰?试建立数学模型。

(3) 若导弹的追踪过程中,飞行角度每改变 1°,其速度衰减千分之一,并且导弹每秒的调整不超过 2°,试在这种情况下讨论第(2)个问题。

5. 考虑交通灯控制的两条单行线的交叉路口如图 1 所示。路口不允许转弯,开始时假定方向 1、方向 2 绿灯亮 30 秒,红灯亮 70 秒。

假定方向 1 每 10 秒有 5 到 15 辆车(随机变化)到达路口;方向 2 每 10 秒有 8 到 14 辆车到达路口;方向 3 每 10 秒有 6 到 24 辆车到达路口;方向 4 每 10 秒有 8 到 20 辆车到达路口。

同时,假定方向 1、方向 2 绿灯亮,每 10 秒各有 20 辆车可以通过路口;方向 3、方向 4 绿灯亮,每 10 秒各有 20 辆车可以通过路口。

请编写一个 60 分钟时间周期的模拟算法回答以下问题:

(1) 这 1 小时内四个方向各有多少辆车通过路口?

(2) 四个方向红灯亮时一辆停止的车的平均等待时间是多少?最长等待时间是多少?

（3）四个方向红灯亮时停止的车的平均队长是多少？最长的队长是多少？

（4）四个方向绿灯亮时平均多少辆车通过路口？最多多少辆车通过路口？

（5）请重新设计交通灯的变换周期，使两个方向的总的等待时间尽可能的少。

6. 正 $n(n \geqslant 3)$ 边形的 n 个顶点各有一人，在某一时刻 $t_0 = 0$，n 个人同时出发以匀速 v 按顺时针方向追下一个人，如果他们始终保持对准目标。试确定每个人的行进线路，计算每个人跑过的路程，确定相遇时间。

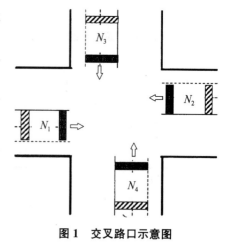

图1 交叉路口示意图

7. 单服务员的排队模型：在某商店有一个售货员，顾客陆续到来，售货员逐个接待。当到来的顾客较多时，一部分顾客便须排队等待，被接待后的顾客便离开商店。假设顾客到来间隔时间服从参数为0.1的指数分布；顾客的服务时间服从 $[4, 15]$ 上的均匀分布；排队按先到先服务规则，队长无限制。假定一个工作日为8小时，时间以分钟为单位。请模拟365个工作日，求出平均每日完成服务的个数及每日顾客的平均等待时间。

8. 某生产电子产品的企业，要对某型号的产品平均无故障运行时间做出估计。该产品由A、B、C三个部件串联而成。因此，当这三个部件中任何一个部件发生故障而失效时，该电子产品也即失效。如果该产品投入运行后再对其无故障运行时间做出估计，则费用较高。现在企业已经得到每一种部件的有关运行试验记录资料，其中包括用来确定部件失效时间的概率分布。请根据表2数据进行模拟，得出产品的平均失效时间。

表2 部件失效概率分布和随机数取值表

A 部件		B 部件		C 部件	
失效时间	概率	失效时间	概率	失效时间	概率
4	0.1	2	0.05	6	0.2
5	0.2	3	0.1	7	0.3
6	0.3	4	0.2	8	0.25
7	0.2	5	0.3	9	0.15
8	0.15	6	0.25	10	0.1
9	0.05	7	0.1		

9. 航空公司的机票可采用预定的方式。在某一航班上，根据经验知道：预定了机票而又不能如期到机场的旅客占预订机票旅客数的 $p = 3\%$，为减少因此而产生的损失，航空公司准备适当扩大机票预定数额，即允许预定票数略超出航班容量（客机可载旅客数），然而这样就可能有些预定了机票且如期到达机场的旅客无法登机，公司必须给这些乘客以赔偿。初步确定赔偿费为机票费的 $k = 10\%$。另外，公司的形象顾问认为每次航班这部

分旅客的数目超过 5 名的概率 $P(5)$ 必须控制在 5% 以内。现在已知航班容量为 $N=300$（人），飞行一次的成本 C 为全部机票（300 张）款额的 60%，为使公司的支出获得尽可能大的利润，试确定该航班机票预定额度为多少？假定旅客是否如期到机场是相互独立的。

10. 使用蒙特卡罗模拟求解下面问题。

（1）计算由下面 3 条曲线围成的面积：

$$x^2+y^2=25 \qquad \left(\frac{x}{8}\right)^2+y^2=1 \qquad (x-2)^2+(y+1)^2=9$$

（2）计算由下面 2 个几何体围成的体积：

$$x^2+y^2+z^2=36 \qquad \left(\frac{x-4}{5}\right)^2+\left(\frac{y-1}{3}\right)^2+\left(\frac{z-2}{5}\right)^2=1$$

11. 假设走私船位于原点 O 的位置，发现方位角为 θ，距离为 $L=OA=100$ 海里（1 海里等于 1.852 千米）A 点处发现一艘海上边防缉私艇。走私船正以 15 节的速度匀速向正南方向逃逸（1 节 =1 海里 / 小时 =0.514444 m/s）。缉私艇立即以最大速度 v_b 追赶，在雷达的引导下，缉私艇的方向始终指向走私船。在距离 O 点正南方向 60 海里点 M 所在位置水平虚线为领土分界点，分界点上侧为我方领土范围，具体示意图如图 2 所示。

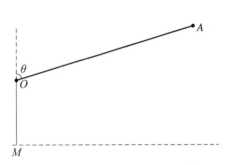

图 2　走私船和缉私艇的位置示意图

（1）当 $L=100$ 海里，$v_b=30$ 节时，θ 分别取 $30°$ 和 $60°$，请建立数学模型回答，缉私艇能否在我方领土范围内成功拦截走私船。如果可以成功拦截，请给出拦截走私船所使用的时间以及位置；如果拦截失败，请给出走私船成功逃逸时，缉私艇所在的位置，并画出走私船与缉私艇的运动轨迹。

（2）当 $L=100$ 海里，θ 分别取 $30°$ 和 $60°$，请给出缉私艇能够成功拦截走私船的最小速度，进一步求出缉私艇走过的路程是多少？并且画出缉私艇拦截走私船的运动轨迹。

（3）针对图 2 中走私船的位置信息，当缉私艇的速度固定在 30 节时，请画出缉私艇可以成功拦截走私船的区域。

（4）令 $a=10$ 海里，$b=20$ 海里。如果在位置 $(0,-b)$ 处存在长半轴为 a，短半轴为 b 的椭圆形状的小岛，如图 3 所示，走私船和缉私艇如果在椭圆小岛边缘时只能沿着弧线奔跑；走私船和缉私艇的速度分别取 15 节和 40 节。当 θ 分别取 $30°$ 和 $60°$ 时，走私船沿着路线 OCD 跑时，请给出缉私艇最佳的拦截线路，并且回答走私船能否安全逃逸。如果可以成功拦截走私船，请给出拦截走私船所使用的时间以及位置；如果拦截失败，请给出走私船成功逃逸时，缉私艇所在的位置，并画出走私船与缉私艇的运动轨迹。

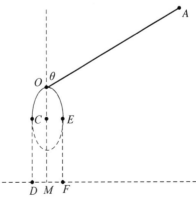

图 3　走私船和缉私艇的位置示意图

第 9 章　智能算法

"智能算法"是指在工程实践中,经常会接触到一些比较"新颖"的算法或理论,比如遗传算法、模拟退火算法、蚁群算法、禁忌搜索算法、神经网络算法、差分进化算法、粒子群优化算法等。这些算法或理论都有一些共同的特性,比如模拟自然过程。它们在解决一些复杂的工程问题时大有用武之地。本章着重介绍遗传算法、模拟退火算法、蚁群算法及其应用。

9.1　应用遗传算法求函数的极值

遗传算法(genetic algorithm,简称 GA)搜索最优解的方法是模仿生物的进化过程,即模拟自然选择和遗传中发生的复制、交叉和变异等现象。它从优化问题可行解集的一个种群(population)开始,对种群反复进行选择(selection)、交叉(crossover)以及变异(mutation)操作,估计各个个体的适应值(fitness),根据"适者生存,优胜劣汰"的进化规则,使得群体越来越向最优解的方向进化。

遗传算法的一般步骤如下。

步骤 1: 设计合适的适应度函数

在遗传算法中,会涉及计算个体适应度占总适应度比例的操作,如果某个个体的适应度为负数,就会对遗传算法的进程造成影响。因此,适应度函数必须取非负值。从目标函数 $f(x)$ 到适应度函数 $Fit[f(x)]$ 的转换方案,常用的有三种。

(1)直接转换法。令

$$Fit[f(x)] = \begin{cases} f(x) & \text{若目标函数为最大值问题} \\ -f(x) & \text{若目标函数为最小值问题} \end{cases}$$

这种转换方式直观易行,可是存在缺点:①这种方式转换的适应度函数并不满足适应度函数的非负性,对"轮盘赌"选择策略的使用造成影响;②求解函数可能存在分布上有较大差异的函数值,从而影响算法性能。

(2)界限构造法。对于目标函数求最小值的问题,转化如下:

$$Fit[f(t)] = \begin{cases} c_{\max} - f(x) & 若\ f(x) < c_{\max} \\ 0 & 其他 \end{cases}$$

其中，$c_{\max}$ 为 $f(x)$ 的最大估计值。

对于目标函数求最大值的问题，转化如下：

$$Fit[f(x)] = \begin{cases} f(x) - c_{\min} & 若\ f(x) < c_{\min} \\ 0 & 其他 \end{cases}$$

其中，$c_{\min}$ 为 $f(x)$ 的最小估计值。

界限值 $c_{\max}$ 和 $c_{\min}$ 的初值或估计精确可能会出现问题。但一般情况下，能够设置一个合适的输入值。

（3）改进的界限构造法。若目标函数为最小值问题，令

$$Fit[f(t)] = \frac{1}{1 + c + f(x)} \qquad c \geqslant 0 \qquad c + f(x) \geqslant 0$$

若目标函数为最大值问题，令

$$Fit[f(t)] = \frac{1}{1 + c - f(x)} \qquad c \geqslant 0 \qquad c - f(x) \geqslant 0$$

其中，c 为目标函数界限的保守估计值。

步骤 2：问题参数初始化（包括最大迭代次数、变量的范围约束条件、群体规模、编码串长度等）

遗传算法中最常用的编码方案就是二进制编码。使用二进制编码会产生元素只有 0 和 1 的编码字符串。需要注意的是：二进制编码产生的字符串的长度会根据所涉及问题的求解精度的变化而变化。

二进制编码的优点：①编码过程直观，解码过程步骤少；②交叉、变异过程便于操作；③符合最小字符集编码原则；④有模式定理作为理论依据。

步骤 3：生成初始群体

生成初始种群的方法有以下两种。

（1）如果对于一个问题的解，没有先验知识来缩小可行解的范围，则采用完全随机的方法。也就是说，随机产生包含 N 个个体的初始种群（每个个体都用数据串表示）。遗传算法通过这个作为初始种群不断迭代，最终得出最优解。

（2）如果是已经含有先验知识的问题，则首先要根据先验知识将问题的可行解空间缩小，然后在缩小后的空间内选择满足条件的染色体。通过先验知识减小搜索空间，可使算法降低运算量，节省运算成本，使算法更快得到最优解。

步骤 4：交叉操作

交叉（也称交配或重组），即按照较大的概率多次随机选择两个个体，并对每两个个体的遗传信息进行交换。遗传算法区别于其他算法的本质特征便是交叉算子。交叉算子是产生新个体的一般方法，因为它决定了遗传算法的全局搜索能力，并且对算法的实现和性能产生直接的影响。常用的交叉方案有三种。

（1）单点交叉。单点交叉是指在随机选择的一对个体的染色体上随机选择一个基因位，然后将这一对染色体所选位置之后的所有基因按位置交换。

（2）两点交叉。两点交叉是指随机选择个体染色体的两个交叉点，交叉方式与单点交叉类似，但两点交叉交换的位置是两个交叉点中间的基因。

（3）算术交叉。算数交叉是指通过对两个个体进行线性组合产生两个新个体。由于交叉的过程需要用到线性组合，所以该交叉方法一般用于浮点数编码的群体。

步骤 5：变异操作

变异算子是传统遗传算法中不可或缺的组成部分，它在维持群体多样性和避免早熟现象方面具有显著的效果。遗传算法中的变异运算是指将个体染色体的一个或多个基因位用这些基因位的等位基因来替代，从而生成新个体的过程。变异是以较小的概率将个体染色体上的某几位的值进行改变。变异算子只能作为辅助手段来产生新个体，它能够提高遗传算法的局部搜索能力，避免早熟现象。常用的变异操作对二进制编码和浮点数编码的个体都适用。

（1）基因位变异。基因位变异是指按照一定的变异概率和预先随机选择的一个或几个基因座位置，对个体编码串中某位或某几位基因座做等位基因转换。

（2）均匀变异。均匀变异是指随机生成一个符合范围要求的数，对这个个体编码串上的每一个基因按较小的概率逐次用符合范围要求的随机数进行替代。

（3）非均匀变异。类似均匀分布对每个基因座都遍历一次的特性，对每个达到变异要求的基因座的值做一次随机扰动，从而产生新的个体。

步骤 6：评价所有个体的适应度

评价所有个体的适应度，并记录每一代的最优适应度值及对应个体的染色体。

步骤 7：选择优化个体进入下一代

选择，可以理解为对群体中特定个体的复制。它的作用是把群体中适应性较强的个体提取出来生成新的群体。在进行选择操作之前，必须先完成对个体的适应度评价。只有这样，才能清楚地知道各个个体的适应性强弱，从而避免遗传信息的丢失。常用的选择方案有如下三种。

（1）适应度比例：适应度比例也称轮盘赌或蒙特卡罗选择，是最常用的选择方法。该方案将每个个体被保留进入下一代的概率定义为自身适应度值与总适应度值的比值。这样一来，个体的适应度越强，被选择保留的可能性就越大。同时没有对适应度弱的个体直接淘汰，这也为适应度较弱的个体提供了一丝逆袭的机会。

（2）最佳保留：按照适应度比例方案进行选择，在每一代的选择过程中将适应度最高的个体保留到下一代。这种方案保证了最终的最佳适应度在历代出现过的个体的适应度中仍为最高适应度。

（3）随机联赛：在群体中选择一定数量的个体来比较适应度，将其中适应度最高的个体保留下来。如果需要 N 个个体，则将比较保留的过程执行 N 次。

步骤 8：重复步骤 4～6

直到重复次数达到最大迭代次数，不再重复。

步骤9：算法终止

例题9.1.1　应用遗传算法求函数的极值问题。求函数 $y = x\cos(5\pi x)$ 在区间 $[-1,3]$ 上的最大值,要求精确到小数点后 3 位。

本题可以应用 MATLAB 遗传算法工具箱来解决,但是一般版本的 MATLAB 软件没有提供遗传算法工具箱,所以本节的所有案例,采用遗传算法的思想编程解决。

算法思路

步骤1：设计适应度函数

本问题是求函数 $y = x\cos(5\pi x)$ 在区间 $[-1,3]$ 上的最大值问题,在给定区间内目标函数的最小值一定大于 -4,不妨对目标函数的值整体增加 4,则修改后的函数满足适应度函数值在定义域上非负的要求,可以设计适应度函数为

$$Fit\left[\,f\left(x\right)\right] = x\cos(5\pi x) + 4$$

选择二进制编码方案。已知 n 位二进制最多能表示 2^n 个数字,本题要求精确到小数点后 3 位,所以需要将区间 $[-1,3]$ 至少平分 4 000 份。因为 $2^{12} = 4\,096$,所以使用 12 位的二进制可以达到编码要求。

用 MATLAB 命令:$x = \text{linspace}(-1,3,2\hat{\,}12)$ 把区间 $[-1,3]$ 等离散成 4 096 个点,等分点之间的间隔为 9.768×10^{-4},达到了精确到小数点后 3 位的要求。

二进制与离散点的一一对应方式:12 位全部为 0 的二进制 000000000000 对应向量 x 中第 1 个元素,二进制 000000000001 对应向量 x 中第 2 个元素,以此类推,二进制 111111111111 对应向量 x 中第 4096 个元素。

计算适应度的函数文件代码如下:

```
function fitness = fitFun01(Twomechindi,X)
% %  该函数用于计算单个个体的适应度值
str = num2str(Twomechindi);% 二进制转化为字符
i0 = bin2dec(str) + 1;% 二进制转化十进制,+1变成行标;
x = X(i0); fitness = x*cos(5*pi*x) + 4;
```

步骤2：初始化算法参数

算法的最大迭代次数为 100;初始种群中的个体数量为 50;变量的取值范围为 $[-\pi,\pi]$;交叉成功率为 0.8;变异成功率为 0.1。

步骤3：生成初始种群

种群由个体组成,个体的表现形式为染色体,也就是具有 12 位数的二进制数。一个二进制数的 12 个位置随机产生 0 或 1,这就产生了一个个体。先随机产生 50 个个体记为 Pop。令 $k = 1$ 表示第 1 代。

步骤4：交叉操作

对第 k 个个体进行交叉操作,即在现有种群中,随机选择两个不同的二进制数组成一对进行交叉,整个交叉过程一共只选择 25 对二进制数。然而并不是组成一对的两个二进制数就能交叉成功。在参数初始化时就设定了交叉成功率,在 $(0,1)$ 之间产生一个随机数,如果小于交叉成功率才能够进行交叉,交叉的位置可用产生随机数来确定。通过交叉

得到的新的个体记为 popCross。切记不要将父代的数据覆盖掉,这主要是因为没法保证产生的新二进制数的适应度值会比父代的高。具体交叉操作的函数文件代码如下:

```
function popCross = Cross(Pop,pCross)
%% 该函数用于对群体进行交叉
popCross=[];[popSize,lenChrom]= size(Pop);
for i = 1:ceil(popSize/2)
    pick = rand;
    if pick>pCross
        continue;
    else
        index = randi([1,popSize],1,2);
        while index(1)==index(2)
            index = randi([1,popSize],1,2);
        end
        chrom1 = Pop(index(1),:);
        chrom2 = Pop(index(2),:);
        pos = randi([1,lenChrom],1,2);
        while pos(1)== pos(2)
            pos = randi([1,lenChrom],1,2);
        end
        temp = chrom1(pos(1):pos(2));
        chrom1(pos(1):pos(2))= chrom2(pos(1):pos(2));
        chrom2(pos(1):pos(2))= temp;
        popCross=[popCross;chrom1;chrom2];
    end
end
end
```

步骤 5:变异操作

单点变异是变异操作的常用方式,我们对通过交叉得到的新的个体进行变异操作。对于每一个个体,在变异前,在 0 和 1 之间产生一个随机数,如果小于变异成功率才能够进行变异,否则,选取下一个二进制数,再判断是否满足变异条件。变异点的位值可以用随机数来确定。变异操作的函数文件代码如下:

```
function popMutation = Mutation(popCross,pMutation)
%% 该函数用于对交叉产生的新个体进行变异
[n,m]= size(popCross);
[popSize,lenChrom]= size(popCross)
for i = 1:popSize
    pick = rand;
```

```
    if pick>pMutation
        continue;
    else
        pos = randi([1 lenChrom]);
        if popCross(i,pos)==1
                popCross(i,pos) = 0;
            else
                popCross(i,pos) = 1;
        end
    end
end
popMutation = popCross;
```

步骤 6：选择操作

采用通过交叉和变异操作得到的新个体 popMutation 以及父代的个体计算适应度函数的数值,适应度函数数值最大的选为第 $k+1$ 代个体中第 1 个个体,其他 49 个个体选择的思想是:适应值越高的染色体获得选择(复制)的机会越大。关于选择方式,采用 Holland 提出的轮盘赌。

假设第 k 代种群中共有 N 个染色体 $x_i\,(1\leqslant i\leqslant N)$,各染色体的适应值为 $f(x_i)$,则染色体 x_i 被选中的概率为

$$p_s(x_i) = \frac{f(x_i)}{\sum_{j=1}^{N} f(x_j)}$$

当下一代父代群体的个体数达到 50 时,停止选择操作。通过选择操作得到的 50 个个体作为下一次迭代的父代。选择操作的函数文件代码如下:

```
function [Pop,traces]= Select(Pop,popMutation,traces,X)
%% 该函数用于选择保留较好的个体
 [popSize,lenChrom]= size(Pop);
tempPop=[Pop;popMutation];
[n,m]= size(tempPop);
fitness = zeros(1,n);Rowmark = 1:n;
for i = 1:n
fitness(i)= fitFun01(tempPop(i,:),X);
end
[maxFit,index]= max(fitness);
Pop(1,:)= tempPop(index,:);
sumFit = fitness/sum(fitness);
k = find(Rowmark==index);
```

```
Rowmark(k)=[];% 去掉已经被选中的个体
i=2;
while i<=popSize
    ix=randi([1,length(Rowmark)]);
    index=Rowmark(ix);pick=rand;
    if pick<sumFit(index)
        Pop(i,:)=tempPop(index,:);
        k=find(Rowmark==index);
        Rowmark(k)=[];% 去掉已经被选中的个体
        i=i+1;
    end
end
traces=[traces;maxFit,Pop(1,:)];
```

步骤 7: 终止条件

当初始种群迭代的次数大于预设值 80 时,终止算法进程,否则转到第 4 步。

本题的主程序代码如下:

```
clc;clear;close all;format compact
%% 参数初始化
maxGen=100; % 算法的最大迭代次数
popSize=50;% 初始种群中的个体数量
bound=[-1,3];% 变量的取值范围
pCross=0.8;% 交叉成功率为 0.8
pMutation=0.1;% 变异成功率为 0.1
lenChrom=12; % 编码长度
X=linspace(bound(1),bound(2),2^lenChrom);
%% 生成初始种群
Pop=randi([0,1],popSize,lenChrom);traces=[];
for k=1:maxGen
    popCross=Cross(Pop,pCross); %% 交叉
    popMutation=Mutation(popCross,pMutation); %% 变异
    [Pop,traces]=Select(Pop,popMutation,traces,X); %% 选择

end
disp('最大适应度值:'),maxFit=traces(end,1)
disp('具有最大适应度值的二进制数:'),maxchrom=traces(end,2:end)
disp('该二进制数对应的真实值:'),x0=X(bin2dec(num2str(maxchrom))+1)
disp('目标函数的最大值:'),y0=x0*cos(5*pi*x0)
%% 绘制图像
```

```
%  绘制最佳点位置图
subplot(1,2,1); set(gca, 'Fontsize', 18)
x = X;y = x.*cos(5*pi.*x);
figure(1)
plot(x,y,'b','LineWidth',2)
hold on
plot(x0,y0,'r.','MarkerSize',25,'LineWidth',5)
xlabel('x'),ylabel('y'),title('具有最佳适应度的点的位置')
grid on
%  绘制适应度曲线
subplot(1,2,2); set(gca, 'Fontsize', 18)
plot(1:maxGen,traces(:,1)','LineWidth',2)
title('适应度值变化图'),xlabel('进化代数'),ylabel('适应度值')
grid on
```

通过运行本程序,得到最大点为 2.801 7,函数的最大值为 2.800 7,其具有最佳适应度的点的位置以及适应度值变化曲线如图 9-1-1 所示。

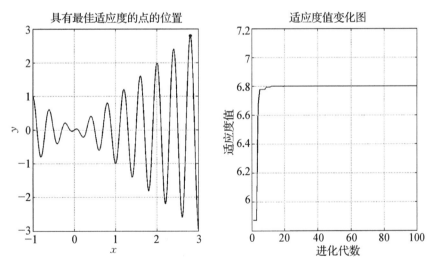

图 9-1-1　最佳适应度的点的位置以及适应度值变化曲线

 思考题

利用遗传算法求解多峰的 Shubert 函数 $f(x,y)$ 在区域 $[-10,10]\times[-10,10]$ 上的最值,其中

$$f(x,y) = \sum_{k=1}^{5} k\cos[(k+1)x+k] \cdot \sum_{k=1}^{5} k\cos[(k+1)y+k]$$

9.2　应用遗传算法求解医院选址问题

问题的描述　在某市有 100 个居民区,设 100 个居民区坐标的命令为

$$XY = unifrnd(0,500,100,2)$$

变量 XY 的第 1 列表示 100 个居民区对应的横坐标,第 2 列表示对应的纵坐标,现在该市想要建设 3 处医院服务居民,问 3 所医院建在何处最好? 医院建的坐标要求确定到小数点后 1 位。

模型的假设

(1) 3 所医院功能一致,医疗水平相等。

(2) 居民区之间的距离、医院与居民区的距离全部用两个点之间的坐标距离表示。

(3) 医院最佳选址定义为各居民区到最近医院的距离之和最小。

符号说明

(x_i, y_i):第 i 个居民区的位置坐标, $i = 1, 2, \cdots, 100$。

(x^k, y^k):第 k 个医院的选址坐标, $k = 1, 2, 3$。

模型的建立与求解

首先用命令 XY = unifrnd(0,500,100,2)产生 100 个居民区对应的坐标,并且使用命令 save mydateXY　XY 把它保存到 mydateXY.mat 文件中。得到的 100 个居民区对应的坐标位置如图 9 - 2 - 1 所示。

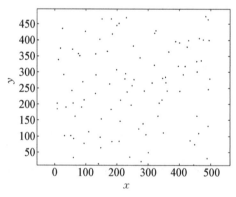

图 9 - 2 - 1　100 个居民区对应的坐标位置

根据题意,将"各居民区到最近医院的距离之和最小"作为目标函数,可以得到

$$\min \quad D = \sum_{i=1}^{100} d_i$$

其中

$$d_i = \min\{\sqrt{(x_i - x^1)^2 + (y_i - y^1)^2}, \sqrt{(x_i - x^2)^2 + (y_i - y^2)^2},$$
$$\sqrt{(x_i - x^3)^2 + (y_i - y^3)^2}\}$$

这是一个优化模型,可以用 MATLAB 软件或 Linggo 软件求出模型的解。而本节采用遗传算法求解,具体设计步骤如下。

算法思路

步骤 1：设计适应度函数

因为目标函数表示的实际意义是所有居民区到最近一所医院的距离总和,它的值不存在负数的情况,所以不必考虑目标函数的正负问题。又由于是求解目标函数的最小值,因此适应度函数设计为

$$Fit[f(t)] = c_{max} - D$$

其中,$c_{max} = 500 \times \sqrt{2} \times 3 \times 100$ 是目标函数 D 的最大估计值。

选择二进制编码方案。考虑到问题要求最终结果精确到小数点后两位,所以需要将区间 $[0,500]$ 至少平分 5 000 份。因为 $2^{13} = 8\ 192$,所以使用 13 位的二进制可以达到编码要求。类似于 9.1 节,建立起 13 位的二进制与区间 $[0,500]$ 离散点的一一对应关系。

问题中的目标函数涉及了 6 个变量,它们分别是 3 所医院地址的横纵坐标,所以本节中一个个体用 $13 \times 6 = 78$ 位的二进制表示,其中 1 到 13 位表示第 1 个医院的横坐标,14 到 26 位表示第 1 个医院的纵坐标,27 到 39 位表示第 2 个医院的横坐标,以此类推。计算适应度的函数文件代码如下：

```
function fitness = fitFun02(Twomechindi,X)
%% 该函数用于计算单个个体的适应度值
% Twomechindi      input    ：    单个个体 (78维二进制)
% XY    居民区坐标(x,y)
% xy_hospital:医院地址
% distance      output    ：    最短距离
load mydateXY
lenChrom = size(Twomechindi,2)/6;
for k = 1:6;
    str = num2str(Twomechindi((k-1)*lenChrom+1:lenChrom*k));% 二进制转化为字符
    i0 = bin2dec(str)+1;% 二进制转化十进制,+1 变成行标;
    zb(k) = X(i0);
end
xy_hospital=[zb(1:2);zb(3:4);zb(5:6)];% 3 所医院地址坐标
distance = 0;
for i = 1: size(XY,1)
        d = [norm(XY(i,:)-xy_hospital(1,:)),norm(XY(i,:)-xy_hospital(2,:)),norm(XY(i,:)-xy_hospital(3,:))];
        distance = distance+min(d);
```

```
end
fitness = 500 * sqrt(2) * 3 * 100 - distance;
```

步骤 2：初始化算法参数

算法的最大迭代次数为 400；初始种群中的个体数量为 50；变量的取值范围为 $[-\pi, \pi]$；交叉成功率为 0.8；变异成功率为 0.1，参数可以根据实际情况进行调整。

步骤 3：生成初始种群

种群由个体组成，个体的表现形式为染色体，也就是具有 78 位数的二进制数。对一个二进制数的 78 个位置随机产生 0 或 1，这就产生了一个个体。先随机产生 50 个个体记为 Pop。令 $k=1$ 表示第 1 代。

步骤 4：交叉操作

其思想和交叉程序 Cross 代码与 9.1 节一致，在此省略。

步骤 5：变异操作

其思想和变异程序 Mutation 代码与 9.1 节一致，在此省略。

步骤 6：选择操作

其思想与 9.1 节类似，选择操作的函数文件代码中只需要把计算适应度的一行代码变成 fitness(i)=fitFun01(tempPop(i,:),X) 即可，在此省略。

步骤 7：终止条件

当初始种群迭代的次数大于预设值时，终止算法进程。否则转到第 4 步。

本题的主程序代码如下：

```
clc;clear;close all;format compact
%% 参数初始化
maxGen = 400; % 算法的最大迭代次数
popSize = 50;% 初始种群中的个体数量为 50 个
bound=[0,500];% 变量的取值范围
pCross = 0.8;% 交叉成功率为 0.8
pMutation = 0.1;% 变异成功率为 0.1
lenChrom = 13; % 编码长度
X = linspace(bound(1),bound(2),2^lenChrom);
%% 生成初始种群
Pop = randi([0,1],popSize,lenChrom*6);traces=[];
load mydateXY
for i = 1:maxGen
  popCross = Cross(Pop,pCross);%% 交叉
  popMutation = Mutation(popCross,pMutation);%% 变异
  [Pop,traces]=Select(Pop,popMutation,traces,X);%% 选择
%% 绘制动态图 （如果程序运行太慢,可以将该段注释掉）
figure(1);set(gca,'Fontsize', 18)
  maxchrom = Pop(1,:);
```

```
for k = 1:6;
    str = num2str(maxchrom((k-1)*lenChrom+1:k*lenChrom));% 二进制转化
为字符
    i0 = bin2dec(str)+1;% 二进制转化十进制,+1 变成行标;
    zb(k) = X(i0);
end
xy_hospital=[zb(1:2); zb(3:4); zb(5:6)];
plot(XY(:,1),XY(:,2),'.','LineWidth',2,'MarkerSize',10);
hold on
plot(xy_hospital(:,1),xy_hospital(:,2),'rp','LineWidth',2,'
MarkerSize',15);
hold off
end
%% 输出结果
disp('最大适应度值:'),maxFit = traces(end,1)
disp('具有最大适应度值的二进制数:'),maxchrom = traces(end,2:end)
for k = 1:6;
    str = num2str(maxchrom((k-1)*lenChrom+1:k*lenChrom));% 二进制转化
为字符
    i0 = bin2dec(str)+1;% 二进制转化十进制,+1 变成行标;
    zb(k) = X(i0);
end
disp('该二进制数对应的医院坐标:'),
xy_hospital=[zb(1:2); zb(3:4); zb(5:6)]
disp('目标函数数值为:'),500*sqrt(2)*3*100-traces(end,1)
% 绘制适应度曲线
figure(2); set(gca, 'Fontsize', 18)
plot(1:maxGen,traces(:,1)','LineWidth',2)
title('适应度值变化图'),xlabel('进化代数'),ylabel('适应度值')
grid on
```

通过运行本程序,可以得三个医院的选址坐标分别为(158.222 4 377.243 3)、(406.726 9 297.704 8)、(141.863 0 134.293 7)。

此时,目标函数的最小值为 $1.120\,9 \times 10^4$。三个医院的选址位置及其适应度值变化曲线如图 9-2-2 所示。

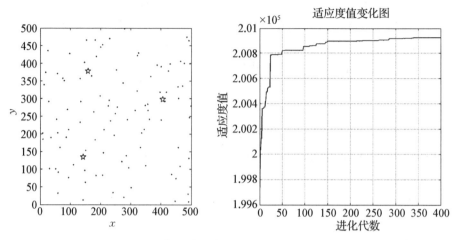

图 9 - 2 - 2 三个医院的选址位置及其适应度值变化曲线

思考题

请应用遗传算法的思想求解第 3 章 3.3 节飞机的精确定位问题。

9.3 应用遗传算法求最佳推销员回路问题

问题的描述 某个地区有 54 个小区,具体位置信息如 7.2 节表 7 - 2 - 1 所示。流动推销员需要访问某地区的所有小区,最后回到出发点。问如何安排路线使得总行程最小?

模型的假设 两个小区之间的距离用两个小区之间的最短距离代替。

符号说明

d_{ij}:第 i 小区与第 j 小区之间的最短路距离,其中 $i,j = 1,2,\cdots,50$。

模型的建立与求解 根据题意,流动推销员需要访问某地区的所有小区,最后回到出发点。以"总行程最小"作为目标函数,可以得到

$$\min_{k_1,k_2,\cdots,k_{54}} D = \sum_{i=1}^{53} d_{k_i k_{i+1}} + d_{k_{54} k_1}$$

其中 $k_1,k_2,\cdots,k_{54}$ 为 $1,2,\cdots,54$ 的任意排列。在 7.3 节使用的是哈密顿改良圈求出了一个近似最优解,本节使用遗传算法求最佳推销员回路问题。遗传算法的设计步骤如下。

算法思路

步骤 1:准备工作

将例题 7.2.1 得到的 mydate.mat 文件拷贝过来,使用 Floyd 算法求出最短路矩阵

$$D = (d_{ij})_{54 \times 54}$$

其代码为:

```
load mydate; XY = NUM(:,[2 3]);
k = find(DD==0); DD(k) = inf;n0 = size(DD,2);
for i = 1:n0
    DD(i,i) = 0;
end
[D,R] = floyd(DD);
save mydateDRXY   D   R   XY
```

步骤 2：设计适应度函数

当给定一个圈 $k_1,k_2,\cdots,k_{54}$，可以求出该圈的总行程为

$$D = \sum_{i=1}^{53} d_{k_i k_{i+1}} + d_{k_{54} k_1}$$

因为任意一个圈的总行程都是非负数，所以不必考虑目标函数的正负问题。本题是求解目标函数的最小值问题，可设计适应度函数为

$$Fit[f(t)] = c_{\max} - D$$

其中，$c_{\max} = 500$ 是目标函数 D 的最大估计值。

选择十进制编码方案。由于本问题的变量为 54 个点的排列顺序，所以可以对这 54 个点进行编号，然后将 54 个序号的一种排列方式作为本问题初始种群中一个个体的染色体。计算适应度的函数文件代码如下：

```
function fitness = fitFun03(Chrom, D)
%%  该函数用于计算单个个体的适应度值
%   Chrom   为 1 到 54 的一个排列;D 为最短路矩阵;
S = 0;n = length(Chrom);
for i = 1:n-1;
    S = S + D(Chrom(i),Chrom(i + 1));
end
S = S + D(n,1); fitness = 500-S;
```

步骤 3：初始化算法参数

算法的最大迭代次数为 1 200；初始种群中的个体数量为 80，参数可以根据实际情况进行调整。

步骤 4：生成初始种群

种群由个体组成，个体的表现形式为染色体，通过对 54 个序号的随机排列产生 80 个初始种群 Pop，作为第 1 代种群。

步骤 5：交叉操作和变异操作

本题个体关于 54 个小区的一排列，不能使用通常的二进制交叉操作、变异操作。交叉操作、变异操作的目的是产生新的有竞争能力的个体，本题可用以下方式产生新个体。

首先，将父代群体中个体之间的排列打乱。然后，依次求出选取的父代群体的五个个

体中适应度值最大的个体,该步骤可采取以下五种操作。

第1种:随机产生两个位置点,对两个位置点之间的数采取翻转操作。

第2种:随机产生两个位置点,将两个位置点上的两个数互相替换位置。

第3种:随机产生两个位置点,把第1个位置点的数放到第1个位置点的后面。

第4种:随机产生两个位置点,用类似于哈密顿改良圈的思想设置路线。

第5种:对该个体部分位置上的数,重新排序。

对于变异操作,随机重新产生 2 个排列作为变异。这样新产生的个体记为 popCross。

步骤6:选择操作

将父代的种群 Pop 新产生的种群 popCross,类似 9.1 节,进行选择操作。

步骤7:终止条件

当初始种群迭代的次数大于预设值时,终止算法进程。否则转到第 4 步。

本题的主程序代码如下:

```
clc;clear;close all;format compact
maxGen = 1200; % 算法的最大迭代次数
popSize = 80;% 初始种群中的个体数量为 80 个
lenChrom = 54; % 编码长度
showProg = 1   % 是否画图
Pop = zeros(popSize,lenChrom);
for k = 1:popSize
    Pop(k,:) = randperm(lenChrom);       % 从 1 到 54 的任意排列
end
traces = zeros(maxGen,lenChrom + 1);
load mydateDRXY   D  R   XY
for iter = 1:maxGen
    for k = 1:popSize      % 计算每个个体的路线长度
            distS(k) = 500 - fitFun03(Pop(k,:), D);
    end
    [distm   kx] = min(distS);temp=[distm Pop(kx,:)];
    optRoute = Pop(kx,:);
    if showProg
            zb = optRoute([1:end   1]);
plot(XY(:,1),XY(:,2),'b.',XY(zb,1),XY(zb,2),'r- ','LineWidth',2,'MarkerSize',10)
            str=['Total Distance= '  num2str(distm) ', Iteration= ' num2str(iter) ]
            title(str);   pause(eps)
    end
    %%%%%% 交叉操作变异操作
```

```matlab
popCross=[];[popSize,lenChrom]= size(Pop);
randomOrder = randperm(popSize);   % 随机产生一个种群规模的全排列
 for p = 5:5:popSize
     rtes = Pop(randomOrder(p-4:p),:);   % 随机的 5 条路线
     dists = distS(randomOrder(p-4:p));   % 上面四条路线的路线长度
     [im, idx]=min(dists);              % 再找最小值,及其序号
     bestOf4Route = rtes(idx,:);       % 取出 4 条路线中最短的那条路线
     pos = sort(randi([1,lenChrom],1,2));
     while  pos(1)==pos(2)
             pos = sort(randi([1,lenChrom],1,2));
     end
     for k = 1:5;
         temPop(k,:)=bestOf4Route;
         switch k
             case 1 %  Flip    翻转
                 temPop(k,pos(1):pos(2)) = temPop(k,pos(2):-1:pos(1));
             case 2 %  Swap    互相替换
                 temPop(k,[pos(1)   pos(2)]) = temPop(k,[pos(2)  pos(1)]);
             case 3 %  Slide    抽底,I+1:J 滑坡,I 插到 J 上方
                 temPop(k,pos(1):pos(2)) = temPop(k,[pos(1)+1:pos(2)   pos(1)]);
             case 4
                 temPop(k,:) = temPop(k,[1:pos(1)   pos(2):-1:pos(1)+1   pos(2)+1:end]);
             case 5
                 pos = randi([1,lenChrom]);n0 = randi([1,5]);
                 zb=[pos:pos+n0];pern0 = randperm(n0+1)
                 if pos+n0>= lenChrom
                     kc = find(zb>lenChrom);
                     zb(kc)=zb(kc)-lenChrom;
                 end
                  temPop(k,zb)=temPop(k,zb(pern0));
         end
     end
     newPop(p-4:p,:)=temPop;
 end
```

```
    popCross = newPop;
    %%%%%%%%%%%% 变异操作
    popCross=[popCross;randperm(lenChrom);randperm(lenChrom)];
    %%%%% 选择操作
    [popSize,lenChrom]=size(Pop);
    tempPop=[Pop;popCross];
    [n,m]=size(tempPop);
    fitness = zeros(1,n);Rowmark = 1:n;
    for i = 1:n
            fitness(i)=fitFun03(tempPop(i,:),D);
    end
    [maxFit,index]=max(fitness);
       Pop(1,:)=tempPop(index,:);
     sumFit = fitness/sum(fitness);
          i = 2;
    while i<=popSize
        ix = randi([1,length(Rowmark)]);
        index = Rowmark(ix);pick = rand;
        if pick<sumFit(index)
           Pop(i,:)=tempPop(index,:);
           i = i + 1;
        end
    end
    traces(iter,:)=[maxFit,Pop(1,:)];
end
%% 输出结果
disp('目标函数的值为:'),maxFit = 500-traces(end,1)
disp('具有最大适应度值的路径为:'),maxchrom = traces(end,2:end)
openfig('mypic.fig');
zb = maxchrom([1:end  1]);
plot(XY(zb,1),XY(zb,2),'r- ','LineWidth',4,'MarkerSize',10)
% 绘制适应度曲线
figure(2); clf;
set(gca, 'Fontsize', 18)
plot(1:maxGen,traces(:,1)','LineWidth',2)
title('适应度值变化图'),xlabel('进化代数'),ylabel('适应度值')
```

通过运行本程序,得到推销员回路为

1　2　3　4　5　6　17　25　18　19　20　21　22　23　24　26　27　16　7

8　15　48　49　50　12　13　14　9　10　11　54　53　52　45　44　43　51　42

30　31　36　41　46　47　40　35　32　33　34　39　38　37　28　29　1

该回路的权重为 112.682 2,回路线路图以及适应度值变化曲线如图 9 - 3 - 1 所示。

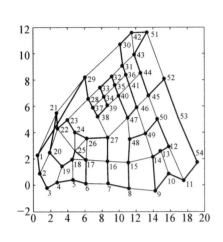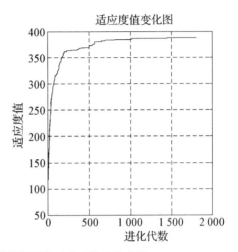

图 9 - 3 - 1　三个医院的选址位置及其适应度值变化曲线

从图 9 - 3 - 1 可以看出,此条线路有部分走了弯路,如 1 到 29 部分,主要原因是遗传算法进化到最好的解耗时太长。后期可以对照图示,对所得回路稍做修改,得到更好的回路,在此不再展开叙述。

9.4　模拟退火算法及其应用

在了解模拟退火算法之前,先来看一个例子,假设函数 $f(x)$ 的图像如图 9 - 4 - 1 所示。

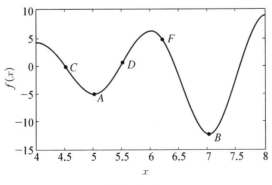

图 9 - 4 - 1

求 $f(x)$ 的最小值,若 C 为当前起点,按照爬山算法的思想,每次从当前解的临近解空间中选择一个最优解作为当前解,算法搜索到 A 就会停止搜索,这会获得一个局部最优解,而不是全局最优解。

继续考虑寻找 $f(x)$ 最小值的问题,通常的算法搜索到 A 点时就会停止搜索,原因是 A 点左右的值均大于 A 点的值。模拟退火算法采用的解决办法是以一定的概率选择 A 两边的点,尽管 A 两边的点并不是局部最优解,但有一定的概率搜索到 F 点,从而搜索到 B 点,最终获得全局最优解。

模拟退火算法(simulated annealing algorithm)是一种随机类全局优化方法。它来源于热力学中固体物质的退火冷却过程。即将固体加温至充分高,物质内能较大,固体内部分子运动剧烈;当温度逐渐降低时,物体内能随之降低,分子运动趋于平稳;当固体温度降到常温时,固体内部分子运动最终平稳。模拟退火算法是一种通用的优化算法,理论上算法具有概率的全局优化性能,目前已在工程中得到了广泛应用,如在 VLSI、生产调度、控制工程、机器学习、神经网络、信号处理等领域。

模拟退火算法可求目标函数为 $f(x)$ 的极小化问题。设

$$f_k = f(x_k) \qquad f_{k+1} = f(x_{k+1})$$

若 $f_k > f_{k+1}$,则接受 x_{k+1} 为当前点,作为下一次迭代的初值继续进行迭代运算,直到满足收敛结束条件。

若 $f_k < f_{k+1}$,则 x_{k+1} 可能被接受也可能被拒绝,接受的概率为

$$p = \exp\left(-\frac{f_{k+1} - f_k}{T}\right)$$

其中,p 称为 Boltzmann 概率,T 为控制参数。在模拟退火算法的迭代寻优过程中,T 必须缓慢减少,因为控制参数变化太快,会使优化陷入局部极值点。

爬山算法与模拟退火算法的区别可用一个形象有趣的例子来解释:一只兔子想朝最低的地方跳。按照爬山算法的思想,兔子总是朝着比现在低的地方跳去(沿着梯度变化最快的方向)。它找到了不远处的最低的山谷,但是这座山谷不一定是最低的,它不能保证局部最优值就是全局最优值。而按照模拟退火的思想,兔子一开始像喝醉一样,随机地跳了很长时间。这期间,它可能走向低处,也可能踏入平地。但是,它渐渐清醒了并朝最低的方向跳去,找到了全局的最优解。

例题 9.4.1 利用模拟退火算法求函数 $f(x) = x\cos(5\pi x)$ 在区间 $[-1,3]$ 上的最值。

解:以求 $f(x)$ 的最小值为例,模拟退火算法如下。

第 1 步 设置模拟退火算法迭代次数 Totaliter,模拟的初始温度 T 及其衰减速度 decayrate 等。

第 2 步 随机生成初始解 x_0,计算目标函数值 $f(x_0)$。

第 3 步 通过对 x_0 扰动产生新解 x_{new},计算目标函数值 $f(x_{new})$,令

$$\Delta f = f(x_{new}) - f(x_0)$$

第4步　如果 $\Delta f \leqslant 0$，则接受新解 x_{new}，令 $x_0 = x_{\text{new}}$ 作为下一次迭代的初值。

第5步　如果 $\Delta f > 0$，以 Boltzmann 概率接受新解 x_{new}。此步可以按照以下方法来实现，即随机产生区间 $[0,1]$ 的均匀分布的随机数 num_{rand}，如果 $num_{\text{rand}} < p = \exp\left(-\dfrac{\Delta f_k}{T}\right)$，则接受新解 x_{new}，并且令 $x_0 = x_{\text{new}}$ 为下一次迭代的初值。

第6步　令 $T = T \times decayrate$，缓慢减少温度。

第7步　判断是否满足终止条件(终止条件通常为温度降到一定程度时,终止算法)。如果满足终止条件,输出最优解;否则转到第3步重新迭代。

根据以上算法思想,编写程序代码如下:

```
opt_s =-1% 目标优化类型:1 最大化、-1 最小化
Totaliter = 80;% 迭代次数
bound=[-1,3];% 变量的取值范围
delt = diff(bound) /5% 扰动范围
x = linspace(bound(1),bound(2),1000);y=x.*sin(5*pi*x);
T = max(y)-min(y);% 模拟的初始温度 T
decayrate = 0.999% 其衰减速度 decayrate
 tra=[];            % 模拟退火迭代性能跟踪器
% 在函数图像上标出初始点位置
x0 = bound(1)+(bound(2)-bound(1))*rand; % 随机产生初始点
f0 = x0*sin(5*pi*x0); X0 =x0;Y0 =f0;
axis([bound(1)-0.2,bound(2)+0.2,min(y)-0.4 max(y)+0.4]);
hold on;
while 1
    x1 = x0 +(2*rand-1)*delt; % 在当前点附近随机产生下一个迭代点位置
     x1 = min([x1,bound(2)]);
     x1 = max([x1,bound(1)]); % 并保证新的点在区间内部
     f1 = x1*sin(5*pi*x1);
     if  opt_s*f1>opt_s*f0 % /Topt_s*f0;
         % 迭代点优于当前点,接受迭代结果并设置为当前点
         x0 = x1;f0 = f1;
     elseif rand<exp(opt_s*(f1-f0)/T)
         x0 = x1;f0 = f1;
     end
       tra=[tra; f0];
      T = T*decayrate;
     if  T<1e-3;
         break
     end
```

```
end
subplot(1,2,1);set(gca,'FontSize', 18)
plot(x,y,'LineWidth',2);xlabel('x');ylabel('y')
title('函数 y=xsin(5{\\pi}x)优化结果');hold on
plot(X0,Y0,'bo','linewidth',2,'MarkerSize',10)
plot(x0,f0,'r.','MarkerSize',20,'LineWidth',2)
fprintf('函数最小值点为:% f,最小值为% f.\\n',x0,f0)
subplot(1,2,2);set(gca,'FontSize', 18);
plot(tra,'b.','linewidth',2,'MarkerSize',10)
xlabel('迭代次数'); ylabel('目标函数优化情况')
title('函数 y=xsin(5{\\pi}x)优化过程')
```

运行程序得到函数 $f(x)=x\cos(5\pi x)$ 在区间 $[-1,3]$ 上的最小值点为 $2.701\,966$,最小值为 $-2.700\,678$。

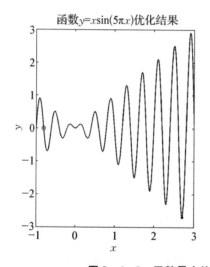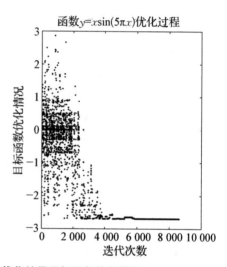

图 9 - 4 - 2　函数最小值的优化结果目标函数优化情况

从图 9 - 4 - 2 中第 1 个图可以看出,搜索初值在 -0.8 附近,通过模拟退火算法,找到了全局最小值。从第 2 个图可以看出,当温度 T 高时,固体内部分子运动剧烈,体现为接受点的函数值波动剧烈;当温度逐渐降低时,物体内能也随之降低,分子运动趋于平稳;当固体温度降到常温时,固体内部分子运动最终平稳。

 思考题

- -

模拟退火算法求解多峰的 Shubert 函数 $f(x,y)$ 在区域 $[-10,10]\times[-10,10]$ 上的最值,其中

$$f(x,y)=\sum_{k=1}^{5}k\cos[(k+1)x+k]\cdot\sum_{k=1}^{5}k\cos[(k+1)y+k]$$

9.5　蚁群算法及其应用

蚁群算法是一种用来寻找优化路径的概率型算法。它由 Marco Dorigo 于 1992 年在他的博士论文中提出,其灵感来源于蚂蚁在寻找食物过程中发现路径的行为。

蚁群算法解决优化问题的基本思路:用蚂蚁的行走路径表示待优化问题的可行解,整个蚂蚁群体的所有路径构成待优化问题的解空间。路径较短的蚂蚁释放的信息素量较多,随着时间的推进,较短的路径上累积的信息素浓度逐渐增高,选择该路径的蚂蚁个数也愈来愈多。最终,整个蚂蚁会在正反馈的作用下集中到最佳的路径上,此时对应的解便是待优化问题的最优解。如图 9-5-1,蚂蚁从 A 点到 C 点觅食,有四条路径可以通向食物。开始时,走各条路径的蚂蚁同样多,当蚂蚁沿着一条路径达到终点后会立马返回。这样,短的路径上蚂蚁来回一次的时间短,这就意味着重复的频率高,因此在单位时间里走过的蚂蚁数量就多,从而塞下的信息素自然就多,自然会有更多的蚂蚁被吸引过来,从而洒下更多的信息素。因此,越来越多的蚂蚁就聚集到最短的路径上来,最短路就被找到了。

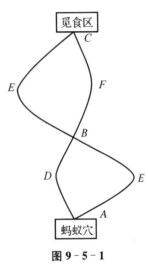

图 9-5-1

蚁群算法的简单描述如下:开始时所有蚂蚁遇到障碍物时按照等概率选择路径,并留下信息素;随着时间的推移,较短路径的信息素浓度升高;蚂蚁再次遇到障碍物时,会选择信息素浓度高的路径;较短路径的信息素浓度继续升高,最终最优路径被选择出来。

例题 9.5.1　某个地区有 54 个城市,具体位置信息如 7.2 节表 7-2-1 所示。请用蚁群算法求出推销员的最短回路。

算法思路

第 1 步:变量初始化。将例题 7.2.1 得到的 mydate.mat 文件拷贝过来,用 Floyd 算法计算出 54 个城市之间的最短路矩阵

$$D = (d_{ij})_{54 \times 54}$$

设定蚂蚁数量 $m=80$,最大迭代次数 iter_max$=150$,信息启发式因子 $\alpha=1$,期望启发式因子 $\beta=1$,信息素挥发因子 $\rho=0.6$,能见度因数 $\eta=\left(\dfrac{1}{d_{ij}}\right)_{54 \times 54}$。

初始信息素矩阵 τ 是 54 阶元素全为 1 的方阵。令 $t=1$ 表示第 1 次迭代,设定存储并记录路径、最短路线的长度、平均路线长度等参数。

第 2 步:考虑第 t 迭代。将 m 只蚂蚁随机地放到 n 个城市,设定第 k 只蚂蚁的禁忌表 $Routes_k$,$Routes_k$ 的第一个元素设置为它当前所在的城市,设定 $num_{city}=2$。

第 3 步:确定每只蚂蚁第 num_{city} 个需要访问的城市。对于第 k 只蚂蚁,确定已访问的城市 $visited_k$,以及待访问的城市的集合 $unvisited_k$。

第4步：当前时刻t，第k只蚂蚁根据各条路径上的信息素含量和能见度独立信息，从城市i选择城市j的转移概率$P_{ij}^k(t)$为

$$P_{ij}^k(t)=\begin{cases}\dfrac{[\tau_{ij}(t)]^{\alpha}\cdot[\eta_{ij}(t)]^{\beta}}{\displaystyle\sum_{s\in unvisited_k}[\tau_{is}(t)]^{\alpha}\cdot[\eta_{is}(t)]^{\beta}} & \text{如果}\ j\in unvisited_k\\[4mm]0 & \text{否则}\end{cases}$$

同时将城市j加入自己的禁忌表$Routes_k$中，下一次不能再选择城市j；按上面的公式确定每只蚂蚁的下一个访问城市，加入对应的禁忌表$Routes_k$。

第5步：令$num_{city}=num_{city}+1$。如果$num_{city}\leqslant54$转到第3步；如果$num_{city}>54$，则每只蚂蚁都完成各自的周游。每只蚂蚁所走过的路径便是TSP问题的一个可行解。

第6步：当所有蚂蚁完成一次周游时，各路径上的信息素按照下列规则进行更新：

$$\tau_{ij}(t+1)=(1-\rho)\times\tau_{ij}(t)+\Delta\tau_{ij}\qquad\Delta\tau_{ij}=\sum_{k=1}^{n}\Delta\tau_{ij}^k$$

令$t=t+1$，转到第2步进行下一次迭代；当达到最大迭代次数后，输出最优结果。

 注1 信息素增量$\Delta\tau_{ij}^k$可以有如下三种不同的计算方式。

（1）蚁密系统（Ant-Density 模型）

$$\Delta\tau_{ij}^k=\begin{cases}Q & \text{若蚂蚁}k\text{在本次周游中经过路径}l_{ij}\\0 & \text{否则}\end{cases}$$

其中，Q为正常数。

（2）蚁量系统（Ant-Quantity 模型）

$$\Delta\tau_{ij}^k=\begin{cases}Q/d_{ij} & \text{若蚂蚁}k\text{在本次周游中经过路径}l_{ij}\\0 & \text{否则}\end{cases}$$

（3）蚁周系统（Ant-Cycle 模型）

$$\Delta\tau_{ij}^k=\begin{cases}Q/L_k & \text{若蚂蚁}k\text{在本次周游中经过路径}l_{ij}\\0 & \text{否则}\end{cases}$$

其中，L_k为第k只蚂蚁在本次周游中所走的路径长度。以上三种计算方式可根据不同的情况进行选取，它们之间的对比如表9-5-1所示。

表9-5-1 三种计算方式的比较

方 式	蚁密系统	蚁量系统	蚁周系统
最优解	局部最优	局部最优	全局最优
收敛速度	慢	较快	快
算法效率	较低	较高	高

续　表

方　式	蚁密系统	蚁量系统	蚁周系统
信息素的增量	Q 为定值	与路径 d_{ij} 有关	只与搜索路径有关
信息素更新时刻	蚂蚁每完成一步移动后就更新		完成一次周游后才更新

　　显然,蚁周系统使用的是全局信息,得到的解是全局最优解,且整个算法的收敛速度更快,算法效率更高。

注2　蚁群算法中主要参数的选择及其影响如表 9-5-2 所示。

表 9-5-2　蚁群算法中主要参数的选择及其影响

符号	定义及取值范围	参数影响
α	信息启发式因子取值范围 $[0,5]$	α 值越大,蚂蚁选择之前走过的路径可能性就越大,搜索路径的随机性减弱;α 值越小,蚁群搜索范围就会减少,容易陷入局部最优解
β	期望启发式因子取值范围 $[0,5]$	β 值越大,蚁群就越容易选择局部较短路径,这样算法的收敛速度加快了,但是随机性不高,容易得到局部最优解
m	蚂蚁数量	m 数目越多,得到的最优解就越精确,但是会产生不少重复解,随着算法接近最优值,信息正反馈作用降低,产生大量的重复工作,消耗资源,增加了运行时间。
ρ	信息素挥发因子取值范围 $[0.1,0.99]$	ρ 过小,在各路径上残留的信息素过多,导致无效的路径继续被搜索,影响算法的收敛速率;ρ 过大,无效的路径虽然可以被排除,但是不能保证有效的路径不会被放弃搜索,影响最优值的搜索。

本题采用蚁周系统信息素的更新方式,主程序代码如下:

```
clc;clear;format compact;
load mydate; XY = NUM(:,[2 3]);
k = find(DD==0);  DD(k) = inf;n0 = size(DD,2);
for i = 1:n0
    DD(i,i) = 0;
end
[D,R] = floyd(DD);
%%=========蚁群算法实现过程==================
%% 第一步 变量初始化
n = size(D,1);  % n 表示城市个数
iter_max = 150;  % 最大迭代次数
AntsNum = 80;  % 蚂蚁个数
Alpha = 1;  % 表征信息素重要程度的参数
Beta = 1;  % 表征启发式因子重要程度的参数
Rho = 0.6;  % 信息素蒸发系数
```

```
Q = 10;              % 信息素增加强度系数
Eta = 1./D;              % Eta 为能见度因数,这里设为距离的倒数
Phermatrix = ones(n,n);       % Phermatrix  Tau 为信息素矩阵,初始化全为 1
Routes = zeros(AntsNum,n);   % 存储并记录路径的生成
nC = 1;              % 迭代计数器
R_best = zeros(iter_max,n);  % 各代最短路线,行最大迭代次数,列城市个数
L_best = inf.*ones(iter_max,1);% % 各代最短路线的长度,inf 为无穷大
L_ave = zeros(iter_max,1);       % 各代平均路线长度
Cityset = 1:n;
for  nC = 1:iter_max      % 停止条件之一:达到最大迭代次数
    % % 第二步 将 AntsNum 只蚂蚁随机地放到 n 个城市
    Routes(:,1) = randi([1,n],AntsNum,1);
    % 第三步 蚂蚁按概率函数选择下一座城市,完成各自的周游
    for j = 2:n
        for i = 1:AntsNum
            visited = Routes(i,1:(j-1));        % 已访问的城市
            unvisited = setdiff(Cityset,visited); P = zeros(size(unvisited));
            % 待访问的城市;
            for k = 1:length(unvisited) % 下面计算待访问城市的概率分布
P(k) = (Phermatrix(visited(end),unvisited(k))^Alpha) * (Eta(visited(end),unvisited(k))^Beta); % 概率计算公式中的分子
            end
            P = P/(sum(P));  % 概率分布:长度为待访问城市个数
            Pcum = cumsum(P);  % 求累积概率和:目的在于使得 Pcum 的值总有
大于 rand 的数
            Select = find(Pcum>= rand);
            next_visit = unvisited(Select(1));
            % next_visit 表示即将访问的城市
            Routes(i,j) = next_visit;         % 将访问过的城市加入禁忌表中
        end
    end
    if nC>= 2;Routes(1,:) = R_best(nC-1,:);end
    % 若迭代次数大于等于 2,则将上一次迭代的最佳路线存入到 Routes 的第一行中
    % % 第四步 记录本次迭代最佳路线
    S = zeros(AntsNum,1);
    for i = 1:AntsNum;
        R = Routes(i,:);
```

```
            for j = 1:n-1
                S(i) = S(i) + D(R(j),R(j+1));   % 求路径距离
            end
                S(i) = S(i) + D(R(1),R(n));
        end
        [L_best(nC)  pos] = min(S);
    % 最优路径为距离最短的路径以及最优路径对应的位置:即为哪只蚂蚁
        R_best(nC,:) = Routes(pos(1),:);   % 确定最优路径对应的城市顺序
        L_ave(nC) = mean(S);               % 求第 k 次迭代的平均距离
        %%    第五步 更新信息素,此处蚁周系统
        Delta_pm = zeros(n,n);   % Delta_pm(i,j)表示所有蚂蚁留在第 i 个
城市到第 j 个城市路径上的信息素增量
        for i = 1:AntsNum
            for j = 1:n-1

Delta_pm(Routes(i,j),Routes(i,j+1)) = Delta_pm(Routes(i,j),Routes(i,j
+1)) + Q/S(i);
            end
                Delta_pm(Routes(i,n),Routes(i,1)) = Delta_pm(Routes
(i,n),Routes(i,1)) + Q/S(i);
        end
        Phermatrix = (1-Rho).*Phermatrix + Delta_pm;   % 信息素更新公式
        %%    第六步 禁忌表清零
        Routes = zeros(AntsNum,n);
        %%% 画动画
        Shortest_Route = R_best(nC,:);
        zb = [Shortest_Route Shortest_Route(1)];
        plot(XY(zb,1),XY(zb,2),'r- ','LineWidth',4,'MarkerSize',10)
        str = ['Total length of circuit= ' num2str(L_best(nC)) ',
Iteration times= ' num2str(nC)];
        title(str);pause(eps)
    end
    %%   第七步 输出结果
    Pos = find(L_best==min(L_best));       % 找到 L_best 中最小值所在的位置
    Shortest_Route = R_best(Pos(1),:)      % 提取最短路径
    Shortest_Length = L_best(Pos(1))       % 提取最短路径长度
    %% = = = = = = = = = = = = = = 作图= = = = = = = = = = = = = =
figure(1)   % 作迭代收敛曲线图
```

```
x = linspace(0,iter_max,iter_max);
y = L_best(:,1);set(gca,'Fontsize',18)
plot(x,y,'- ','LineWidth',2);
xlabel('迭代次数');ylabel('最短路径长度');
figure(2)
openfig('mypic.fig');
 zb=[Shortest_Route Shortest_Route(1)];
plot(XY(zb,1),XY(zb,2),'r- ','LineWidth',4,'MarkerSize',10)
```

通过运行本程序,得到推销员回路为

50	49	46	47	48	15	8	7	16	27	26	17	6	5	4	3	2	1	(2)
20	19	18	25	24	23	22	21	29	28	37	38	39	34	33	32	35	40	41
	36	31	30	42	51	43		44	45	52	53	54	11	10	9	14	13	12	50

其中括号中数字表示经过的中间节点。该回路得到权重为 94.364 1,回路线路图以及迭代收敛曲线如图 9-5-2 所示。

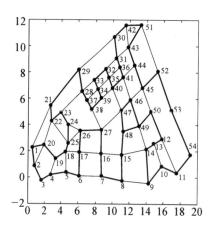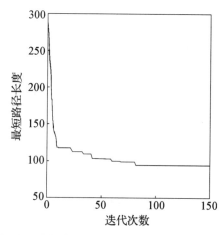

图 9-5-2 回路线路图以及迭代收敛曲线

思考题

某项工程需要串联多点,经常需要用一条最短的折线将空间所有点串联。请首先用命令 randi([0,100],100,3) 产生 100 行 3 列的随机数,每行代表一个空间点的坐标,这样就得到一组三维直角坐标系中 100 个点的空间坐标。请把 100 个点的空间坐标保持下来,使用蚁群算法,设计一条最短的串联折线,并且给出折线总长度和空间折线图。

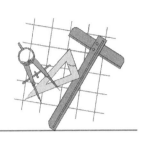

参考文献

[1] 姜启源,谢金星,叶俊. 数学模型[M]. 5 版. 北京:高等教育出版社,2018.

[2] 赵静,但琦. 数学建模与数学实验[M]. 5 版. 北京:高等教育出版社,2020.

[3] 华罗庚,王元. 数学模型选谈[M]. 大连:大连理工大学出版社,2011.

[4] 司守奎,孙玺菁. 数学建模算法与应用[M]. 3 版. 北京:国防工业出版社,2021.

[5] Giordano F R, Fox W P, Horton S B. 数学建模(原书第5版)[M]. 叶其孝,姜启源,等译. 北京:机械工业出版社,2014.

[6] 李昕. MATLAB 数学建模[M]. 北京:清华大学出版社,2017.

[7] 徐茂良. 数学建模与数学实验[M]. 北京:国防工业出版社,2015.

[8] 应玫茜,魏权龄.非线性规划及其理论[M].北京:中国人民大学出版社,1994.

[9] 龚劬.图论与网络最优化算法[M]. 重庆:重庆大学出版社,2009.

[10] 雷英杰,张善文,李续武,等.MATLAB 遗传算法工具箱及应用[M].西安:西安电子科技大学出版社,2005.

[11] 徐全智,杨晋浩. 数学建模入门[M]. 成都:电子科技大学出版社,1996.

[12] 姜启源,谢金星. 数学建模案例精选[M]. 北京:高等教育出版社,2006.

[13] 黄静静,王爱文. 数学建模方法与 CUMCM 赛题详

解[M]. 北京:机械工业出版社,2014.

　　[14] 吴孟达,等. ILAP数学建模案例精选[M]. 北京:高等教育出版社,2016.

　　[15] 陈恩水,王峰. 数学建模与实验[M]. 北京:科学出版社,2008.

　　[16] 白其峥. 数学建模案例分析[M]. 北京:海洋出版社,1999.

　　[17] 傅鹏,龚劬,刘琼荪,等. 数学实验[M]. 北京:科学出版社,2000.

　　[18] 韩中庚. 数学建模方法及其应用[M]. 北京:高等教育出版社,2005.

　　[19] 谢中华. MATLAB统计分析与应用:40个案例分析[M]. 北京:北京航空航天大学出版社,2010.